煤安 煤矿班组长安全生产实战培训数字化创新教材

煤矿掘进班组长安全培训教材

组织编写　全国煤矿安全培训教材建设专家委员会
丛书主编　乔明翰　邵学庆　白国周　任自锐
本册主编　岳　峰　张　杰　高红亮

U0818564

中国矿业大学出版社
·徐州·

内 容 提 要

本教材共分为3部分：第一篇为安全基础篇，主要介绍了班组长的角色与职责，安全生产方针与法律法规，灾害防治，自救、互救与现场急救，职业病防治等内容；第二篇为班组管理篇，主要介绍了班组长应具备的素质与能力、班组管理重点工作和优秀班组建设经验；第三篇为专业实战篇，主要介绍了掘进专业技术知识、现场安全管理实战、安全风险分级管控与隐患排查治理和典型事故案例等。

本教材可供煤矿掘进班组长、相关技术人员学习使用，也可供区队管理人员学习、参考使用。

图书在版编目(CIP)数据

煤矿掘进班组长安全培训教材 / 岳峰，张杰，高红亮主编. — 徐州：中国矿业大学出版社，2025. 3.

ISBN 978-7-5646-6604-0

Ⅰ. TD263.2

中国国家版本馆CIP数据核字第2025WB7675号

书　　名　煤矿掘进班组长安全培训教材
主　　编　岳　峰　张　杰　高红亮
责任编辑　吴学兵　马晓彦
出版发行　中国矿业大学出版社有限责任公司
（江苏省徐州市解放南路　邮编221008）
营销热线　(0516)83885370　83884103
出版服务　(0516)83885312　83884920
网　　址　http://www.cumtp.com　**E-mail**:cumtpvip@cumtp.com
印　　刷　江苏苏中印刷有限公司
开　　本　880 mm×1240 mm　1/32　**印张** 10.125　**字数** 282千字
版次印次　2025年3月第1版　2025年3月第1次印刷
定　　价　39.00元

（图书出现印装质量问题，本社负责调换）

《煤矿掘进班组长安全培训教材》编写委员会

主　　编： 岳　峰　张　杰　高红亮

副 主 编： 郑静静　巴　尧　庄敬中　杨　黎
奥　博　屈光辉

参编人员： 李　磊　王　涛　李　婧　雷娟娟
谢春飞　郭　朋　刘媛菊　王丙成
王平炎

前　言

煤矿生产充满风险与挑战，而班组是煤矿安全生产的基石，基础不牢，地动山摇。抓好班组建设，首要工作是培养一支特别有战斗力的班组长队伍。

班组长作为冲锋在前、战斗在一线的“兵头将尾”，肩负着多重使命，他们既是生产组织的领导者，也是直接生产的操作者，还是班组员工的技术技能教练、职业生涯发展指导者，更是全班组人员心中的“定海神针”。一名出类拔萃的班组长，必定人品端正、业务精湛，对操作流程了如指掌、对操作规程烂熟于心；他们还要具备非凡的胆识和超强的执行力，在复杂多变的井下现场能眼观六路、耳听八方，能够精准把控局势，临危不乱地做好各种危险情况的处置工作，筑牢安全防线；同时，他们更要有班组建设与管理能力，能够把班组建设成职工的成长摇篮、乐业福田、幸福家园。

班组长大多是来自生产一线的优秀职工，随着由普通职工向管理者的转变，迫切需要了解“如何成为一名优秀班组长”的通关“密码”。为了帮助班组长快速成长，我们组织行业众多班组管理专家和部分优秀的煤矿班组长共同编写了这套“煤矿班组长安全生产实战培训数字化创新教材”。本套教材立足煤矿现场生产管理实际，理论和实践相结合，重点介绍煤矿班组安全管理、专业实战等内容，让班组长知道如何管好班组、如何将各项工作落实到班组生产中去，突出管理和实战技能的掌握，为煤矿基层班组长、从事班组长管理或培训的人员、想成为班组长的技术工人提供有益的参考。

本教材是系列教材之一，主要围绕煤矿掘进班组长需要掌握的应知应会知识和主要工作内容展开，共分为3篇：

第一篇是安全基础篇，主要介绍了掘进班组长应该掌握的基本安全技能知识，包括角色定位与职责，安全生产方针与法律法规，煤矿五大灾害的防治方法，自救、互救与现场急救方法，现场职业病的防治等知识。

第二篇是班组管理篇，主要介绍了掘进班组长应该掌握的班组管理技能知识，包括班组长应具备的基本素质与能力、班组管理重点工作，以及优秀班组建设经验等知识。

第三篇是专业实战篇，主要介绍了掘进班组长应该掌握的现场管理、操作流程知识，包括掘进专业技术知识、掘进班组长现场安全管理实战、掘进作业安全风险分级管控与隐患排查治理、掘进作业典型事故案例分析等知识。

本教材主要特点如下：

(1) 本教材简化理论叙述与原理描述，着重介绍班组长岗位需求的能力素质、业务流程、操作要点、解决问题的方式方法等，班组长学习完本教材就能充分了解到本岗位需要完成的主要工作及其相关的工作方法等。

(2) 本教材紧密结合煤矿生产实际，突出煤矿班组长能力素质与生产作业特点，做到观点明确、案例鲜活、语言简洁、通俗易懂。

(3) 本教材与数字化技术相结合，利用手机扫码观看教材中配套的实操视频，可以达到快速掌握实操技能、提升班组长学习兴趣的目的。

书中法律均省去"中华人民共和国",用简称。

本教材配套有考试题库软件,请关注"中国矿业大学出版社煤炭知识服务"微信公众号进行学习。本教材配套有 PPT 课件和考试试题,便于培训教师讲课和组织考试,请加 QQ 群(群号 708756397)或加微信 xuebwu 联系(只限培训机构教师)。

由于编者水平有限,书中难免存在疏漏、不妥之处,敬请广大读者及有关专家批评指正。

全国煤矿安全培训教材建设专家委员会

2024 年 12 月

目 录

第一篇 安全基础篇

第二篇　班组管理篇

第三篇 专业实战篇

第一篇　安全基础篇

第一章　班组长的角色与职责

第一节　班组长的职场角色

一、现场的最高统帅

煤矿班组长是煤矿生产现场安全的第一责任人，是生产运营的组织者，是当班出勤员工的“领头羊”，对煤矿现场管控拥有最高调度和指挥权。

煤矿现场管控包括人、机（设备、工具）、物、法（管理法规、生产方法）、信、环（环境、环节）六大要素。班组长需同时管控好这六大要素。

(1) 人的要素管理

在现场管控的六大要素中，班组成员是任务的完成者和效益的创造者，是第一管理要素。每一名班组成员都有体力、智力、文化程度、劳动经验和熟练程度的差异，这些差异不仅在一年或者几个月的时间中有变化，甚至在一个班次的工作中都会有变化，因此，按照“以人为本”的理念管理好班组成员是班组长第一位的工作。

“以人为本”不是一句口号，而是一项实实在在的工作。不仅表现为对职工友善，不断为他们改善劳动环境、降低劳动强度并提供劳动保护，更重要的是关注职工，心里真正有职工，满足他们包括生存、安全、社交、尊重、价值实现等多种多样的物质和精神层面的需求。

(2) 机的要素管理

煤矿生产现场的所有设备和工具都应该在班组长的管控之中。

班组现场设备管理要做到管好、用好、修好(三好),要会使用、会维护、会检查、会排除故障(四会),要坚持实行定人定机、保持设备整洁、遵守交接班制度、管好工具、发现异常立即停机“五项纪律”。

煤矿企业班组长在设备管理中的主要作用是落实设备的“包机制”,监督设备维护(保养)措施的实施。

(3) 物的要素管理

煤矿现场管控的“物”是指为了生产合理进行,班组按生产计划、工作指派向物料管理部门和仓储单位领取的物料。班组长对现场物料的使用要从以下几个方面入手:合格证的管理要明确,物料的动向要清楚,物料摆放要合理,物料不使用时要封存好,剩余物料的处理应符合相关规定。

(4) 法的要素管理

“法”就是班组现场管理的方法,生产过程需要的规程、制度等。班组长要熟练掌握当班生产的工艺标准和相关施工措施,并保证严格执行。

工作方法分为措施落实法、工作汇报法、看板管理法、作业标准化、现场管理法。

(5) 信的要素管理

“信”就是指班组现场管理中的各种有效信息。在煤矿班组现场管理中,班组长将大量的精力和时间都花在信息管理上。煤矿班组长既是信息的收集者,也是信息的传递者。从党和国家的安全生产方针、政策,到集团、矿(厂)、区队的工作要求;从超限报警、设备停运,到职工的一声叹息、设备的一声异响;从各工位工作进度、工作质量,到员工个人的行为表现、精神状态,在煤炭生产现场几乎发生的一切都需要班组长进行信息整合、处理并变成正确的工作指令及时发布。

(6) 环的要素管理

“环”就是指班组成员从事生产劳动的场所,也就是工作环境。煤矿企业工作环境复杂,我们不仅要关注一般工业企业环境的常规要素如温度、湿度、光线、氧浓度等,还要注意工作场所移动或者运行中的设备以及四周围岩的情况,如顶板是否有活动矸石、伞檐煤,巷道是否有渗水,底板是否有鼓起等。

现场管控的“环”,还应该包括生产和工作的环节。煤矿生产场所大多空间狭小,多工种同时施工,施工工序复杂、烦琐。因此,班组长必须确保各生产环节在时间上、空间上的衔接、协调,并保持连续性、比例性、节奏性,以满足和达到均衡生产的要求。比如上一班和下一班的衔接、不同阶段工作重心不同的衔接、同一工作地点各工种之间的衔接,等等。

二、班组建设的核心领袖

所谓班组建设的核心领袖有两个概念:一是班组建设的所有工作都是班组长的重点工作、重要工作;二是班组建设是班组长让自己成长为“领袖”的过程,通过不懈的努力,把全体员工培养成“追随者”。

班组建设是一个比较宏观的主题,大的方面来说,应该包含班组思想建设、组织建设、作风建设、制度建设、能力建设;具体来说还包括班组安全体系建设、班组激励机制建设、班组标准化建设、团队建设,等等。

基于本书的编写宗旨,我们仅仅围绕目前全国煤矿企业都在开展但又重点不清、思路不明、抓手无力、班组长们普遍茫然懵懂的班组文化建设讲几个要点。

文化建设是一种管理理论,对于提升煤矿企业的班组管理水平具有直接而又有效的推动作用。班组文化一般由理念文化、制度文化、行为文化、物质文化四个层次构成。其中,理念文化包括企业精神、企业价值观、经营哲学、企业道德。制度文化包括规章制度、道德规范、员工行为准则。行为文化包括企业家行为、企业模范人物行为、企业员工行为。物质文化包括生产设备及环境、企业产品和企业名称、标语等。

结合上述理论可以发现，班组文化就是通过系列方法，经过长期熏陶、养成的员工自觉行为，也就是班组成员一致认为什么事该怎么干，这样的事一旦发生就按照该怎么干的认识自觉去做，比如遵章守纪、诚实守信、勇于担责、友好和善等，从而形成一种氛围和习惯。

那么，如何达到这样的目的呢？现实工作中可以采取以下几个方法：

(1) 明确班组建设的理念或者核心价值观。一般以目标达成或状态描述作为班组的理念或核心价值观，如“三年建成全国优秀班组”“人人成为行业专家”“不是尽力而为而是全力以赴”等。

(2) 明确制度建设的重点。煤矿企业班组需要执行的制度很多，需要强调两点：一是常规制度流程化，即班前会制度、交接班制度、安全巡检制度、设备包保制度等全员参与、定人定责，流程化运行，班组长负责监督落实；二是特色制度围绕理念，重点突出，比如，班组以“不是尽力而为而是全力以赴”为核心价值观，就可以在班前会设立“我今天哪个地方没有做到全力以赴”反思发言的环节。

(3) 明确行为规范。行为规范的养成，不是一朝一夕之功，但它又是班组长工作的重要落脚点之一，必须要有“咬定青山不放松”的韧劲。一是旗帜鲜明地讲清楚哪些是我们鼓励的行为，哪些是我们坚决反对的行为。二是班组长带头做到。所谓模范带头、率先垂范常常被写在文件上，成为一个口号，其实这是班组长工作的重要法宝：“要求别人做到的自己首先做到”，比如精益求精、专注重复、规章之上，等等。三是毫不犹豫地奖励做得好的，惩处不规范的。四是善于"讲故事",讲企业家行为的故事,讲身边先进模范人物的故事,讲班组普通员工践行班组理念的故事。

三、一专多能的行家里手

一个班组,班组长应当是技术权威、业务大拿,这样才会有说服力,才能当好带头人,才能有威信,才能适应班组管理的需要。

班组长在自己所管辖的团队里,需要有自己的"一技之长"。要能熟练掌握所需的专业知识、技能,懂得越多越好、越深越好,要使"核心能力"这根"柱子"越粗越好。技术工艺标准、产品结构性能、检验方法和技能、质量改进技能等都需要深度掌握,这是班组长的看家本领,是最重要的,也就是人们常说的"一招鲜,吃遍天"。

别人能做我也能做,是常人;别人不能做我能做,是巧人;别人想不到我能想到并能做,是人才。作为班组的"团队领袖",不仅要知人所知、想人所想、会人所会、能人所能、精人所精,更要知人所不知、想人所不想、会人所不会、能人所不能,精人所不精,也就是说要有让人折服的东西。用老百姓常常开玩笑说的那句话就是"你太有才了",这句话放在班组长身上就是工友发自内心的赞叹,是由衷的敬佩,是实实在在的欣赏。所谓才高八斗,这个"才"的涵盖面包括的内容比较宽泛,既包括专业领域的,也包括管理范畴的其他领域,既有和工作相关的,也有本专业以外的、涵盖生活中的其他内容,也就是我们工友们常说的"十八般武艺,样样精通"。

第二节　班组长的工作职责

一、安全管理职责

安全管理职责包括:认真执行党和国家的安全生产方针政策、法律法规和本企业、区队的安全操作规程,对所辖生产范围内职工的安全健康负责;制定安全生产目标、建立安全生产管理制度;教育并保障职工正确使用生产工具、防护用品、安全装置;及时检查、发现并消除生产过程中的安全隐患;对本班组职工进行安全意识教育和安全操作方法指导,并经常检查本班组职工安全操作规程的遵守情况,查处职工"三违"行为。概括地说就是:安全生产作业环境治理、安全隐患闭合管理、职工安全作业行为管理以及"三违"人员管理等。

各煤矿班组可以通过开展"六有班组"创建活动,实现班组现场管控的"六无目标"。

首先开展"六有班组"创建活动:

(1) 安全有目标。结合班组的实际情况和人员特点,制定出班组安全管理的目标和要求,使班组职工做有要求、干有目标。

(2) 管理有规章。编制严格的、切实可行的管理规章,加强班组职工遵章守纪的安全氛围。

(3) 操作有规程。对班组岗位操作规程要做到及时修改、增补,使其更具有实用性和可操作性。

(4) 检查有记录。建立安全检查台账,及时记载和反馈检查出的隐患。认真填写现场安全隐患卡,做到台账与卡片两对照。

(5) 考核有依据。对班组任务完成情况、全员安全意识状态、查处隐患情况、杜绝"三违"行为及安全投入情况等进行考核。

(6) 班组有专职安全员和群众安全监督员。安全员每天参加班前安全教育,亲临作业现场查处隐患,堵塞漏洞,制止"三违"行为。

最终实现班组现场管控的"六无目标":

(1) 作业无事故。作业过程强化班组人员安全意识,增强自我保护的能力,严格执行安全规程,保证安全生产顺利进行。

(2) 现场无"三违"。加强对班组人员的安全教育,积极采取多种形式加大对"三违"行为的查处力度。

(3) 设备无缺陷。班前班后对使用的设备实行报告制度,以彻底消除设备的不安全状态。

(4) 环境无隐患。实行全方位照明,完善工作现场的定置管理等,真正做到作业环境无隐患。

(5) 检查无死角。做到检查工作全覆盖。

(6) 措施无缺陷。做到施工有措施,严格按措施施工。

二、生产管理职责

生产管理职责包括生产作业计划管理、现场作业管理、工程质量管理、机器设备维护保养等。

(1) 作业计划管理。作业计划管理一般包含计划制订、计划执行和计划检查三部分。三者并重,缺一不可。

制订计划就是班组长根据今天出勤人员、生产环境(条件)、工作需要统筹安排今天要干什么事。不能把计划制订简单地理解为采煤队今天就是出煤、掘进队就是进尺,而是要综合所有因素确定今天干多少、谁干什么、达到什么标准、投入多少资源,最终实现收益最大化。以采煤队为例,一定要具体到出多少吨煤、谁在哪个位置干、需要什么材料、谁重点关注哪些设备等。这是一个非常重要而又务实的过程,既不能虚化,也不能化繁为简,一语带过。计划的执行和检查重在严肃,高度尊重计划的严肃性,明确的计划一定要千方百计保证落实并严格按计划考核兑现。生产条件变化时,随时调整计划并对应落实执行和奖惩兑现。

(2) 现场作业管理。现场作业管理包含在现场管控中,也就是实现人、机、物、法、信、环六大要素的全面掌控。针对煤矿生产的特点,在现场作业管理环节,班组长要密切注意随着生产的推进,环境中围岩、空气、设备等异常变化,发现问题及时解决。

(3) 工程质量管理。工程质量管理要求班组长严格执行煤矿安全生产标准化的相关规定,工作地点的工程质量达到合格或以上,机电设备完好率不低于 80%,事故率不超过 2%。

(4) 机器设备维护保养。机器设备维护保养在班组长的工作职责中最基本的体现是落实机器设备的“包保”责任制，明确责任人、明确工作要求并按规定督促、检查、落实。

三、经营管理职责

经营管理职责包括材料管理、员工绩效管理、成本核算等。

(1) 材料管理。煤矿班组的材料管理不讨论一般材料管理的采购、库存、验收、资金等常规问题，我们仅需要关注一个词——效益。材料管理要注意以下两个细节：一是真正树立节俭意识，杜绝跑冒滴漏，绝不随意丢弃任何材料，能用一根杂木棍的绝不用两根；二是工作地点的材料摆放符合安全生产标准化和文明生产的要求，并能确保取用时最节省时间和体力，做到效率最大化。

(2) 员工绩效管理。员工绩效管理这个概念对煤矿班组长而言既熟悉又陌生。熟悉的是每天都在干，都在做绩效考核。陌生的是相当数量的班组长认为的绩效管理是延续了几十年的“分”，基本上就是在安全的前提下工人干多少活，给多少分，依据这个分值月底结算工资的传统分配方式。当然，部分单位在对煤矿班组设置绩效考核方案的时候，给定的元素是完整的，问题出在我们班组长在实操中习惯沿用传统思维和方式，丢失了大量绩效考核的重要元素，不能体现出绩效考核这一管理方法的先进性。理论上讲，绩效考核应当包括积极性指标、创新性指标、责任性指标、计划性指标、有效性指标、合作性指标等六个方面。我们以“员工绩效内容”为例，应该有礼仪规范，含着装、出勤、行为养成、团队合作等；还应该有工作态度，含责任心、积极性、吃苦耐劳程度等；还要有工作能力，含学习能力、专业知识、业务能力、职业判断等；最后是工作业绩，含任务完成、工作质量、效率等。

(3) 成本核算。班组长需要真实准确地统计记录班组的工作量，收集统计新增或核减的业务，并及时与相关部门沟通维护核算项目类别;班组长需要定期向各班组公布核算结果,并对各班组进行考核,确保成本核算的透明度和公平性;班组长需要分析本班组材料消耗节超原因,制定现场管控措施,并根据日常管理经验提出班组核算合理化建议,以降低生产成本。

四、班务管理职责

班务管理职责包括人事调配、排班、劳动纪律等。

班务管理职责注意把握三项原则:能发挥班组人员的专长和积极性、能使每个班组人员都有明确的职责、能保证班组人员都有足够的工作量。

第二章 煤矿安全生产方针与法律法规

第一节 煤矿安全生产方针

“安全第一、预防为主、综合治理”是开展安全生产管理工作总的指导方针，是长期实践的经验总结。这一方针反映了党和国家对安全生产规律的认识，是企业安全生产工作总的指导思想和行动准则。因此，企业必须认真贯彻落实“安全第一、预防为主、综合治理”的安全生产方针。

(1)“安全第一”的含义。“安全第一”说明的是安全与生产、效益及其他活动的关系，强调在生产经营活动中要突出抓好安全，始终不忘把安全工作与其他经济活动同时安排、同时部署，当安全工作与其他活动发生冲突与矛盾时，其他活动要服从安全工作，决不能以牺牲人的生命、健康、财产为代价换取发展和效益。

(2)“预防为主”的含义。“预防为主”是对“安全第一”思想的深化，就是把安全生产工作的关口前移、重心下移、超前防范，建立预教、预测、预想、预报、预警、预防的递进式、立体式事故隐患预防体系，以隐患排查治理和建设本质安全为目标，实现事故的预先防范体制，改善安全状况，预防事故发生。

(3)“综合治理”的含义。将“综合治理”纳入安全生产方针，标志着对安全生产的认识上升到了一个新的高度，是贯彻落实科学发展观的具体体现。秉承“安全发展”的理念，从遵循和适应安全生产的规律出发，综合运用法律、经济、行政等手段，人管、法管、技防等多管齐下，并充分发挥社会、职工、舆论的监督作用，从责任、制度、培训等多方面着力，形成标本兼治、齐抓共管的格局。

（4）“安全第一、预防为主、综合治理”的关系。“安全第一、预防为主、综合治理”是一个完整的体系，是相辅相成、辩证统一的整体。“安全第一”是原则，“预防为主”是手段，“综合治理”是方法。“安全第一”是“预防为主、综合治理”的统帅和灵魂，没有“安全第一”的思想，“预防为主”就失去了思想支撑，“综合治理”就失去了整治依据。“预防为主”是实现“安全第一”的根本途径，只有把安全生产的重点放在建立事故预防体系上，超前采取措施，才能有效防止和减少事故。只有采取“综合治理”，才能实现人、机、物、环的统一，实现本质安全，真正把“安全第一、预防为主”落到实处。

第二节　煤矿安全生产相关法律法规

一、安全生产法律

（一）《安全生产法》

《安全生产法》是为了加强安全生产工作，防止和减少生产安全事故，保障人民群众生命和财产安全，促进经济社会持续健康发展而制定的，自 2002 年 11 月 1 日起施行。根据 2021 年 6 月 10 日第十三届全国人民代表大会常务委员会第二十九次会议通过的《关于修改〈中华人民共和国安全生产法〉的决定》第三次修正，自 2021 年 9 月 1 日起施行。内容包括总则、生产经营单位的安全生产保障、从业人员的安全生产权利义务、安全生产的监督管理、生产安全事故的应急救援与调查处理、法律责任和附则等。该法有关安全生产的相关规定如下：

（1）生产经营单位的从业人员有依法获得安全生产保障的权利，并应当依法履行安全生产方面的义务。

(2) 国家对在改善安全生产条件、防止生产安全事故、参加抢险救护等方面取得显著成绩的单位和个人,给予奖励。

(3) 生产经营单位应当具备该法和有关法律、行政法规和国家标准或者行业标准规定的安全生产条件;不具备安全生产条件的,不得从事生产经营活动。

(4) 生产经营单位的全员安全生产责任制应当明确各岗位的责任人员、责任范围和考核标准等内容。生产经营单位应当建立相应的机制,加强对全员安全生产责任制落实情况的监督考核,保证全员安全生产责任制的落实。

(5) 矿山、金属冶炼、建筑施工、运输单位和危险物品的生产、经营、储存、装卸单位,应当设置安全生产管理机构或者配备专职安全生产管理人员。

(6) 生产经营单位应当对从业人员进行安全生产教育和培训,保证从业人员具备必要的安全生产知识,熟悉有关的安全生产规章制度和安全操作规程,掌握本岗位的安全操作技能,了解事故应急处理措施,知悉自身在安全生产方面的权利和义务。未经安全生产教育和培训合格的从业人员,不得上岗作业。

生产经营单位应当建立安全生产教育和培训档案,如实记录安全生产教育和培训的时间、内容、参加人员以及考核结果等情况。

(7) 生产经营单位采用新工艺、新技术、新材料或者使用新设备,必须了解、掌握其安全技术特性,采取有效的安全防护措施,并对从业人员进行专门的安全生产教育和培训。

(8) 国家对严重危及生产安全的工艺、设备实行淘汰制度。生产经营单位不得使用应当淘汰的危及生产安全的工艺、设备。

(9) 生产经营单位对重大危险源应当登记建档,进行定期检测、评估、监控,并制定应急预案,告知从业人员和相关人员在紧急情况下应当采取的应急措施。

(10) 生产经营单位必须为从业人员提供符合国家标准或者行业标准的劳动防护用品,并监督、教育从业人员按照使用规则佩戴、使用。

(11) 生产经营单位必须依法参加工伤保险,为从业人员缴纳保险费。

(12) 生产经营单位与从业人员订立的劳动合同,应当载明有关保障从业人员劳动安全、防止职业危害的事项,以及依法为从业人员办理工伤保险的事项。

生产经营单位不得以任何形式与从业人员订立协议,免除或者减轻其对从业人员因生产安全事故伤亡依法应承担的责任。

(13) 生产经营单位的从业人员有权了解其作业场所和工作岗位存在的危险因素、防范措施及事故应急措施,有权对本单位的安全生产工作提出建议。

(14) 从业人员有权对本单位安全生产工作中存在的问题提出批评、检举、控告;有权拒绝违章指挥和强令冒险作业。

生产经营单位不得因从业人员对本单位安全生产工作提出批评、检举、控告或者拒绝违章指挥、强令冒险作业而降低其工资、福利等待遇或者解除与其订立的劳动合同。

(15) 从业人员发现直接危及人身安全的紧急情况时,有权停止作业或者在采取可能的应急措施后撤离作业场所。

生产经营单位不得因从业人员在前款紧急情况下停止作业或者采取紧急撤离措施而降低其工资、福利等待遇或者解除与其订立的劳动合同。

(16) 生产经营单位发生生产安全事故后,应当及时采取措施救治有关人员。

因生产安全事故受到损害的从业人员,除依法享有工伤保险外,依照有关民事法律尚有获得赔偿的权利的,有权提出赔偿要求。

(17) 从业人员在作业过程中，应当严格落实岗位安全责任，遵守本单位的安全生产规章制度和操作规程，服从管理，正确佩戴和使用劳动防护用品。

(18) 工会有权对建设项目的安全设施与主体工程同时设计、同时施工、同时投入生产和使用进行监督，提出意见。

工会对生产经营单位违反安全生产法律、法规，侵犯从业人员合法权益的行为，有权要求纠正；发现生产经营单位违章指挥、强令冒险作业或者发现事故隐患时，有权提出解决的建议，生产经营单位应当及时研究答复；发现危及从业人员生命安全的情况时，有权向生产经营单位建议组织从业人员撤离危险场所，生产经营单位必须立即作出处理。

工会有权依法参加事故调查，向有关部门提出处理意见，并要求追究有关人员的责任。

(19) 生产经营单位对负有安全生产监督管理职责的部门的监督检查人员依法履行监督检查职责，应当予以配合，不得拒绝、阻挠。

(20) 负有安全生产监督管理职责的部门应当建立举报制度，公开举报电话、信箱或者电子邮件地址等网络举报平台，受理有关安全生产的举报；受理的举报事项经调查核实后，应当形成书面材料；需要落实整改措施的，报经有关负责人签字并督促落实。对不属于本部门职责，需要由其他有关部门进行调查处理的，转交其他有关部门处理。

涉及人员死亡的举报事项，应当由县级以上人民政府组织核查处理。

(21) 生产经营单位发生生产安全事故后，事故现场有关人员应当立即报告本单位负责人。

单位负责人接到事故报告后，应当迅速采取有效措施，组织抢救，防止事故扩大，减少人员伤亡和财产损失，并按照国家有关规定立即如实报告当地负有安全生产监督管理职责的部门，不得隐瞒不报、谎报或者迟报，不得故意破坏事故现场、毁灭有关证据。

（二）《劳动法》

《劳动法》是为了保护劳动者的合法权益，调整劳动关系，建立和维护适应社会主义市场经济的劳动制度，促进经济发展和社会进步而制定的，自1995年1月1日起施行。根据2018年12月29日第十三届全国人民代表大会常务委员会第七次会议通过的《关于修改〈中华人民共和国劳动法〉等七部法律的决定》第二次修正。

《劳动法》规定了劳动者享有的基本权利和义务。劳动者享有平等就业和选择职业的权利、取得劳动报酬的权利、休息休假的权利、获得劳动安全卫生保护的权利、接受职业技能培训的权利、享受社会保险和福利的权利、提请劳动争议处理的权利以及法律规定的其他劳动权利。劳动者应当完成劳动任务，提高职业技能，执行劳动安全卫生规程，遵守劳动纪律和职业道德。

国家实行劳动者每日工作时间不超过8小时、平均每周工作时间不超过44小时的工时制度。用人单位应当保证劳动者每周至少休息一日。劳动者连续工作一年以上的，享受带薪年休假。用人单位与劳动者发生劳动争议，当事人可以依法申请调解、仲裁、提起诉讼，也可以协商解决。

休息日安排劳动者工作又不能安排补休的，支付不低于工资的200％的工资报酬。

《劳动法》规定：禁止用人单位招用未满16周岁的未成年人。

（三）《劳动合同法》

《劳动合同法》是为了完善劳动合同制度，明确劳动合同双方当事人的权利和义务，保护劳动者的合法权益，构建和发展和谐稳定的劳动关系而制定的，自2008年1月1日起施行。该法修正案于

2012年12月28日第十一届全国人民代表大会常务委员会第三十次会议通过，自2013年7月1日起施行。

《劳动合同法》规定，订立劳动合同，应当遵循合法、公平、平等自愿、协商一致、诚实信用的原则。用人单位招用劳动者时，应当如实告知劳动者工作内容、工作条件、工作地点、职业危害、安全生产状况、劳动报酬，以及劳动者要求了解的其他情况；用人单位有权了解劳动者与劳动合同直接相关的基本情况，劳动者应当如实说明。

劳动合同应当具备以下条款：① 用人单位的名称、住所和法定代表人或者主要负责人；② 劳动者的姓名、住址和居民身份证或者其他有效身份证件号码；③ 劳动合同期限；④ 工作内容和工作地点；⑤ 工作时间和休息休假；⑥ 劳动报酬；⑦ 社会保险；⑧ 劳动保护、劳动条件和职业危害防护；⑨ 法律、法规规定应当纳入劳动合同的其他事项。

劳动合同期限3个月以上不满1年的，试用期不得超过1个月；劳动合同期限1年以上不满3年的，试用期不得超过2个月；3年以上固定期限和无固定期限的劳动合同，试用期不得超过6个月。劳动者在试用期的工资不得低于本单位相同岗位最低档工资或者劳动合同约定工资的百分之八十，并不得低于用人单位所在地的最低工资标准。

劳动者拒绝用人单位管理人员违章指挥、强令冒险作业的不视为违反劳动合同。

（四）《刑法修正案（十一）》

《刑法》是规定犯罪、刑事责任和刑罚的法律，是追究安全生产违法犯罪行为刑事责任的重要依据。

2020年12月26日第十三届全国人民代表大会常务委员会第二十四次会议通过的《中华人民共和国刑法修正案（十一）》，自2021年3月1日起施行。其中涉及安全生产的主要内容如下：

(1) 强令他人违章冒险作业，或者明知存在重大事故隐患而不排除，仍冒险组织作业，因而发生重大伤亡事故或者造成其他严重后果的，处五年以下有期徒刑或者拘役；情节特别恶劣的，处五年以上有期徒刑。

(2) 在生产、作业中违反有关安全管理的规定，有下列情形之一，具有发生重大伤亡事故或者其他严重后果的现实危险的，处一年以下有期徒刑、拘役或者管制：

① 关闭、破坏直接关系生产安全的监控、报警、防护、救生设备、设施，或者篡改、隐瞒、销毁其相关数据、信息的；

② 因存在重大事故隐患被依法责令停产停业、停止施工、停止使用有关设备、设施、场所或者立即采取排除危险的整改措施，而拒不执行的；

③ 涉及安全生产的事项未经依法批准或者许可，擅自从事矿山开采、金属冶炼、建筑施工，以及危险物品生产、经营、储存等高度危险的生产作业活动的。

(五)《职业病防治法》

《职业病防治法》是为了预防、控制和消除职业病危害，防治职业病，保护劳动者健康及其相关权益，促进经济发展而制定的，自2002年5月1日起施行。根据2018年12月29日第十三届全国人民代表大会常务委员会第七次会议通过的《关于修改〈中华人民共和国劳动法〉等七部法律的决定》第四次修正。

《职业病防治法》规定，职业病防治工作坚持预防为主、防治结合的方针，建立用人单位负责、行政机关监管、行业自律、职工参与和社会监管的机制，实行分类管理、综合治理。劳动者依法享有职业卫生保护的权利。

该法所称职业病，是指企业、事业单位和个体经济组织等用人单位的劳动者在职业活动中，因接触粉尘、放射性物质和其他有毒、有害因素而引起的疾病。

（六）《煤炭法》

《煤炭法》于1996年8月29日第八届全国人民代表大会常务委员会第二十一次会议通过，自1996年12月1日起施行。2016年11月7日对该法进行了第四次修正，自修正之日起施行。《煤炭法》在劳动者职业安全保护方面的相关规定有：

(1) 煤矿企业必须坚持安全第一、预防为主的安全生产方针，建立健全安全生产的责任制度和群防群治制度。

(2) 各级人民政府及其有关部门和煤矿企业必须采取措施加强劳动保护，保障煤矿职工的安全和健康。国家对煤矿井下作业的职工采取特殊保护措施。

(3) 煤矿企业应当对职工进行安全生产教育、培训；未经安全生产教育、培训的，不得上岗作业。煤矿企业职工必须遵守有关安全生产的法律、法规、煤炭行业规章、规程和企业规章制度。

(4) 在煤矿井下作业中，出现危及职工生命安全并无法排除的紧急情况时，作业现场负责人或者安全管理人员应当立即组织职工撤离危险现场，并及时报告有关方面负责人。

(5) 煤矿企业必须为职工提供保障安全生产所需的劳动保护用品。

(6) 煤矿企业应当依法为职工参加工伤保险缴纳工伤保险费。鼓励企业为井下作业职工办理意外伤害保险，支付保险费。

（七）《矿山安全法》

《矿山安全法》是为了保障矿山生产安全，防止矿山事故，保护矿山职工人身安全，促进采矿业的发展而制定的，于1992年11月7日第七届全国人民代表大会常务委员会第二十八次会议通过，自1993年5月1日起施行。2009年8月27日对该法进行了修正，自公布之日起施行。该法有关从业人员安全保护方面的规定有：

(1) 矿山企业必须具有保障安全生产的设施,建立、健全安全管理制度,采取有效措施改善职工劳动条件,加强矿山安全管理工作,保证安全生产。

(2) 每个矿井必须有两个以上能行人的安全出口,出口之间的直线水平距离必须符合矿山安全规程和行业技术规范。

(3) 矿山企业必须对机电设备及其防护装置、安全检测仪器定期检查、维修,保证使用安全。

(4) 矿山企业必须对作业场所中的有毒有害物质和井下空气含氧量进行检测,保证符合安全要求。

(5) 矿山企业职工必须遵守有关矿山安全的法律、法规和企业规章制度。矿山企业职工有权对危害安全的行为提出批评、检举和控告。

(6) 矿山企业必须对职工进行安全教育、培训;未经安全教育、培训的,不得上岗作业。矿山企业安全生产的特种作业人员必须接受专门培训,经考核合格取得操作资格证书的,方可上岗作业。

二、行政法规及国务院安全生产相关文件

(一)《中共中央办公厅 国务院办公厅关于进一步加强矿山安全生产工作的意见》

矿山安全生产事关人民群众生命财产安全,事关经济发展和社会稳定大局,是安全生产的重中之重。为深入贯彻党的二十大精神,进一步加强矿山安全生产工作,党中央、国务院发布了《中共中央办公厅 国务院办公厅关于进一步加强矿山安全生产工作的意见》(以下简称《意见》)。

《意见》就煤矿从业人员安全做了如下规定:

(1) 加快矿山升级改造。推动中小型矿山机械化升级改造和大型矿山自动化、智能化升级改造,加快灾害严重、高海拔等矿山智能化建设,打造一批自动化、智能化标杆矿山。地下矿山应当建立人员定位、安全监测监控、通信联络、压风自救和供水施救等系统。

(2) 健全矿山安全管理体系。矿山企业应当健全以安全风险分级管控和隐患排查治理双重预防机制为核心的安全生产标准化管理体系。严格开展风险辨识评估并实施分级管控,定期开展全员全覆盖隐患排查治理,建立风险隐患台账清单,实行闭环管理。

(3) 提升风险监测预警处置能力。地下矿山应当建立应急广播等通信系统,确保应急指令能第一时间传达至影响范围内所有人员。强化灾害性天气预警预报,遇极端天气严禁人员入井。

(4) 强化安全基础管理。矿山企业应当建立健全并落实全员安全生产岗位责任制和安全生产管理制度。未经安全培训合格的从业人员不得上岗作业。首次取证的地下矿山特种作业人员应当具有高中以上文化程度。严格井下劳动定员管理,不得超定员安排人员下井作业,提高井下艰苦岗位津贴。取消井下劳务派遣用工,矿山企业或承包单位对欠薪应依法承担清偿责任。

(二)《煤矿安全生产条例》

为了加强煤矿安全生产工作,防止和减少煤矿生产安全事故,保障人民群众生命财产安全,2023 年 12 月 18 日国务院第 21 次常务会议通过了《煤矿安全生产条例》,该条例自 2024 年 5 月 1 日起施行。

《煤矿安全生产条例》就煤矿安全生产做了以下相关规定:

(1) 煤矿企业应当履行安全生产主体责任,加强安全生产管理,建立健全并落实全员安全生产责任制和安全生产规章制度,加大对安全生产资金、物资、技术、人员的投入保障力度,改善安全生产条件,加强安全生产标准化、信息化建设,构建安全风险分级管控和隐患排查治理双重预防机制,健全风险防范化解机制,提高安全生产水平,确保安全生产。

煤矿企业主要负责人(含实际控制人,下同)是本企业安全生产第一责任人，对本企业安全生产工作全面负责。其他负责人对职责范围内的安全生产工作负责。

(2) 煤矿企业从业人员有依法获得安全生产保障的权利，并应当依法履行安全生产方面的义务。

(3) 煤矿企业从业人员负有下列安全生产职责：

① 遵守煤矿企业安全生产规章制度和作业规程、操作规程，严格落实岗位安全责任；

② 参加安全生产教育和培训，掌握本职工作所需的安全生产知识，提高安全生产技能，增强事故预防和应急处理能力；

③ 及时报告发现的事故隐患或者其他不安全因素。

对违章指挥和强令冒险作业的行为，煤矿企业从业人员有权拒绝并向县级以上地方人民政府负有煤矿安全生产监督管理职责的部门、所在地矿山安全监察机构报告。

煤矿企业不得因从业人员拒绝违章指挥或者强令冒险作业而降低其工资、福利等待遇，无正当理由调整工作岗位，或者解除与其订立的劳动合同。

(4) 煤矿企业主要负责人和安全生产管理人员应当通过安全生产知识和管理能力考核，并持续保持相应水平和能力。

煤矿企业从业人员经安全生产教育和培训合格，方可上岗作业。煤矿企业特种作业人员应当按照国家有关规定经专门的安全技术培训和考核合格，并取得相应资格。

(5) 煤矿企业应当为从业人员提供符合国家标准或者行业标准的劳动防护用品，并监督、教育从业人员按照使用规则佩戴、使用。

煤矿井下作业人员实行安全限员制度。煤矿企业应当依法制定井下工作时间管理制度。煤矿井下工作岗位不得使用劳务派遣用工。

(6) 煤矿的采煤、掘进、机电、运输、通风、排水、排土等主要生产系统和防瓦斯、防煤(岩)与瓦斯(二氧化碳)突出、防冲击地压、防火、防治水、防尘、防热害、防滑坡、监控与通信等安全设施,应当符合煤矿安全规程和国家标准或者行业标准规定的管理和技术要求。

煤矿企业及其有关人员不得关闭、破坏直接关系生产安全的监控、报警、防护、救生设备、设施,或者篡改、隐瞒、销毁其相关数据、信息,不得以任何方式影响其正常使用。

(三)《生产安全事故报告和调查处理条例》

《生产安全事故报告和调查处理条例》是为了规范生产安全事故的报告和调查处理,落实生产安全事故责任追究制度,防止和减少生产安全事故而制定的,自 2007 年 6 月 1 日起施行。

该条例将事故划分为特别重大事故、重大事故、较大事故和一般事故 4 个等级。

(1) 特别重大事故,是指造成 30 人以上死亡,或者 100 人以上重伤(包括急性工业中毒,下同),或者 1 亿元以上直接经济损失的事故。

(2) 重大事故,是指造成 10 人以上 30 人以下死亡,或者 50 人以上 100 人以下重伤,或者 5 000 万元以上 1 亿元以下直接经济损失的事故。

(3) 较大事故,是指造成 3 人以上 10 人以下死亡,或者 10 人以上 50 人以下重伤,或者 1 000 万元以上 5 000 万元以下直接经济损失的事故。

(4) 一般事故,是指造成 3 人以下死亡,或者 10 人以下重伤,或者 1 000 万元以下直接经济损失的事故。

注:“以上”包括本数,“以下”不包括本数。

事故报告应当及时、准确、完整,任何单位和个人对事故不得迟报、漏报、谎报或者瞒报。事故发生后,事故现场有关人员应当立即向本单位负责人报告;单位负责人接到报告后,应当于 1 小时内向事故发生地县级以上人民政府安全生产监督管理部门和负有安全生产监督管理职责的有关部门报告。

(四)《工伤保险条例》

《工伤保险条例》是为了保障因工作遭受事故伤害或者患职业病的职工获得医疗救治和经济补偿,促进工伤预防和职业康复,分散用人单位的工伤风险而制定的,自 2004 年 1 月 1 日起施行。该条例于 2010 年 12 月 20 日进行了修订,自 2011 年 1 月 1 日起施行。

《工伤保险条例》主要内容包括总则、工伤保险基金、工伤认定、劳动能力鉴定、工伤保险待遇、监督管理、法律责任、附则等。

该条例规定用人单位应当按时缴纳工伤保险费,职工个人不缴纳工伤保险费;职工因工作遭受事故伤害或者患职业病进行治疗,享受工伤医疗待遇;职工因工作遭受事故伤害或者患职业病需要暂停工作接受工伤医疗的,在停工留薪期内,原工资福利待遇不变,由所在单位按月支付;生活不能自理的工伤职工在停工留薪期需要护理的,由所在单位负责。

职工有下列情形之一的,应当认定为工伤:

① 在工作时间和工作场所内,因工作原因受到事故伤害的;

② 工作时间前后在工作场所内,从事与工作有关的预备性或者收尾性工作受到事故伤害的;

③ 在工作时间和工作场所内,因履行工作职责受到暴力等意外伤害的;

④ 患职业病的;

⑤ 因工外出期间,由于工作原因受到伤害或者发生事故下落不明的;

⑥ 在上下班途中,受到非本人主要责任的交通事故或者城市轨道交通、客运轮渡、火车事故伤害的;

⑦ 法律、行政法规规定应当认定为工伤的其他情形。

职工有下列情形之一的，不得认定为工伤或者视同工伤：

① 故意犯罪的；

② 醉酒或者吸毒的；

③ 自残或者自杀的。

（五）《国务院关于进一步加强企业安全生产工作的通知》

国务院以国发〔2010〕23号文件下发了《国务院关于进一步加强企业安全生产工作的通知》。其总体要求是：坚持“安全第一、预防为主、综合治理”的方针，全面加强企业安全管理，健全规章制度，完善安全标准，提高企业技术水平，夯实安全生产基础；坚持依法依规生产经营，切实加强安全监管，强化企业安全生产主体责任落实和责任追究，促进我国安全生产形势实现根本好转。

企业要加强对生产现场监督检查，严格查处违章指挥、违章作业、违反劳动纪律的“三违”行为。凡超能力、超强度、超定员组织生产的，要责令停产停工整顿。要经常性开展安全隐患排查，并切实做到整改措施、责任、资金、时限和预案“五到位”。主要负责人和领导班子成员要轮流现场带班。煤矿、非煤矿山要有矿领导带班并与工人同时下井、同时升井。

煤矿要安装安全避险“六大系统”等技术装备；企业要建立完善安全生产动态监控及预警预报体系，每月进行一次安全生产风险分析；要提高工伤事故死亡职工一次性赔偿标准，依照《工伤保险条例》的规定，对因生产安全事故造成的职工死亡，其一次性工亡补助金标准调整为按全国上一年度城镇居民人均可支配收入的20倍计算，发放给工亡职工近亲属。

（六）《国务院办公厅关于进一步加强煤矿安全生产工作的意见》

为了深刻汲取事故教训，坚守发展决不能以牺牲人的生命为代价的红线，始终把矿工生命安全放在首位，大力推进煤矿安全治本攻坚，建立健全煤矿安全长效机制，坚决遏制煤矿重特大事故发生，经国务院同意，国务院办公厅以国办发〔2013〕99号文件下发了《国务院办公厅关于进一步加强煤矿安全生产工作的意见》。

该意见指出，煤矿矿长要落实安全生产责任，切实保护矿工生命安全；要保护煤矿工人权益，研究确定煤矿工人小时最低工资标准，提高下井补贴标准，提高煤矿工人收入，严格执行国家法定工时制度，停产整顿煤矿必须按期发放工人工资；煤矿必须依法配备劳动保护用品，定期组织职业健康检查，加强尘肺病防治工作，建设标准化的食堂、澡堂和宿舍；要提高煤矿工人素质，加强煤矿班组安全建设，加快变“招工”为“招生”，强化矿工实际操作技能培训与考核，所有煤矿从业人员必须经考试合格后持证上岗。

（七）《关于防范遏制矿山领域重特大生产安全事故的硬措施》

为坚决防范遏制矿山领域重特大生产安全事故，针对当前矿山安全存在的突出问题，国务院安全生产委员会于2024年1月16日印发了《关于防范遏制矿山领域重特大生产安全事故的硬措施》（以下简称《硬措施》）。《硬措施》出台的意义如下：

第一，《硬措施》是贯彻落实习近平总书记关于安全生产重要论述的迫切需要。《硬措施》是安全发展理念、“两个至上”、红线意识的细化、深化、具体化，必须坚决守住守牢。第二，《硬措施》是实现高质量发展和高水平安全良性互动的迫切需要。《硬措施》完整、准确、全面贯彻新发展理念，为托住矿山安全生产之底、稳控当前形势提供强力支撑。第三，《硬措施》是推动矿山安全治理模式向事前预防转型的现实需要。《硬措施》突出“防”字，聚焦矿山安全生产“一件事”全链条全方位压实责任，着力推动矿山安全治理模式向事前预防转型。第四，《硬措施》是扭转当前矿山领域重特大事故多发势头的现实需要。《硬措施》从“八个方面”回答了防范遏制矿山领域重特大生产安全事故要做什么、怎么做、不做怎么办，为扭转当前被动局面指明方向、提供路径、明确方法。

《硬措施》提出了八个方面的具体措施：① 一体压实各级矿山安全生产责任；② 切实提高风险隐患排查整改质量；③ 重拳出击“打非治违”；④ 强化重大灾害治理；⑤ 大力提升从业人员素质；⑥ 严格项目审批和安全生产许可；⑦ 强化矿山安全国家监察督政；⑧ 严格事故调查和警示教育。

《硬措施》规定：① 从业人员必须熟知各类灾害避灾路线、地面建筑场所的安全疏散通道和自救逃生方法；不熟悉避灾逃生路线，或者不能熟练使用自救器等紧急自救装备的，不得安排上岗作业。② 加大典型事故案例媒体曝光力度，警醒各地、各部门、各矿山企业深刻吸取教训，切实做到“一方出事故、多方受教育，一地有隐患、全国受警示”，形成齐抓共管的良好氛围。

三、安全生产规章、细则、行业标准

（一）《煤矿安全规程》

《应急管理部关于修改〈煤矿安全规程〉的决定》经 2021 年 8 月 17 日应急管理部第 27 次部务会议审议通过，该规程自 2022 年 4 月 1 日起施行。《煤矿安全规程》是煤矿企业必须遵守的法定规程，制定目的是保障煤矿安全生产和从业人员的人身安全与健康，防止煤矿事故与职业病危害。

《煤矿安全规程》主要内容包括：总则、地质保障、井工煤矿、露天煤矿、职业病危害防治、应急救援、附则和附录等。

《煤矿安全规程》中的每一项条款都是一起起事故经验的总结。条条规程血染成，不要用血再验证，不能让事故一而再、再而三地重演。因此，通过加深对《煤矿安全规程》的学习和理解，增强关注安全、关爱生命的责任感，提高遵章指挥、遵章作业、遵守劳动纪律的自觉性，实现矿井本质安全。

《煤矿安全规程》有关煤矿班组长的规定如下：

（1）严格执行敲帮问顶及围岩观测制度。开工前，班组长必须对工作面安全情况进行全面检查，确认无危险后，方准人员进入工作面。

(2) 当井下出现瓦斯超限、煤与瓦斯突出、火灾、水灾等事故时，班组长有权责令现场作业人员停止作业，停电撤人。

(3) 爆破前，班组长必须亲自布置专人将工作面所有人员撤离警戒区域，并在警戒线和可能进入爆破地点的所有通路上布置专人担任警戒工作。警戒人员必须在安全地点警戒。警戒线处应当设置警戒牌、栏杆或者拉绳。

(4) 井下爆破要执行“三人连锁爆破”制度，即爆破工、班组长、瓦检工三人必须同时自始至终参加爆破工作过程，并执行换牌制。

(二)《防治煤与瓦斯突出细则》

为了加强防治煤(岩)与瓦斯(二氧化碳)突出工作，预防煤矿事故，保障从业人员生命安全，国家煤矿安全监察局于 2019 年 7 月 16 日颁布了《防治煤与瓦斯突出细则》，该细则自 2019 年 10 月 1 日起施行。

《防治煤与瓦斯突出细则》主要内容包括：总则、一般规定、区域综合防突措施、局部综合防突措施、防治岩石与二氧化碳(瓦斯)突出措施和附则。

煤与瓦斯突出矿井的所有管理人员以及作业人员都必须认真学习《防治煤与瓦斯突出细则》，只有这样才能实现防突工作过程管理标准化与规范化，从而达到突出煤层消灭瓦斯突出动力现象、突出矿井全面消灭突出事故的高标准防突目标。该细则相关规定如下：

(1) 防突工作必须坚持“区域综合防突措施先行、局部综合防突措施补充”的原则，按照“一矿一策、一面一策”的要求，实现“先抽后建、先抽后掘、先抽后采、预抽达标”。突出煤层必须采取两个“四位一体”综合防突措施，做到多措并举、可保必保、应抽尽抽、效果达标，否则严禁采掘活动。

（2）突出矿井的管理人员和井下工作人员必须接受防突知识的培训，经考试合格后方可上岗作业。

各类人员的培训达到下列要求：

① 突出矿井的井下工作人员的培训内容包括防突基本知识以及与本岗位相关的防突规章制度。

② 突出矿井的区（队）长、班组长和有关职能部门的工作人员应当全面熟悉两个“四位一体”综合防突措施、防突的规章制度等内容。

③ 突出矿井的防突工属于特种作业人员，必须接受防突知识、操作技能的专门培训，并取得特种作业操作证。

④ 有突出矿井的煤矿企业技术负责人和突出矿井的矿长、总工程师应当接受防突专项培训，具备突出矿井的安全生产知识和管理能力。

（三）《煤矿防灭火细则》

为了加强煤矿防灭火工作，有效防控煤矿火灾事故，保障煤矿安全生产及从业人员生命安全和健康，国家矿山安全监察局于 2021 年 10 月 12 日颁布了《煤矿防灭火细则》，该细则自 2022 年 1 月 1 日起施行。

《煤矿防灭火细则》主要内容包括：总则、一般规定、井下火灾监测监控、防火技术、应急处置、井下火区管理、露天煤矿防灭火和附则。

《煤矿防灭火细则》是指导现阶段煤矿防灭火工作的指南，更是《煤矿安全规程》对煤矿防灭火基本要求的延伸与细化，所以我们必须认真学习、领悟精髓、严格落实，这也是每一名煤矿从业人员保证自己生命安全的需要，更是煤矿企业免受火灾威胁与保障健康发展的需要。该细则相关规定如下：

(1) 煤矿防灭火工作必须坚持预防为主、早期预警、因地制宜、综合治理的原则,制定井上、下防灭火措施。

(2) 井下严格实行明火管制,并符合下列规定:

① 严禁在采掘工作面进行电焊、气割等动火作业。

② 严禁携带烟草和点火物品,严禁穿化纤衣服入井。

③ 井下严禁使用灯泡取暖和使用电炉。

④ 井下爆破作业时,应当按照矿井瓦斯等级选用煤矿许用炸药和雷管,并严格按施工工艺进行爆破。

⑤ 井口和井下电气设备必须装设防雷击和防短路的保护装置。

(3) 当井下发现自然发火征兆时,必须停止作业,立即采取有效措施处置。在发火征兆不能得到有效控制时,必须撤出人员,封闭危险区域。进行封闭施工作业时,其他区域所有人员必须全部撤出。

(4) 任何人发现井下火灾时,应当视火灾性质、灾区通风和瓦斯情况,立即采取一切可能的方法直接灭火,控制火势,并迅速报告矿调度室。矿调度室在接到井下火灾报告后,应当立即按灾害预防和处理计划通知有关人员组织抢救灾区人员和实施灭火工作。

(5) 煤矿值班调度和在现场的区、队、班组长应当依照灾害预防和处理计划的规定,将所有可能受火灾威胁区域中的人员撤离,并组织人员灭火。电气设备着火时,应当首先切断其电源;在切断电源前,必须使用不导电的灭火器材进行灭火。

(6) 抢救人员和灭火过程中,必须指定专人检查甲烷、一氧化碳、煤尘以及其他有害气体浓度和风向、风量的变化,并采取防止瓦斯、煤尘爆炸和人员中毒的安全措施。

(四)《煤矿防治水细则》

为了加强煤矿防治水工作,防止和减少事故,保障职工生命安全和健康,国家煤矿安全监察局于 2018 年 6 月 4 日颁布了《煤矿防治水细则》,该细则自2018年9月1日起施行。

《煤矿防治水细则》主要内容包括:总则、矿井水文地质类型划分及基础资料、矿井水文地质补充勘探、井下探放水、矿井防治水技术、露天煤矿防治水、水害应急处置和附则。

《煤矿防治水细则》体现了煤矿防治水工作从防治理念到技术与管理的科学性和先进性,是煤矿防治水工作的指南,更是煤矿开展防治水工作的强制性规范,所以煤矿从业人员必须认真学好与用好《煤矿防治水细则》,才能真正使煤矿水患治理工作方法科学、技术先进、措施合理、治理高效。该细则相关规定如下:

(1) 煤矿防治水工作应当坚持预测预报、有疑必探、先探后掘、先治后采的原则,根据不同水文地质条件,采取探、防、堵、疏、排、截、监等综合防治措施。

(2) 煤矿主要负责人必须赋予调度员、安检员、井下带班人员、班组长等相关人员紧急撤人的权力,发现突水(透水、溃水,下同)征兆、极端天气可能导致淹井等重大险情,立即撤出所有受水患威胁地点的人员,在原因未查清、隐患未排除之前,不得进行任何采掘活动。

(3) 煤炭企业、煤矿应当对井下职工进行防治水知识的教育和培训,对防治水专业人员进行新技术、新方法的再教育,提高防治水工作技能和有效处置水灾的应急能力。

(五)《防治煤矿冲击地压细则》

为了加强煤矿冲击地压防治工作,有效预防冲击地压事故,保障煤矿职工安全,国家煤矿安全监察局于2018年5月2日颁布了《防治煤矿冲击地压细则》,该细则自2018年8月1日起施行。

《防治煤矿冲击地压细则》主要内容包括:总则,一般规定,冲击危险性预测、监测、效果检验,区域与局部防冲措施,冲击地压安全防护措施和附则。

《防治煤矿冲击地压细则》，细化了《煤矿安全规程》对煤矿冲击地压防治与防控工作的规定，增强了《煤矿安全规程》的可执行性与操作性，对规范冲击地压矿井的冲击地压防治与防控管理工作具有重大意义。因此，只有全面学习、掌握《防治煤矿冲击地压细则》的相关规定，才能更有效地防治煤矿冲击地压，确保煤矿开采安全。该细则相关规定如下：

（1）冲击地压是指煤矿井巷或工作面周围煤（岩）体由于弹性变形能的瞬时释放而产生的突然、剧烈破坏的动力现象，常伴有煤（岩）体瞬间位移、抛出、巨响及气浪等。

（2）冲击地压防治应当坚持“区域先行、局部跟进、分区管理、分类防治”的原则。

（3）冲击地压矿井必须依据冲击地压防治培训制度，定期对井下相关的作业人员、班组长、技术员、区队长、防冲专业人员与管理人员进行冲击地压防治的教育和培训，保证防冲相关人员具备必要的岗位防冲知识和技能。

（六）《煤矿地质工作细则》

为了加强和规范煤矿地质工作，为煤矿安全生产提供地质保障，有效预防煤矿事故，国家矿山安全监察局于2023年12月29日颁布了《煤矿地质工作细则》，该细则自2024年3月1日起施行。

《煤矿地质工作细则》主要内容包括：总则、煤矿地质类型划分及基础资料、煤矿隐蔽致灾地质因素普查、煤矿地质补充调查与勘探、煤矿地质观测与综合分析、煤矿建设阶段地质工作、煤矿生产阶段地质工作、煤矿闭坑阶段地质工作、煤矿地质数字化工作、附则和附录等。该细则相关规定如下：

（1）煤矿地质工作应当坚持“综合勘查、科学分析、预测预报、保障安全”的原则。

（2）煤矿地质工作的主要任务包括：

① 研究煤矿地层、地质构造、煤层、煤质、瓦斯、水文地质、冲击地压、工程地质和其他开采地质条件等地质特征及其变化规律，开展地质类型划分；

② 查明影响煤矿安全生产的各种隐蔽致灾地质因素；

③ 进行地质补充调查与勘探、地质观测、资料编录和综合分析，提供煤矿建设和生产各个阶段所需要的地质资料，解决煤矿安全生产中的各种地质问题；

④ 估算和核实煤矿煤炭资源储量以及煤矿瓦斯(煤层气)资源储量，掌握资源储量动态，为合理安排生产提供可靠依据；

⑤ 调查、研究煤矿含煤地层中共(伴)生矿产的赋存情况和开采利用价值。

(七)《煤矿重大事故隐患判定标准》

为了准确认定、及时消除煤矿重大事故隐患，应急管理部于2020年11月2日颁布了《煤矿重大事故隐患判定标准》，该判定标准自2021年1月1日起施行。

该判定标准规定，煤矿重大事故隐患包括下列15个方面：

(1) 超能力、超强度或者超定员组织生产。

(2) 瓦斯超限作业。

(3) 煤与瓦斯突出矿井，未依照规定实施防突出措施。

(4) 高瓦斯矿井未建立瓦斯抽采系统和监控系统，或者系统不能正常运行。

(5) 通风系统不完善、不可靠。

(6) 有严重水患，未采取有效措施。

(7) 超层越界开采。

(8) 有冲击地压危险，未采取有效措施。

(9) 自然发火严重，未采取有效措施。

(10) 使用明令禁止使用或者淘汰的设备、工艺。

(11) 煤矿没有双回路供电系统。

(12) 新建煤矿边建设边生产，煤矿改扩建期间，在改扩建的区域生产，或者在其他区域的生产超出安全设施设计规定的范围和规模。

(13) 煤矿实行整体承包生产经营后，未重新取得或者及时变更安全生产许可证而从事生产，或者承包方再次转包，以及将井下采掘工作面和井巷维修作业进行劳务承包。

(14) 煤矿改制期间，未明确安全生产责任人和安全管理机构，或者在完成改制后，未重新取得或者变更采矿许可证、安全生产许可证和营业执照。

(15) 其他重大事故隐患。

(八)《煤矿安全生产标准化管理体系考核定级办法》和《煤矿安全生产标准化管理体系基本要求及评分方法》

为进一步加强煤矿安全生产基础建设，提升煤矿安全保障能力，国家矿山安全监察局组织制定了《煤矿安全生产标准化管理体系考核定级办法》和《煤矿安全生产标准化管理体系基本要求及评分方法》，自 2024 年 11 月 1 日起施行。

1.《煤矿安全生产标准化管理体系考核定级办法》

(1)《煤矿安全生产标准化管理体系考核定级办法》规定，煤矿安全生产标准化管理体系等级分为一级、二级、三级 3 个等级，所应达到的要求为：

一级：煤矿安全生产标准化管理体系考核总得分不低于 90 分，重大灾害防治、专业管理部分评分不低于 90 分，安全基础管理部分评分不低于 85 分，且不存在下列情形：

① 发生生产安全死亡事故，自事故发生之日起，一般事故未满 1 年、较大及重大事故未满 2 年、特别重大事故未满 3 年的；

② 安全生产标准化管理体系一级检查考核未通过，自考核定级

部门检查之日起未满1年的；

③ 被降级或撤销等级未满1年的；

④ 被列入安全生产严重失信主体名单管理期间的。

二级:煤矿安全生产标准化管理体系考核总得分及各管理部分得分均不低于80分,且不存在下列情形:

① 发生生产安全死亡事故,自事故发生之日起,一般事故未满半年、较大及重大事故未满1年、特别重大事故未满2年的；

② 被降级或撤销等级未满半年的。

三级:煤矿安全生产标准化管理体系考核总得分及各管理部分得分均不低于70分。

(2) 煤矿安全生产标准化管理体系等级实行分级考核定级。

申报一级的煤矿由省级煤矿安全生产标准化工作主管部门组织初审,国家矿山安全监察局组织考核定级。申报二级、三级的煤矿,初审和考核定级部门由省级煤矿安全生产标准化工作主管部门确定。

(3) 煤矿安全生产标准化管理体系考核定级按照企业自评申报、初审、考核、公示、公告的程序进行。煤矿安全生产标准化管理体系考核定级部门原则上应在收到煤矿企业申请后的60个工作日内完成考核定级。煤矿和各级煤矿安全生产标准化工作主管部门,应通过国家矿山安全监察局"矿山安全生产综合信息系统—安全生产标准化"(以下简称"信息系统"),完成申报、初审、考核、公示、公告等各环节工作。未按照规定的程序和信息化方式开展考核定级等工作的,不予公告确认。

2.《煤矿安全生产标准化管理体系基本要求及评分方法》

煤矿是安全生产的责任主体,必须建立健全煤矿安全生产标准化管理体系,通过制定安全生产目标,设置机构,配备人员,建立并落实安全生产责任制和安全管理制度,提升从业人员素质,开展安全风险分级管控、隐患排查治理，聚焦重大灾害防治，抓好各专业管理，不断规范、持续改进安全生产管理，实现安全生产。

煤矿安全生产标准化管理体系考核定级执行《煤矿安全生产标准化管理体系基本要求及评分方法》。

煤矿安全生产标准化管理体系包括安全基础管理、重大灾害防治、专业管理三个部分。

（九）《国家卫生健康委办公厅关于进一步加强用人单位职业健康培训工作的通知》

为贯彻落实《国家职业病防治规划（2021—2025 年）》，强化用人单位主体责任，严格落实职业健康培训制度，国家卫生健康委员会办公厅于 2022 年 12 月 29 日发布了《国家卫生健康委办公厅关于进一步加强用人单位职业健康培训工作的通知》。通知对职业健康培训做了如下规定：

（1）建立健全职业健康培训管理制度。用人单位要建立健全职业病防治宣传教育培训制度，明确职业健康培训工作的管理部门和管理人员，制定职业健康培训年度计划，做好职业健康培训保障，规范职业健康培训档案资料管理。职业健康培训档案应包括年度培训计划，主要负责人、职业健康管理人员和劳动者培训相关记录材料等。记录材料应包括培训时间、培训签到表、培训内容、培训合格材料，以及培训照片与视频材料等。

（2）按时接受职业健康培训。用人单位主要负责人、职业健康管理人员和劳动者应按时接受职业健康培训。主要负责人和职业健康管理人员应当在任职后 3 个月内接受职业健康培训，初次培训不得少于 16 学时，之后每年接受一次继续教育，继续教育不得少于 8 学时。劳动者上岗前应接受职业健康培训，上岗前培训不得少于 8 学时，之后每年接受一次在岗培训，在岗培训不得少于 4 学时。煤矿新工人上岗前培训内容包括：职业健康相关法律法规、单位职业健康管理制度和操作规程、职业病危害防治基础知识、职业健康管理知识及职业健康相关工作。

(3) 加强职业健康培训组织管理。用人单位应当按照本单位的培训制度以及年度培训计划组织开展劳动者上岗前和在岗期间职业健康培训,提高劳动者职业健康素养和技能。因变更工艺、技术、设备、材料,或者岗位调整导致劳动者接触的职业病危害因素发生变化的,用人单位应当重新对劳动者进行上岗前职业健康培训。用人单位可以自行组织开展劳动者职业健康培训,无培训能力的用人单位也可委托职业健康培训机构组织开展。放射工作人员培训内容及学时根据《放射工作人员职业健康管理办法》等相关规定执行。对主要负责人、职业健康管理人员的培训,用人单位可以根据本单位情况及卫生健康行政部门的要求,聘请相关专家进行培训,或参加职业健康培训机构开展的培训。用人单位应当加强对存在矽尘、石棉粉尘、高毒物品等严重职业病危害因素岗位劳动者的职业健康培训,经培训考核合格后方可安排劳动者上岗作业。

(4) 提高职业健康培训实效。用人单位要根据所属行业特点和劳动者接触职业病危害因素情况,合理确定培训内容和培训时间,明确培训方式、培训考核办法和合格标准,满足不同岗位劳动者的培训需求。确保用人单位主要负责人和职业健康管理人员具备与所从事的生产经营活动相适应的职业健康知识和管理能力,劳动者具备职业病防护意识,了解职业病防治法律法规,熟悉相关职业健康知识和职业卫生权利义务,掌握岗位操作规程,能够正确使用职业病防护设施和职业病防护用品。

(5) 规范劳务派遣劳动者等人员的职业健康培训工作。使用劳务派遣劳动者的用人单位应当将被派遣劳动者纳入本单位职业健康培训对象统一管理。外包单位应当对劳动者进行必要的职业健康教育和培训。接收在校学生实习的用人单位应当对实习学生进行上岗前职业健康培训，提供必要的职业病防护用品；对实习期超过一年的实习学生进行在岗期间职业健康培训。

第三节　煤矿从业人员安全生产的权利与义务

一、煤矿从业人员安全生产的权利

（一）劳动保护和提请劳动争议处理权

职工有要求用人单位保障职工的劳动安全、防治职业病危害的权利。职工与用人单位建立劳动关系时，应当要求订立劳动合同，劳动合同应当载明为职工提供符合国家法律、法规、标准规定的劳动安全卫生条件和必要的劳动防护用品，工作场所存在的职业病危害因素以及有效的防护措施，对从事有毒有害作业的职工定期进行健康检查，依法为职工办理工伤保险等。

当职工的劳动保护权益受到损害时，或者因劳动保护问题与用人单位发生纠纷时，有向有关部门提请劳动争议处理的权利。

（二）安全生产知情权

职工有权了解作业场所和工作岗位存在的危险因素、危害后果，以及针对危险因素应采取的防范措施和事故应急措施，用人单位必须向职工如实告知，不得隐瞒和欺骗。如果用人单位没有如实告知，职工有权拒绝工作，用人单位不得因此做出对职工不利的处分。进入工作面前，职工有权要求跟班干部或班长检查工作面，并制定具体安全措施。

（三）参与安全生产管理权

职工有权参与本单位安全生产工作的民主管理和民主监督，对本单位的安全生产工作提出意见和建议，对不符合党和国家安全生产方针和法律、法规的规章、制度有权提出修改意见。用人单位应当重视和尊重职工的意见和建议，并及时做出答复。

(四) 安全生产监督权

职工有权对企业贯彻、执行党和国家安全生产方针的情况,有关安全生产法规及管理制度的执行情况,管理干部行为,作业现场的安全情况,安全技术措施专项费用使用情况进行监督。

(五) 安全生产教育培训权

职工享有参加安全生产教育培训的权利。用人单位应依法对职工进行安全生产法律、法规、规程及相关标准的教育培训,使职工掌握从事岗位工作所必须具备的安全生产知识和技能。用人单位没有依法对职工进行安全生产教育培训或特殊工种作业人员未取得操作资格证书的,职工有权拒绝上岗作业。

(六) 职业健康防治权

对于从事接触职业病危害因素或可能导致职业病作业的职工,有权进行职业健康检查并了解检查结果。对于被诊断为患有职业病的职工有依法享受职业病待遇,接受治疗、康复和定期检查的权利。煤矿从业人员离开煤矿企业时,有权索取本人职业健康监护档案复印件,煤矿企业必须如实、无偿提供,并在所提供的复印件上签章。

(七) 拒绝违章指挥权

违章指挥是指用人单位的有关管理人员违反安全生产法律、法规和有关安全规程、规章制度的规定,指挥从业人员进行作业的行为。强令冒险作业是指用人单位的有关管理人员明知开始或继续作业可能会导致重大危险,却仍然强迫职工进行作业的行为。违章指挥、强令冒险作业违背了“安全第一”的方针,侵犯了职工的合法权益,职工有权拒绝;违章操作,职工有权制止;跟班干部擅离工作岗位,职工有权向有关部门报告。用人单位不得因职工拒绝违章指挥和强令危险作业而打击报复,降低其工资、福利等待遇或解除与其订立的劳动合同。

（八）停止作业避险权

职工发现直接危及人身安全的紧急情况时，有权停止作业，或者在采取可能的应急措施后，撤离作业场所。用人单位不得因职工在紧急情况下停止作业或者采取紧急撤离措施而降低其工资、福利待遇或者解除与其订立的劳动合同。但职工在行使这一权利时要慎重，要尽可能正确判断险情危及人身安全的程度。例如，火灾初起阶段很容易扑灭，职工应尽快组织灭火，如火灾扩大无法扑灭，则应立即撤离。

（九）工伤保险和民事索赔权

用人单位应当依法为职工办理工伤保险，为职工缴纳工伤保险费。职工因安全生产事故受到伤害，除依法享受工伤保险外，还有权向用人单位提出民事赔偿要求，并且工伤保险和民事赔偿不能互相取代。

（十）批评、检举和控告权

职工有权向煤矿企业和煤炭管理部门、工会组织举报违反有关安全生产法律、法规、制度的行为；有权检举违章指挥、违章作业者；有权反映作业现场安全管理情况和不安全因素。职工检举可以署名，也可以不署名；可以用书面形式，也可以用口头形式。但是，职工在行使这一权利时，应注意检举和控告的情况必须真实，要实事求是。用人单位不得因职工行使上述权利而对其进行打击、报复，包括不得因此而降低其工资、福利待遇或者解除与其订立的劳动合同。在进行安全生产监督检查时，职工如果受到打击报复和迫害，有权向上级或政府有关部门、工会组织投诉和控告；有权对忽视安全、玩忽职守造成事故的责任者进行检举；有权对隐瞒事故的单位和责任者提出控告。

二、煤矿从业人员安全生产的义务

（一）遵守安全生产规章制度和操作规程的义务

职工不仅要严格遵守安全生产有关的法律、法规，还应当遵守用人单位的安全生产规章制度和操作规程，这是职工在安全生产方面的一项法定义务。职工必须增强法纪观念，自觉遵章守纪，从维护国家利益、集体利益以及自身利益出发，把遵章守纪、按章操作落实到具体的工作中。

（二）服从安全生产管理的义务

职工要服从煤矿安全检查、安全监察管理；自觉服从安全监督部门、安全监察部门的指挥，自觉配合安全监察人员的工作，协助他们执行公务，并提供真实信息和有关资料。

煤矿企业安全生产管理人员一般具有丰富的安全生产知识和经验。职工服从管理，可以维持生产经营活动的秩序，有效避免或减少生产安全事故的发生。因此，职工应当服从管理，这也是职工在安全生产方面的一项法定义务。当然，职工对于违章指挥、强令冒险作业的行为，有权拒绝。

（三）正确佩戴和使用劳动防护用品的义务

劳动防护用品是保障职工在劳动过程中安全与健康的一种防御性装备，不同的劳动防护用品有其特定的佩戴和使用规则，只有正确佩戴和使用，方能真正起到防护作用。用人单位在为职工提供符合国家或行业标准的劳动防护用品后，职工有义务正确佩戴和使用劳动防护用品。

（四）发现事故隐患及时报告并参加抢险救灾的义务

职工发现事故隐患和不安全因素后，应及时向现场安全生产管理人员或本单位负责人报告，接到报告的人员应当及时予以处理。一般来说，职工报告得越早，接收报告的人员处理得越早，事故隐患和其他职业危险因素造成的危害就越小。煤矿发生事故后，应急救援部门应积极参与抢救，不能以任何借口逃避抢救工作。

（五）接受安全生产培训教育的义务

职工应依法接受安全生产教育和培训，掌握所从事岗位工作所需的安全生产知识，提高安全生产技能，增强事故预防和应急处理能力。特殊性工种作业人员和有关法律法规规定须持证上岗的作业人员，必须经培训考核合格，依法取得相应的资格证书或合格证书后，方可上岗作业。

（六）改善工作环境和爱护生产设施、设备的义务

职工在工作中，积极参加技术革新活动，提出合理化建议，不断改善劳动条件和工作环境。

煤矿企业的生产设备及设施是安全生产的保证，职工要自觉维护其正常运转和安全使用，使其发挥保障安全生产的作用。

第三章　矿井灾害防治

第一节　瓦斯灾害防治

一、矿井瓦斯

瓦斯是在成煤过程中伴生的一种气体。广义上说，它是指煤矿井下生产过程中从煤层和围岩涌出的以甲烷为主的有毒有害气体的总称，这些气体主要有甲烷、二氧化碳、一氧化碳、二氧化硫、硫化氢、乙烷、乙烯及少量的氢气，有时单独指甲烷。

瓦斯是无色、无味、无臭的气体，必须用仪器检测才能发现。瓦斯虽然无毒，但如果空气中的瓦斯浓度升高，则氧气浓度相对降低，使空气具有窒息性。瓦斯的化学性质不活泼，微溶于水，具有燃烧性、爆炸性，这一特性会给煤矿带来巨大的灾难。

二、矿井瓦斯等级的划分

矿井瓦斯等级应当依据实际测定的瓦斯涌出量、瓦斯涌出形式以及实际发生的瓦斯动力现象、实测的突出危险性参数等确定。瓦斯等级可划分为：煤（岩）与瓦斯（二氧化碳）突出矿井（以下简称突出矿井）、高瓦斯矿井、瓦斯矿井。

三、瓦斯爆炸及其预防

瓦斯爆炸就是甲烷（CH_4）在高温火源的作用下，与空气中的氧气发生剧烈的化学反应，生成二氧化碳和水蒸气，同时产生大量的热，形成高温、高压环境，并以极高的速度向外冲击而产生的动力现象。

瓦斯的危害与瓦斯爆炸

（一）瓦斯爆炸条件

瓦斯发生爆炸必须同时具备三个基本条件：一是瓦斯浓度在爆炸界限内，一般为5%～16%；二是混合气体中氧气的浓度不小于12%；三是有足够能量的点火源，温度为650～750 ℃。瓦斯爆炸的三个条件必须同时满足。

（二）瓦斯爆炸的预防措施

预防瓦斯爆炸应从瓦斯爆炸的三个条件入手，由于井下空气需供工人呼吸，因此氧气浓度肯定大于12%，即应采取措施防止瓦斯积聚和出现引火火源；一旦出现瓦斯爆炸，还要防止爆炸事故扩大。

(1) 防止瓦斯积聚的措施。瓦斯积聚是指在0.5 m^3及以上空间中瓦斯浓度达到2%及以上浓度的现象。防止瓦斯积聚需要落实瓦斯防治“十二字方针”：先抽后采、监测监控、以风定产，从源头上消除瓦斯的危害。防止瓦斯积聚的基本方法如下：

① 加强通风；

② 加强瓦斯浓度和通风情况的检查；

③ 及时处理局部积聚的瓦斯。

瓦斯爆炸防治措施

(2) 防止瓦斯引燃的措施：

① 防止明火；

② 防止电火花；

③ 防止爆破引燃瓦斯；

④ 防止机械摩擦、冲击火花。

（三）限制瓦斯爆炸范围扩大的措施

(1) 实行分区通风。

(2) 装有主要通风机的出风井口应安装防爆门，以防止发生爆炸时通风机被毁坏，造成救灾和恢复生产困难。

(3) 开采有煤尘、瓦斯爆炸危险的矿井，都必须用水棚或岩粉棚隔开。

(4) 每年必须由煤矿技术负责人组织编制矿井灾害预防和处理计划。

四、煤与瓦斯突出及其预防

煤与瓦斯突出是指在压力作用下,破碎的煤与瓦斯由煤体内突然向采掘空间大量喷出,这是一种瓦斯的特殊涌出方式。

(一) 煤与瓦斯突出的预兆

(1) 无声预兆。工作面顶板压力增大,使支架变形、煤壁外鼓、片帮、掉渣、顶板下沉或底板鼓起,煤层层理紊乱,煤暗淡无光泽,煤质变软,瓦斯涌出量异常,煤壁发凉,打钻时有顶钻、卡钻、喷瓦斯等现象。

(2) 有声预兆。煤层在变形过程中发生劈裂声、闷雷声、机枪声、响煤炮,声音由远到近、由小到大,有短暂的、有连续的,间隔时间长短也不同。煤壁发生震动和冲击,顶板来压,支架发出断裂声。

煤与瓦斯突出的预兆

特别注意:瓦斯突出前,并不是所有预兆都出现,仅出现其中一种或数种,而且有的预兆不明显;有些预兆距发生突出的时间很短。因此,发现任何预兆都要格外警惕,及时报告、躲避。

(二) 煤与瓦斯突出的危害

大量的煤与瓦斯在短时间内向采掘空间突然喷出,突出的煤流或岩石流抛出会掩埋井下作业人员、堵塞巷道,造成风流逆转,破坏井下设施、设备和通风系统。井巷中充满高浓度瓦斯会引起人员缺氧,导致窒息死亡。当突出瓦斯与新鲜风流汇合后,遇到火源还可能发生燃烧或爆炸,使灾害事故扩大。

(三) 煤与瓦斯突出事故的预防

煤与瓦斯突出事故的预防

防突工作必须坚持“区域综合防突措施先行、局部综合防突措施补充”的原则,按照“一矿一策、一面一策”的要求,实现“先抽后建、先抽后掘、先抽后采、预抽达标”。瓦斯突出煤层必须采取两个“四位一体”综合防突措施，做到多措并举、可保必保、应抽尽抽、效果达标，否则严禁采掘活动。

第二节　矿尘灾害防治

一、矿尘概述

粉尘是指能够较长时间悬浮在空气中的固体颗粒。生产过程中，产生的粉尘称为生产性粉尘。在煤矿生产过程中，打眼、爆破、掘进、割煤、喷浆、运输等工序的作业中，会产生大量的粉尘粒子漂浮在生产环境中，这部分粉尘称为矿尘。

我国煤矿大多数为井工开采矿井，在掘进、采煤、爆破、装载等各个生产环节都会产生大量粉尘。井下粉尘较多的地点有：采煤或掘进工作面、自溜运输巷道、带式输送机的转载点、煤仓和溜煤眼的上下口以及井口的卸载点等。随着煤矿生产规模的扩大和机械化程度的提高，煤矿粉尘的产生量也随之迅速增大。另外，井下施工用的粉状材料有时会成为高浓度的有害粉尘，如锚喷作业时喷射水泥砂浆或混凝土会产生大量的水泥和砂粒粉尘。

二、矿尘的危害

矿尘具有很大的危害性，主要表现为以下方面：

（1）煤尘爆炸是煤矿主要灾害之一，煤尘爆炸时的破坏性很大，尤其是爆炸后产生的大量一氧化碳会引起工作人员中毒死亡。

（2）污染工作场所。煤矿工人在生产活动中长期接触较高浓度的生产性粉尘，可引起健康损害，较常见的疾病有尘肺病、鼻咽炎、慢性支气管炎和皮肤病。

（3）加速机械磨损，缩短精密仪器的使用寿命。

（4）降低工作场所能见度，增加工伤事故的发生概率。工作面能见度低，往往会导致误操作，造成人员意外伤亡。

矿井粉尘的危害	矿井粉尘防治措施

三、煤尘爆炸及其预防

风速过高会引起采掘工作面和运输巷道煤尘飞扬，而风速过低产尘点产生的煤尘无法排出则会增加浮尘量。带式输送机各转载点如不采取有效的防尘措施，则会造成煤尘飞扬。当煤尘含量达到爆炸临界点时，遇电气设备漏电产生的火花、爆破产生的火焰等引爆火源，就会发生煤尘爆炸事故。

（一）煤尘爆炸事故灾害类型

（1）在采掘生产过程中，特别是采掘工作面在爆破、落煤、运输过程中都会产生大量煤尘。一旦煤尘浓度达到爆炸界限，电气设备漏电产生火花、爆破产生火焰时，就会发生煤尘爆炸事故。

（2）煤尘爆炸时会产生高温、高压、有毒有害气体，造成人员伤亡、机械设备和巷道的破坏。强大的冲击波会造成风流逆转、通风系统紊乱，还可能引起其他地点的连续爆炸。

煤尘爆炸事故的危害

（3）采掘工作面及其回风巷发生煤尘爆炸事故时，将影响本采区；当引起连续爆炸时，影响范围扩大，直至影响整个矿井；进风井附近发生煤尘爆炸事故时将影响其进风流中的所有工作地点，反风不及时将影响整个矿井。

(二) 煤尘爆炸的条件

煤尘发生爆炸必须同时具备三个基本条件:一是煤尘本身具有爆炸性,并且浮游煤尘要达到一定浓度,下限为 45 g/m³,上限为 1 500～2 000 g/m³;二是混合气体中氧气的浓度不小于 18%;三是有足够能量的点火源,温度在 610～1 050 ℃之间。

(三) 煤尘爆炸预防措施

(1) 矿井开采新水平、新煤层,要及时对煤层进行煤尘爆炸性鉴定。根据鉴定结果采取相应的安全措施,将作业场所的煤尘浓度降低到《煤矿安全规程》规定的浓度以下。

煤尘爆炸事故的防治措施

(2) 建立煤尘监测制度,加强采掘工作面和主要场所的煤尘监测,消除煤尘隐患。

(3) 加强巡查及管理,防止井下出现明火、爆破火焰、电气火花等引爆火源。

(4) 按照"源头治理、科学防治"的原则,认真落实减尘、捕尘、洗尘有关规定。完善防尘洒水系统,采取湿式钻眼,使用水炮泥,爆破前后冲洗煤壁,爆破时采用高压喷雾或压气喷雾降尘,采掘面回风巷按规定安设自动控制风流净化水幕等。转载点采用自动喷雾降尘或密闭尘源除尘器抽尘净化等措施。

第三节　矿井火灾防治

一、矿井火灾概述

凡发生在井下或井口附近能够危害到井下安全的火灾,都叫作矿井火灾。发生矿井火灾的原因有两种:一是外部火源引起,二是煤炭物理化学性质的内在因素引起。因此,矿井火灾分为两类:外因火灾和内因火灾。

外因火灾，又称外源火灾，如违章在井下吸烟、在井下拆卸矿灯、放明炮、电焊、气焊等，都可能引起外因火灾。内因火灾，又称煤炭自燃火灾。

火灾事故的分类及发生条件	煤炭自燃的预防措施	外因火灾的预防措施

二、煤炭自燃的初期预兆

煤矿内因火灾事故隐患主要表现为煤炭自然发火。煤炭自燃的初期预兆有如下几种：

(1) 巷道内湿度增加，出现雾气、水珠。煤炭氧化初期生成水分，往往使巷道内湿度增加，出现雾气或在巷道壁上挂有水珠；浅部开采时，冬季在地面钻孔或塌陷处会出现冒出水蒸气或冰雪融化现象。

(2) 煤炭自燃放出焦油味。煤炭从“发烧”(自热)到自燃过程中，氧化时会产生多种碳氢化合物，并放出煤油味、汽油味、松节油味或焦油味等。当嗅到这些气味时，说明煤已燃烧到了一定程度。

(3) 巷道内发热，气温升高。煤炭氧化自燃过程中要释放出大量热量，因此，从自然发火的地方流出的水和空气的温度比平时要高，人的皮肤可以直接感觉到。

煤炭自燃的预兆

(4) 人有疲劳感。煤炭氧化自燃过程中，会放出有害气体，如二氧化碳、一氧化碳、二氧化硫等，这些有害气体会使人感到头痛、闷热、精神不振、不舒服、有疲劳感，尤其是多数人有同感时，应提高警惕，查明原因，以防矿井火灾的发生。

三、井下火灾的灭火方法

煤矿灭火方法有直接灭火、隔绝灭火和封闭火区等。

（一）直接灭火

（1）采用灭火剂或挖出火源等方法把火直接扑灭，称为直接灭火法。常用的灭火剂有水、泡沫、干粉、二氧化碳、四氯化碳、卤代烷、惰气、砂子和岩粉等。

矿井火灾 灭火方法	二氧化碳灭火 器使用方法	干粉灭火器 使用方法	消火栓 使用方法

① 水。水是不燃液体，是消防上常用的灭火剂之一，使用方法有水射流和水幕两种形式。

② 泡沫。泡沫是一种体积小，表面被液体围成的气泡群。泡沫的比重小，且流动性好，可实现远距离立体灭火，具有持久性和抗燃烧性，导热性能低，黏着力大。

③ 干粉。干粉灭火剂是目前公认的灭火效率较高的一种新型的化学灭火剂，应用范围比较广泛。

④ 卤代烃灭火剂。常用的卤代烃灭火剂是用氟、氯、溴取代甲烷和乙烷中的氢而成的，因此也叫卤代烷灭火剂。

⑤ 砂子和岩粉。砂子和岩粉在煤矿中广泛应用于扑灭电气火灾。

（2）消除可燃物。

直接灭火除了向火源喷射灭火剂以外，在有些条件下还可以采用挖除火源清除可燃物，以消除燃烧的物质基础。

(3) 采用凝胶处理高温点和自燃火源。

凝胶是近年来应用于煤矿井下防灭火较为广泛的材料，由基料[硅酸盐(水玻璃)]+促凝剂(碳酸氢氨等盐类)+水(90%左右)组成。

(4) 灌浆灭火。

灌浆灭火是煤矿井下常用的一种灭火方法。灌浆灭火的方法因火源位置而异。常用的方法有：井下巷道打钻灌浆、在火区密闭墙上插管灌浆和地面钻孔注浆三种。

(二) 隔绝灭火

当不能直接将火扑灭时，为了迅速控制火势，使其熄灭，可在通往火源的所有巷道内砌筑密闭墙，使火源与空气隔绝。

(三) 封闭火区

封闭火区的方法分为以下三种：

(1) 锁风封闭火区。从火区的进回风侧同时构筑密闭，封闭火区时不通风。这种方法适用于氧气浓度低于瓦斯爆炸界限(<12%)的火区。

(2) 通风封闭火区。在保持火区通风的条件下，同时构筑进回风两侧的密闭。

(3) 注惰气封闭火区。

第四节　矿井水灾防治

一、矿井涌水来源及危害

矿井水来源于地表水和地下水。

(一) 地表水

地表水主要是指矿区附近地面的江河、湖泊、池沼、水库、废弃的露天坑和塌陷坑积水以及雨水和冰雪融化汇集的水。

降雨和春季冰雪融化是地表水的主要来源。在开采浅部煤层时，由于地面形成塌陷区，地表水可能沿开采塌陷裂缝涌入井下；雨季不能及时排出矿区降雨时，雨水可能通过土层的孔隙和岩层的细小裂缝渗透到井下，在较短时间内把井巷或整个矿井淹没。

矿区附近的江河、湖泊、池沼、水库、低洼地、废弃的露天坑道等蓄存积水，可通过断层、裂隙、石灰岩溶洞与井下沟通，使地表水有可能进入井下造成突水事故。

（二）地下水

地下水主要是指含水层水、断层裂缝水和老空积水。这些水源可能从各种通道和岩层裂缝渗透进入矿井，是水灾的主要水源。

（三）矿井水的危害

(1) 井下巷道和采掘工作面出现淋水时空气潮湿，人易患风湿病。

(2) 矿井水会腐蚀井下各种金属设备、支架、轨道等。

(3) 如果发生了突水和透水事故，就可能淹没采掘工作面或矿井，造成人员伤亡。

二、矿井水灾事故的防治

防治水工作要坚持以防为主、防治结合，以及当前与长远、局部与整体、地面与井下、防治与利用相结合的原则；坚持“预测预报、有疑必探、先探后掘、先治后采”的十六字方针；落实“探、防、堵、疏、排、截、监”七项措施。根据不同的水文地质条件，采用不同的防治方法，因地制宜，统一规划，综合治理。具体措施如下：

(1) 严格按照规定留设防隔水煤（岩）柱。

(2) 在必要的地点或井下设置截水建（构）筑物，如防水闸门和防水闸墙。

(3) 建立完善的井下排水系统。

(4) 严格按照有关规定进行矿井探放水。

三、透水事故及其防治

矿区内大气降水、地表水、地下水通过各种通道涌入井下，成为矿井涌水。当矿井涌水量超过矿井正常排水能力时即会发生水患，称为矿井水灾，通常也称为透水。

煤矿水害是指发育于主要开采煤层顶底板直接或间接含水层中的水，在矿井采掘过程中通过天然或人为扰动的导水通道进入矿井，并给矿井带来灾害的过程与结果。煤层或岩层透水前，一般都有预兆，井下工作人员都应该熟悉发生透水事故前的各种预兆，以便及时采取防范措施。

矿井水灾的特点

（一）透水预兆

煤矿常见的透水预兆有：

① 煤层发潮发暗；

② 巷道壁或顶板“挂汗”；

③ 煤层变凉；

④ 工作面顶板淋水加大，或出现压力水头；

⑤ 从煤层或岩层裂缝中挤出“嘶嘶”的水叫声；

⑥ 工作面有害气体增加；

⑦ 煤壁或巷道“挂红”等。

透水事故的预兆

因此，当发现工作面有涌水预兆或发生大量涌水时，说明已接近水区，应停止作业，迅速向矿调度室汇报，及时采取措施。

（二）透水事故的处理措施

发生透水事故或矿井被淹，首先是救出井下人员，其次是排出积水，尽快恢复生产。采掘工作面或其他地点发现有突水预兆时，必须发出警报，撤出所有受水威胁地点的人员。

最先发现透水的现场工作人员，一方面报告矿调度室，另一方面迅速组织抢救。工作人员需要打木垛或用密集柱，堵住出水点，防止事故继续扩大；水势猛来不及进行加固时，人员应向高处撤退，安全出井。

第五节　顶板灾害防治

一、顶板冒落的预防

（1）采取有效的支护措施。

（2）及时处理局部漏顶，以免引起大范围冒顶。

顶板事故的分类、特点及原因	顶板事故的预防

（3）坚持“敲帮问顶”制度。在进入采掘工作面装煤、支护前，要“敲帮问顶”，处理已离层的顶板。如果处理不了，要用点柱先支撑。

（4）严格按照规程作业。严禁空顶作业，所有支架必须架设牢固并采取防倒柱措施，严禁在浮煤或浮矸上架设支架。

二、顶板冒落的预兆

（1）响声。顶板连续发出断裂声，这是由于直接顶和基本顶发生离层，或顶板切断发出的声音。有时采空区内顶板会发出像闷雷的声音，这是基本顶和上方岩层产生离层或断裂的声音。岩层下沉断裂、顶板压力急剧加大时，支架会发出很大的声响。

（2）掉渣。顶板岩石已有裂缝和碎块，其中小矸石稍受震动就掉落。

（3）片帮。冒顶前煤壁所受压力增加，变得松软，片帮煤比平时多。

(4) 漏顶。破碎的伪顶或直接顶在大面积冒顶以前，有时因为背顶不严或支架不牢而出现漏顶。

(5) 裂缝。顶板的裂缝张开，裂缝增多。

(6) 脱层(离层)。检查顶板是否脱层要用“敲帮问顶”的方法，如果声音清脆，表明顶板完好；如果顶板发出“空空”的响声，说明上下岩层已经脱离。

(7) 瓦斯涌出量突然增大。

(8) 顶板淋水增大。

顶板冒落的预兆

三、冒顶处置措施

(一) 采煤工作面冒顶处置措施

(1) 当冒落的煤、矸埋压人时，不可惊慌，应在区队长、班组长和有经验的老工人的指挥下，严密监视冒落的顶板及两帮情况，加固冒顶处10 m范围内支护，用长柄工具捣掉悬矸、危岩后，由有经验的工人由外向里进行支护，动作要迅速，并设专人观察顶板。同时，留好退路，严防顶板继续冒落伤人，组织人力积极抢救被埋人员。

(2) 抢救时要仔细侦察，分析遇险者位置和被压情况，尽量不破坏冒落矸石的堆积状态，小心搬开煤、矸救出伤员，严禁用锹、镐等强挖硬刨。

(3) 救出伤员后及时对其进行止血、包扎、骨折固定等，对发生休克的伤员要立即进行人工呼吸等现场救助并迅速送往医院。

(4) 若垮落、冒顶将人员堵在独头巷道时，被堵人员要沉着、冷静，不要慌乱、乱喊乱叫，要设法自救。

(5) 若冒顶面积大，处理时间长，被堵人员要静卧休息，节约矿灯电量、食物和水，减少氧气消耗，有压风管路时可打开阀门，放入空气供人呼吸。若冒落的煤和矸不太大，可扒出通道口时，应由有经验的老工人监视顶板，其他人员轮流攉扒出通道进行自救。同时，应间断性地敲击金属物发出求救信号。

（二）掘进、巷修工作面冒顶处置措施

（1）当发生冒顶事故时，现场人员不可惊慌，要在区队长、班组长和有经验的老工人指挥下，严密监视顶板及两帮的情况，在确保安全的前提下立即加强、加固冒顶处 10 m 范围内的支护。

（2）处理冒顶时，要用长钎捣掉可能冒落的悬矸、危岩，由有经验的老工人由外向里进行支护。一般采用架设木垛的方法，在没有冒落危险的情况下，设专人观察顶板，留好退路，迅速架好支架，排好护顶木垛，一直到冒顶最高点将顶托住。

（3）当冒落的煤、岩石埋压住人员时，要仔细侦察、分析遇险人员的位置和被埋压情况，在安全的前提下组织抢救工作。抢救中要尽量不破坏冒落岩石的堆积状态，小心搬开冒落的岩石，严禁使用锹、镐等强挖硬刨，严防对埋压人员造成二次伤害。

（4）救出的伤员要及时进行止血、包扎、骨折固定等，发生休克的要立即进行人工呼吸等现场救助并迅速送往医院。

（5）若冒落的矸石将人员堵在独头巷道内时，被堵人员要沉着、冷静，不要乱喊乱叫。若冒顶面积大，处理的时间长，被堵人员应立即静坐休息，注意节约矿灯电量、食物和水，减少氧气消耗，保持足够的体力。有压风管的应打开压风阀门，保持良好的通风；若冒顶面积不太大，被堵人员应在区队长、班组长和有经验的老工人指挥下，专人监视顶板情况，采用轮番攉扒冒落岩石的方法组织自救，并间断性敲打铁管、钢轨等发出呼救信号，等待救援。

（6）当冒顶的范围大，影响通风或人员被堵，可采用小断面快速修复的方法，架设比原来巷道规格小的临时支护，采用撞楔法把冒落的岩石控制住，从巷道两侧清理岩石，且边清理边维护，防止煤矸流入巷道。帮顶维护好后，就可以架设永久支护。

（7）当冒顶的长度大，不易处理时，可采用打绕道的方法，绕过冒落区去抢救被堵人员，或绕过冒落区后再转入正常掘进。

第四章　煤矿自救、互救与现场急救

大量煤矿事故证明，当矿井发生灾害事故后，事故现场人员在万分危急的情况下，依靠自己的智慧和力量，积极正确地开展自救和互救工作，是最大限度地减少事故损失的重要环节。因此，班组长必须掌握自救、互救与现场急救的基本方法。

第一节　煤矿事故班组应急处置

一、班组长应急处置的责任

煤矿班组长作为煤矿企业最基层组织的"一把手"，为班组应急管理的第一责任人。发生突发事故后，班组长应主动担负起责任，发挥自己的主观能动性，及时如实地向作业区领导上报事故情况，同时积极组织协调人力、物力，恢复设备的正常运转。班组长的职责体现在以下几个方面：

(1) 对本班组应急处置负全面责任。

(2) 负责组织全班职工学习煤矿（包括区队）各类灾害应急预案，掌握应急处置的方法，会扑灭初期火灾或处置其他初期事故。特别是对于逃生路线、紧急集合地点、报警电话、急救方法等要教导本班组成员牢记。

(3) 负责组织救人、逃生、报警等演练，并对演习效果进行评价和改进。

(4) 发生突发事故后，以保护人身安全为第一目的，同时兼顾设备和环境的保护，尽量减少灾害的损失程度。事故发生后，立即组织班组全体成员救人、逃生，集中后清点人数，发现未到者及时向上级汇报。

(5) 判断突发事故灾情后，立即指挥抢救人员作业，向事故现场人员发送指令，同时向上级汇报。

二、煤矿各类灾害事故的处置要点

煤矿各类灾害事故的处置要点包括避难硐室避难、佩戴自救器逃生和创伤急救等。

(一) 避难硐室避难

(1) 在避难硐室中避难时，全体避难人员要团结互助、坚定信心；应在避难硐室外留有衣物、生产工具、矿灯等明显标志，以便救护人员发现。

(2) 避难过程中，硐室内只留一盏矿灯照明，其余矿灯全部关闭，留作再次撤退时使用；避难时间过长获救后，不要马上过多饮水、进食和见强光，以防止损坏消化系统和眼睛。

(3) 避难时应保持冷静，尽量俯卧在巷道底部，不急躁，保持精力，减少氧气消耗和避免吸入更多的有害气体；定期敲打铁管或岩帮等发出呼救信号。有条件时，打开矿用自动呼救器(矿井寻人仪)，及时给营救人员提供避难地点的方位。

(二) 佩戴自救器逃生

作业人员入井时，必须戴好安全帽，并随身携带自救器和矿灯。每次领取自救器时，都要仔细检查自救器的封锁装置等是否完好，外壳有没有损坏。若发现自救器有安全隐患，应及时更换。在携带自救器过程中，一定要倍加爱护，不得人为破坏，更不能无故打开自救器。若发生灾难事故时，应保持冷静，不能慌张，撤离灾区的同时应迅速按正确的方法佩戴好自救器。

(三) 创伤急救

如果发现被救出的人身上有外伤时，应立即把伤员抬到安全的地点，并尽快脱掉（或剪开）伤员身上的衣服进行伤口止血，包扎时切不可用脏布；不可以用水清洗伤口里的煤渣，包扎时应避免用手直接触及伤口。

第二节　煤矿井下安全避险“六大系统”

煤矿井下安全避险“六大系统”是指监测监控系统、人员定位系统、紧急避险系统、压风自救系统、供水施救系统和通信联络系统。

为提高矿山安全生产保障能力，国家强制要求全国煤矿及非煤矿山都必须建立和完善“六大系统”。“六大系统”将对保障矿山安全生产发挥重大作用，为地下矿山安全生产提供良好的条件。

（一）监测监控系统

监测监控系统的功能：一是“测”，即监测各种环境安全参数、设备工况参数、过程控制参数等；二是“控”，即根据监测参数去控制安全装置、报警装置、生产设备、执行机构等。

煤矿企业必须按照《煤矿安全监控系统及检测仪器使用管理规范》（AQ 1029—2019）的要求，建设完善监测监控系统，实现对煤矿井下甲烷和一氧化碳浓度、温度、风速等的动态监控，为煤矿安全管理提供决策依据。监测监控系统地面中心站执行 24 h 值班制度，当系统发出报警、断电、馈电等异常信息时，能够迅速采取断电、撤人、停工等应急处置措施，充分发挥系统的安全避险预警作用。

（二）人员定位系统

人员定位系统是集井下人员考勤、跟踪定位、灾后急救、日常管理等于一体的综合性管理系统，集合了识别技术、传输技术、软件技术等顶尖的产品和技术。

人员定位系统通过对所有入井人员携带的识别卡（或具备定位功能的无线通信设备）的识别读取，能够及时、准确地将井下各个区域的人员动态情况反映到地面计算机系统，使管理人员能够随时掌握井下人员分布的状况和运行轨迹，以便进行更加合理的调度管理。当事故发生时，救援人员也可以根据人员定位系统所提供的数据、图形，迅速掌握有关人员的位置情况，及时采取相应的救援措施，提高应急救援的工作效率。

（三）紧急避险系统

紧急避险系统的设施有自救器、救生舱、避难所、防透水型固定式避难所等。

煤矿企业必须按照《煤矿安全规程》的要求，为入井人员配备额定防护时间不低于 30 min 的自救器。突出矿井必须建设采区避难硐室，突出煤层的掘进巷道长度及采煤工作面推进长度超过 500 m 时，应当在距离工作面 500 m 范围内建设临时避难硐室或其他临时避险设施。其他矿井应当建设采区避难硐室，或者在距离采掘工作面 1 000 m 范围内建设临时避难硐室或其他临时避险设施。

（四）压风自救系统

压风自救系统是能够在灾变期间给所有采掘作业地点提供压风供气，为事故现场人员提供宝贵氧气的系统。压风自救系统通常采用空气压缩机供风，空气压缩机一般设置在地面。但是对于深部多水平开采的矿井，空气压缩机安装在地面难以保证对井下作业地点进行有效供风时，可在其供风水平以上两个水平的进风井井底车场，选择一个安全可靠的位置安装空气压缩机。突出矿井的采掘工作面要设置压风自救装置，其他矿井掘进工作面要安设压风管路并设置供气阀门。

（五）供水施救系统

供水施救系统是指为了满足发生火灾、爆炸等事故现场人员的用水需要而设置的供水系统。

系统管道铺设线路：矿井地面蓄水池→井筒→井底车场→水平

运输大巷→采区上(下)山→区段集中巷→区段斜巷→工作面两巷。

所有采掘工作面和其他人员较集中的地点、井下各作业地点及避难硐室(场所)处应设置供水阀门,保证各采掘作业地点在灾变期间能够实现应急供水。系统应按照《煤矿安全规程》要求设置三通及阀门。

(六)通信联络系统

为了更好地进行煤矿生产,井下一般都有电话通信系统。在主副井绞车房、井底车场、运输调度室、采区变电所、水泵房等主要机电设备硐室和采掘工作面以及采区、水平最高点等地方都装有防爆电话机。通过电话联络,可以随时掌握井下及地面生产情况;当矿井发生灾变时,电话机是指挥救灾的必需设施。

井下避难硐室、井下主要水泵房、井下中央变电所和突出煤层采掘工作面、爆破时撤离人员集中地点等,必须设有直通矿调度室的电话。要积极推广使用井下无线通信系统、井下广播系统,完善通信联络系统。发生险情时,系统能够及时通知井下人员撤离。

第三节　自救器的使用

自救器是入井人员在井下发生火灾、瓦斯煤尘爆炸、煤与瓦斯突出时防止有害气体中毒或缺氧窒息的一种随身携带的呼吸保护器具。自救器是一种体积小、重量轻、便于携带的个人防护装备。

煤矿必须使用隔离式自救器。隔离式自救器能防护所有的有害气体,它的作用包括提供氧气、防止窒息和防止有害气体中毒。隔离式自救器有压缩氧自救器和化学氧自救器,目前常用的是压缩氧自救器。

压缩氧自救器是指利用压缩氧气供氧的隔离式呼吸保护器。多用于灾区大气环境中缺氧或存在有毒有害气体的情况,是一种可重复使用的自救器,每次使用后只需要更换吸收二氧化碳的吸收剂和重新充装氧气即可重复使用。

一、压缩氧自救器使用方法

(1) 佩戴位置。将专用腰带穿入自救器腰带环内，固定在背部右侧腰间，如图 4-1(a)所示。

(a)　(b)　(c)

(d)　(e)　(f)

图 4-1　压缩氧自救器的使用方法

(2) 开启扳手。使用时先将自救器沿腰带转到右侧腹前，左手托底，右手拉护罩胶片，使护罩挂钩脱离壳体并丢掉，再用右手掰锁口带扳手至封印条断开，丢开锁口带，如图 4-1(b)所示。

(3) 去掉上外壳。左手抓住下外壳，右手将上外壳用力拔下、扔掉，如图 4-1(c)所示。

(4) 套上挎带。将挎带套在脖子上，如图 4-1(d)所示。

(5) 提起口具并立即戴好。用力提起口具，此时气囊逐渐鼓起，立即拔掉口具塞并同时将口具塞入口中，口具片置于唇齿之间，牙齿紧紧咬住牙垫，紧闭嘴唇，如图 4-1(e)所示。若尼龙绳被拉断，气囊未鼓起，可以直接拉启动环。

(6) 夹好鼻夹。两手同时抓住两个鼻夹垫的圆柱形把柄，将鼻夹拉开，此时佩戴人要憋住一口气，用鼻夹垫准确夹住鼻子。

(7) 调整挎带。如果挎带过长，抬不起头，可以拉动挎带上的大圆环，使挎带缩短，长度适宜后，系在小圆环上，如图 4-1(f)所示。

(8) 退出灾区。上述操作完成后，开始撤离灾区。途中感到吸气不足时不要惊慌，应放慢脚步，做深呼吸，待气量充足后再快步行走。

压缩氧自救器的佩戴与使用注意事项(三维仿真)	压缩氧自救器的佩戴使用(真人实操)

二、使用注意事项

(1) 使用中要经常观察压力表，以掌握耗氧情况。

(2) 高压氧气瓶储装有 20 MPa 的氧气，携带过程中要防止撞击、磕碰和摔落，不许把压缩氧自救器当坐垫使用。

(3) 呼气和吸气时要慢而深(即深呼吸)。口与自救器的距离不能过近，以免气囊内的呼气软管打折，增加呼气阻力。

(4) 使用中应防止利器刺伤、划伤气囊。

(5) 在未达到安全地点时严禁摘下自救器。

(6) 要经常练习佩戴自救器，做到 30 s 内盲戴。

第四节　避灾自救

一、避难硐室避灾

避难硐室是井下发生灾害事故后，人员无法撤离灾区时的避难场所。避难硐室分事先构筑好的永久避难硐室和由避灾人员用身边现有材料建造的临时避难硐室两种。

（一）永久避难硐室

1. 概述

永久避难硐室预先设在井底车场附近或采区工作地点安全出口的路线上，距工作地点不能太远（即在自救器的有效工作时间内可到达）。避难硐室原则上应能容纳采区的全体人员。硐室内应备有供避灾人员呼吸用的供气装备（如压风自救装置）、通信设备、自救器、药品、食物等。需要注意两个问题：一是硐室内的供气装置要有保障，即空气气源能长时间供气，遇险人员使用的呼吸装置要佩戴方便、迅速，呼吸自如舒畅。二是硐室内要存放一定数量的自救器，其防护时间要足够长（如 30 min 以上的压缩氧自救器），确保遇险人员在条件允许时，能够佩戴自救器从避难硐室撤到安全地点或井上。

2. 人员进入避难硐室生存区的操作步骤和方法

① 人员走到避难硐室第一道防爆密闭门前→向上旋转防爆密闭门外把手→迅速进入避难硐室过渡室。

② 进入过渡室的人员关闭第一道防爆密闭门→向下旋转门上的内把手→锁紧第一道防爆密闭门→打开避难硐室内部压风总阀→打开喷淋装置→使用喷淋装置喷洗 30 s。

③ 所有人员喷洗完毕之后→向上旋转第二道密闭门的把手→打开第二道密闭门→迅速进入避难硐室生存区→关闭第二道密闭门。

3. 人员进入避难硐室摘取自救器操作步骤和方法

避难人员进入生存区→找到避难硐室巷帮悬挂的“七合一”传感器→按下传感器右侧的开关按钮→观察传感器屏幕显示数值→确认传感器显示环境参数正常→摘下自救器。

4. 避难硐室的压风供氧装置操作步骤和方法

避难硐室的压风供氧装置有以下两种操作模式：

(1) 压风供氧模式：人员打开避难硐室压风控制柜→打开压风管路的阀门→调节压风控制柜风流量不小于每人每分钟 100 L。

(2) 自备氧供氧模式：人员确认避难硐室巷道顶部悬挂的压风管道上的散流器无风流及流量表无读数→检查避难硐室压风总阀、压风控制柜内各阀门、散流器阀门处于打开状态→关闭硐室压风总阀→关闭第一道防爆密闭门及第二道密闭门上的超压排气阀→启动自备氧供氧。

5. 避难硐室空气净化装置操作步骤和方法

人员确认避难硐室内传感器显示有毒有害气体浓度超标→打开避难硐室中所有的空气净化器→拿出储物座椅中相应的有毒有害气体吸收药剂并平铺至药剂床中。

操作注意事项：当传感器显示二氧化碳浓度降低后又升高，并再次提示有毒有害气体浓度超标时，应更换空气净化器中的二氧化碳吸附剂。

(二) 临时避难硐室

临时避难硐室是矿井出现灾变事故时，遇险人员在等待救援的过程中利用现场的材料临时搭建的设施。临时避难硐室是利用独头巷道、硐室或两道风门之间的巷道，由避灾人员临时修建的，所以，应在这些地点事先准备好所需的木板、木桩、风筒、黏土、砂子或砖等材料，还应装有带阀门的压气管。避灾时，若无构筑材料，避灾人员可用衣服和身边现有的材料临时构筑避难硐室，以减少有害气体的侵入。密闭门应该打两道，工人应在门内施工。

（三）在避难硐室避难时的注意事项

(1) 进入避难硐室前，应在硐室外留有矿灯、衣服、工具等明显标志，以便矿山救护队及时发现。

(2) 避难人员在避难硐室中应保持安静，不急躁，尽量俯卧于巷道底部，避免不必要的体力和氧气消耗，以便延长避难时间。

(3) 在避难中，要保持良好的精神状态和心理状态，坚持克服各种困难，坚定信心。

(4) 硐室内只留一盏矿灯照明，其余熄灭，以备人员撤离时使用。自救器、急救袋暂时可以不用的应停止使用，一方面以备延长待救时间，另一方面以备重伤员抢救之用。

(5) 在避难硐室内可间断地敲打铁器、岩石等，发出呼救信号。

(6) 避难时要密切注意避难地点附近风流和瓦斯的情况，要不断争取待救时间(进入有压风管的避难硐室时应立即打开压风管)。若避难地点条件恶化，危及人员生命安全时，应立即转移到附近安全地点。

(7) 被水堵在上山的人员，不要向下跑，不要盲目探险。水被排走露出顶板时，也不要急于出来，以防二氧化硫、硫化氢等气体中毒。

(8) 看到救护队员后不要过于激动，以防血管破裂。避难时间过长被救后，不能过多饮食和接受强烈光线，以防损伤消化器官和眼睛。

二、敲击救援联络信号

如果人员被困地点有通信联络装置，应立即向矿调度室报告灾情、遇险人数和计划采取的避灾自救措施等；也可利用坚硬物体敲击管路、铁轨、钻杆等发出“5432”救援联络信号。联络信号有4组：5声“呼救”、4声“报数”、3声“收到”、2声“停止”。联络信号具体内容如下。

5 声——寻求联络(被困人员敲击 5 声为求救信号;救援人员敲击 5 声为寻求联络信号)。

4 声——询问被困人员数量(救援人员敲击 4 声为询问信号,被困人员确认收到后,按被困人数敲击为回复信号)。

3 声——收到(敲击 3 声表示“收到”对方信号和意图)。

2 声——停止(被困人员敲击 2 声为“停止”,表示停止给养补给或遇突发情况需停止行动)。

每次敲击间隔 1 s,分组发出信号,每组信号间隔 30 s。明白意图后敲击 3 声回复“收到”,未“收到”回复可重复敲击发出信号。

为便于记忆,班组长可以按照以下方式来记:5 声——快来救救我;4 声——有几个人;3 声——知道了;2 声——停止。

三、瓦斯爆炸事故避灾自救

(1) 当灾害发生时一定要镇静清醒,不要惊慌失措、乱喊乱跑。当听到或感觉到爆炸声响和空气冲击波时,应立即背朝声响和气浪传来的方向、脸朝下、双手置于身体下面、闭上眼睛迅速卧倒。头部要尽量低,有水沟的地方最好趴在水沟边上或坚固的障碍物后面。

(2) 立即屏住呼吸,用湿毛巾捂住口鼻,防止吸入有毒的高温气体,避免中毒和灼伤气管和内脏。

(3) 用衣服将自己身上的裸露部分尽量盖严,以防止火焰和高温气体灼伤皮肉。

(4) 迅速戴好自救器,以防止吸入有毒气体。

瓦斯爆炸事故的应急避险

(5) 高温气浪和冲击波过后应正确辨别方向,以最快的时间进入新鲜风流中,并按照避灾路线尽快逃离灾区。

(6) 无法逃离灾区时,应立即选择进入避难硐室中,充分利用现场的一切器材和设备来保护人员安全。进入避难硐室后要注意安全，最好找到离水源近的地方，设法堵好硐口，防止有害气体进入。注意节约矿灯用电和食品，室外要做好标记，有规律地敲打连接外部的管道、轨道等，发出求救信号。

四、煤与瓦斯突出事故避灾自救

(1) 佩戴隔离式自救器保护自己。

(2) 寻找可避难的场所。

(3) 新鲜风流区域的职工应主动正确参加救护工作。

五、煤尘爆炸事故避灾自救

发生煤尘爆炸事故后的危险区域，救援人员只能在救人的情况下才能进入，但必须采取有效措施，保证救援人员的安全。

(1) 井下发生煤尘爆炸事故时，一般有较大声响和较强的冲击波以及煤尘飞扬。如发生以上情况，立即采取如下措施：

① 无论任何人，凡发现灾害事故时，不论灾害程度如何、波及范围大小，都应立即向矿调度室汇报，并详细说明事故发生的地点、时间、类别及事故现场情况、冲击波的方向、事故可能波及的地点；

② 事故现场的区队长或工程技术人员及通风、安检部门人员应立即组织在场人员采取一切有效措施进行自救和抢险救灾，将事故消灭在初发阶段；

③ 不能有效消除危险时，应立即组织灾区人员和受威胁区域的人员迅速沿避灾路线撤离；

④ 采煤工作面发生事故时，受灾人员要以事故区为中心，分别由上、下顺槽撤退，转入安全的进风巷道。

(2) 在发生煤尘爆炸事故、灾区人员无法迅速撤离时，应考虑下述方法避灾：

① 避灾人员要佩戴自救器或用湿毛巾堵住嘴和鼻子，以隔绝火焰和防止高温有害气体的伤害，待爆炸冲击波过去后，迅速撤到安全地点；

煤尘爆炸事故的应急避险

② 不能撤离的人员应迅速进入避难硐室或独头巷道(最好是岩石巷道)等安全地点,关停局部通风机,切断电源,断开风筒,堵住入口,防止有毒气体侵入,并在躲避地点巷道口悬挂矿灯、工具,定时敲打管道、铁轨等发出呼救信号,等待救援;

③ 避灾地点若有压风管,可设法打开压风管路,以便向避难人员输送新鲜空气。

六、矿井火灾事故避灾自救

(1) 井下若发现烟气或明火等火灾灾情,应立即通知在附近工作的人员及调度室。

(2) 如果火灾不大,应立即组织力量扑灭。

(3) 如果火灾范围大或是火势凶猛,则应在撤出灾区人员、保证自身安全的前提下,采取稳定风流、控制火势发展、防止人员中毒和预防瓦斯或煤尘爆炸的措施,并随时保持与地面指挥部的联系,根据指挥部的命令行事。

火灾事故
应急避险

(4) 见到火或突然接到火警通知时,需要立即撤退人员,要在判明灾情和自己实际处境以及应采取的应急措施的前提下采取行动。

七、矿井水灾事故避灾自救

矿井发生突水事故时,要根据灾情迅速采取以下有效措施进行紧急避险:

(1) 在突水迅猛、水流急速的情况下,现场人员应立即避开出水口和泄水流,躲避到硐室内、拐弯巷道或其他安全地点。如情况紧急来不及转移躲避时,可抓牢棚梁、棚腿或其他固定物体,防止被涌水冲倒或冲走。

(2) 当老空水涌出,使所在地点有毒有害气体浓度增高时,现场职工应立即佩戴好隔离式自救器。在未确定所在地点空气成分能否保证人员生命安全时,任何人禁止随意摘掉自救器的口具和鼻夹，以避免中毒窒息。

（3）井下发生突水事故后，决不允许任何人以任何借口在不佩戴防护器具的情况下冒险进入灾区；否则，不仅达不到抢险救灾的目的，反而会造成自身伤亡、扩大事故。

水灾事故
应急避险

（4）水害事故发生后，现场及附近地点工作的人员在脱离危险后，应迅速观察和判断突水地点、涌水程度、现场被困人员情况等，并立即报告矿调度室。同时，应利用电话或其他联络方式及时向下部水平和其他可能受到威胁区域的人员发出警报通知。

八、顶板事故避灾自救

（1）迅速撤离。当发现工作地点有即将发生冒顶的征兆而当时又难以采取措施防止顶板冒落时，要迅速离开危险区，撤退到安全地点。

（2）及时躲避。当冒顶发生又来不及撤至安全地点时，应靠煤帮贴身站立避灾，但要注意煤壁片帮伤人；如靠近木垛，也可撤至木垛处避灾。

（3）立即求救。冒落基本稳定后，遇险人员应立即采用呼叫、敲打（不要敲打对自己有威胁的支架、物料和岩块）等方法，发出有规律、不间断的求救信号，以便撤离的人员了解灾情，组织力量进行抢救。

（4）自救和互救。事故发生后，遇险人员要听从灾区班组长和有经验的老工人的指挥，在保证安全的前提下，积极开展自救和互救。正视已发生的灾害，注意保持体力，未受伤和受轻伤人员，要采取切实可行的措施设法营救被掩埋人员，并尽可能脱离险区或转移到较安全地点等待救援。

冒顶事故
应急避险

(5) 配合营救。发生冒顶埋人事故时，被埋压的人员不要惊慌失措，切忌激烈挣扎；被隔堵的人员应在遇险地点保护好自身安全，构筑脱险通道，配合外部的营救工作。

第五节　现场急救

现场急救的关键在于“及时”，时间上突出一个“急”字，技术上突出一个“救”字，争取在最短的时间内有效完成急救和安全转运任务。

现场互救必须遵守转运原则：初步止血、骨折简易固定、保证生命体征平稳、医护全程护送、边救边送、就近医院救治。

现场急救必须遵守“三先三后”的原则：

(1) 对窒息(呼吸道完全堵塞)或心跳、呼吸骤停的伤员，必须先进行人工呼吸或心脏复苏后再搬运。

(2) 对出血的伤员，先止血后搬运。

(3) 对骨折的伤员，先固定后搬运。

现场急救的方法包括心肺复苏、止血、创伤包扎、骨折临时固定和伤员的搬运护送等。

一、心肺复苏

煤矿井下每名职工都要掌握急救相关知识。一旦发现有人晕倒应采取如下 4 个步骤措施：第一步判断意识；第二步呼救；第三步翻转体位；第四步胸外心脏按压，如图 4-2 所示。

(一) 胸外心脏按压

胸外心脏按压部位位于胸部正中，乳头连线水平(两乳头连线中点)，右手中、食指沿一侧肋弓向内上方滑动至胸骨下端，左手掌根靠紧食指，放于胸骨上，按压频率 100～120 次/分钟，按压深度 5～6 cm，如图 4-3(a)所示。

心肺复苏
操作步骤

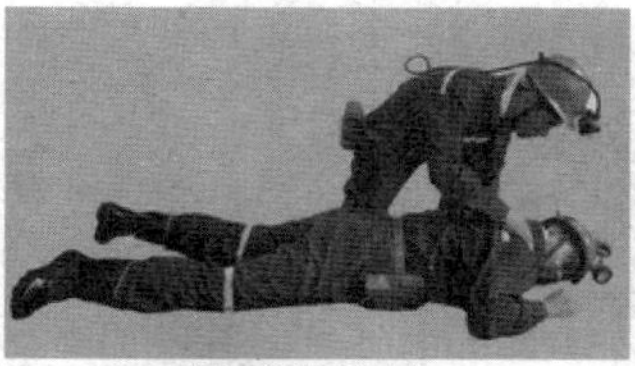

(a) 判断意识

(b) 呼救

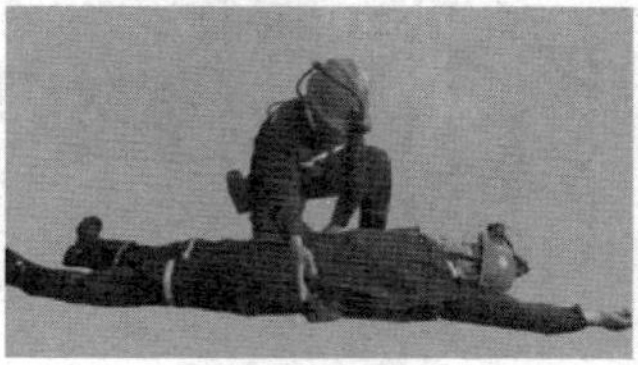

(c) 翻转体位

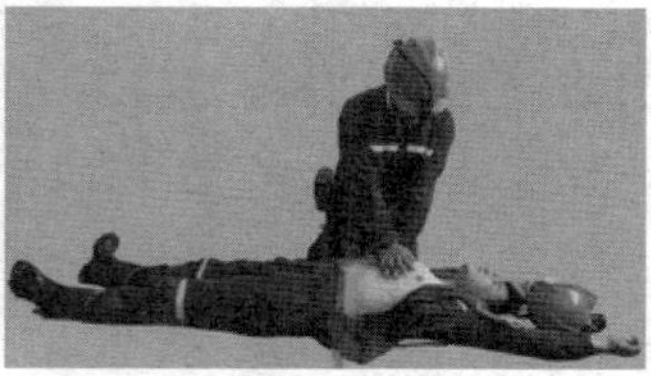

(d) 胸外心脏按压

图 4-2　发现有人晕倒的处理程序

胸外心脏按压操作方法如下：首先使伤员仰卧在木板上或地上，解开其上衣和腰带，脱掉其胶鞋。救护者位于伤员右侧，手掌面与前臂垂直，一手掌面压在另一手掌面上，使双手重叠置于伤员胸骨 1/3 处(其下方为心脏)，以双肘和臂肩之力有节奏地、冲击式地向脊柱方向用力按压，使胸骨下陷至少 5～6 cm；按压后，迅速抬手使胸骨复位，以利于心脏的舒张。按压次数以每分钟 100～120 次为宜。按压过快，心脏舒张不够充分，心室内血液不能完全充盈；按压过慢，动脉压力低，效果也不好，如图 4-3(b)所示。

进行胸外心脏按压时的注意事项如下：

(1) 按压的力量应因人而异。对身强力壮的伤员按压力量可大些，对年老体弱的伤员力量宜小些。按压的力量要稳健有力、均匀规则，重力应放在手掌根部，着力仅在胸骨处，切勿在心尖部按压。同时注意用力不能过猛，否则可致肋骨骨折、心包积血或引起气胸等。

(2) 胸外心脏按压与口对口吹气法最好同时施行，无论单人心

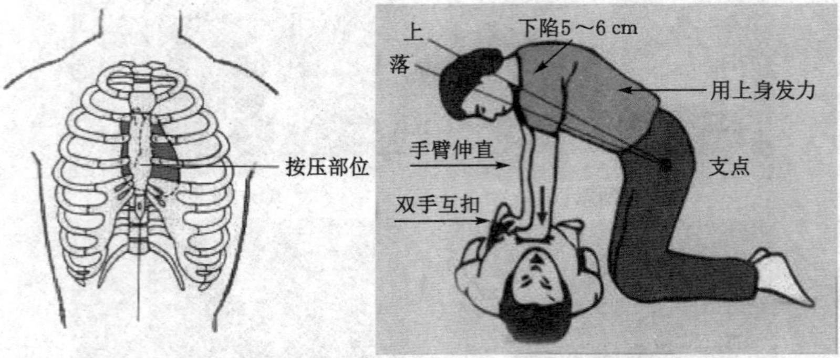

(a) 按压部位　　(b) 操作方法

图 4-3　胸外心脏按压示意图

肺复苏还是双人心肺复苏，均为每按压心脏 30 次，做口对口人工呼吸 2 次。

(3) 按压显效时，可摸到颈总动脉、股动脉搏动，散大的瞳孔开始缩小，皮肤转为红润。

(二) 人工呼吸

适用于休克、溺水、有害气体中毒、窒息或外伤窒息等引起的呼吸停止、假死状态者。

在施行人工呼吸前，先将伤员运送到安全、通风良好的地点，然后将伤员领口解开，注意保持体温，腰背部垫上软的衣服等。先清除口中脏物，把舌头拉出或压住，防止堵住喉咙、妨碍呼吸。各种有效的人工呼吸都必须在呼吸道畅通的前提下进行。常用的方法有口对口吹气法、仰卧压胸法和俯卧压背法 3 种。

(1) 口对口吹气法。它是效果最好、操作最简单的一种人工呼吸方法。操作前使伤员仰卧，救护者在其头的一侧，一只手托起伤员下颌，并尽量使其头部后仰，另一只手将其鼻孔捏住，以免吹气时从鼻孔漏气；救护者深吸一口气，紧贴伤员的口将气吹入，使伤员吸气，然后松开捏鼻的手，并用手压其胸部以帮助伤员呼气。如此有节律、均匀地反复进行，每分钟应吹气14～16次。注意吹气时切勿过猛、过短，也不宜过长，以占一次呼吸周期的1/3为宜。

(2) 仰卧压胸法。先让伤员仰卧，救护者跨跪在伤员大腿两侧，两手拇指向内，其余四指向外伸出，平放在其胸部两侧乳头之下，借半身重力压伤员胸部，挤出伤员肺内空气；然后救护者身体后仰，除去压力，伤员胸部依其弹性自然扩张，使空气吸入肺内。如此有节律地进行，要求每分钟压胸16～20次。

此方法不适用于胸部外伤或二氧化硫、二氧化氮中毒者，也不能与胸外心脏按压法同时进行。

(3) 俯卧压背法。此法与仰卧压胸法操作大致相同，只是伤员俯卧，救护者跨跪在伤员大腿两侧。因为这种方法便于排出肺内水分，因而对溺水者急救较为适合。

二、止血

(一) 少量出血的处理

表面伤口和擦伤，应该用干净的水冲洗，用创可贴或干净的纱布、手绢包扎伤口。

(二) 严重出血的止血方法

(1) 直接压迫止血，如图4-4所示。

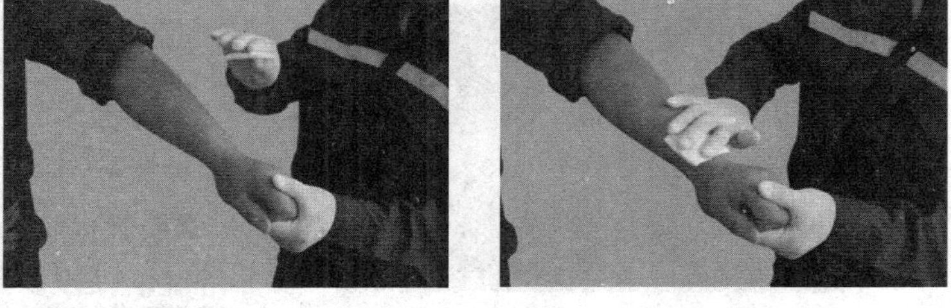

图4-4　直接压迫止血示意图

(2) 加压包扎止血,如图 4-5 所示。

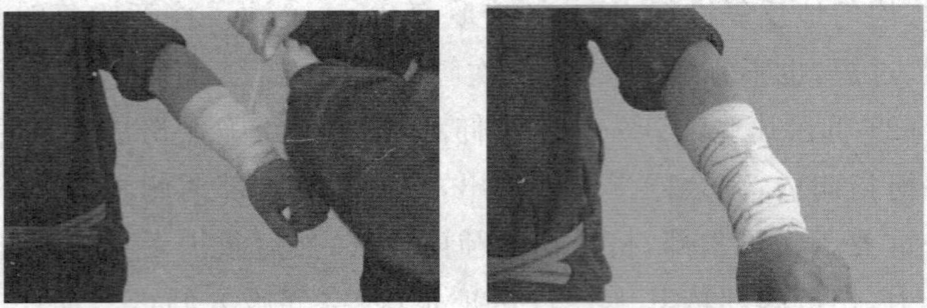

图 4-5 加压包扎止血示意图

(3) 止血带止血。

① 表带式止血带止血,如图 4-6 所示。

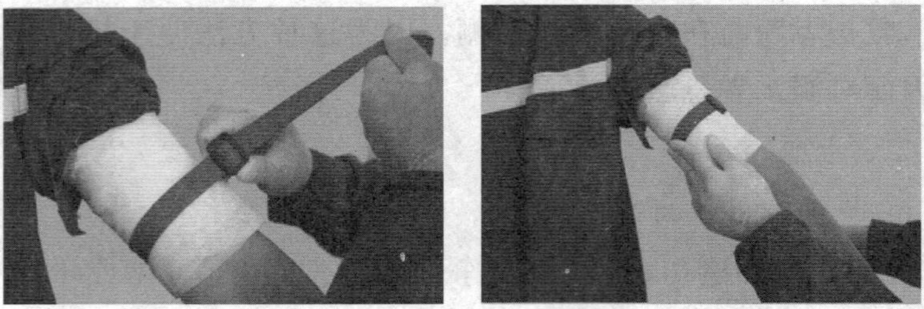

图 4-6 表带式止血带止血示意图

② 橡胶管止血带止血,如图 4-7 所示。

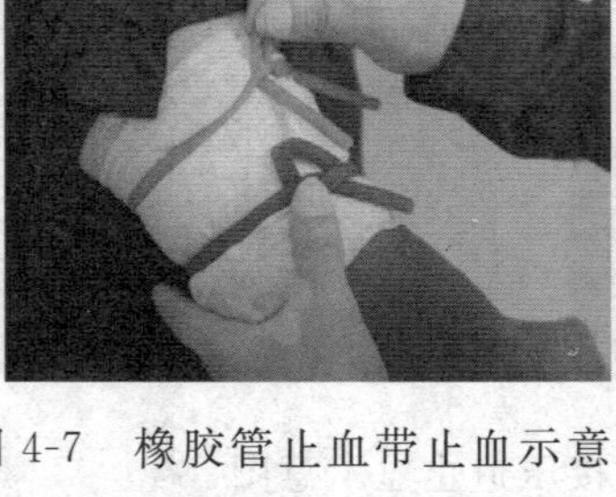

图 4-7 橡胶管止血带止血示意图

橡胶管止血带止血法操作步骤

(4) 布带止血带止血,如图 4-8 所示。

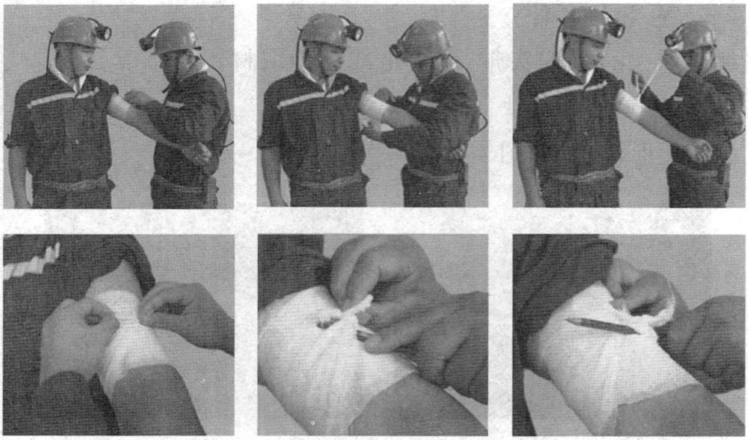

图 4-8 布带止血带止血示意图

使用止血带的注意事项如下：

① 止血带不能直接缠在皮肤上。

② 上肢出血扎在上臂上 1/3 处，下肢出血扎在大腿中上部。

③ 松紧适度。

④ 做好明显标记。

⑤ 每隔 40～50 min 放松一次，每次放松 2～3 min。放松时，应采取指压止血。

⑥ 不能用铁丝、电线、绳索等代替止血带。

⑦ 结扎止血带的时间一般不应超过 2 h。

三、创伤包扎

(一) 包扎的目的

止血、保护伤口、防止感染、固定夹板和敷料。

(二) 包扎的要求

应先用敷料盖住伤口再包扎，包扎时应紧密贴合、松紧适度，以保护伤口免受进一步损伤和污染。

绷带包扎操作步骤

(三) 包扎的材料

绷带、三角巾、四头带、多头带或就地取材。

(四) 绷带包扎方法

(1) 环形包扎,如图 4-9 所示。

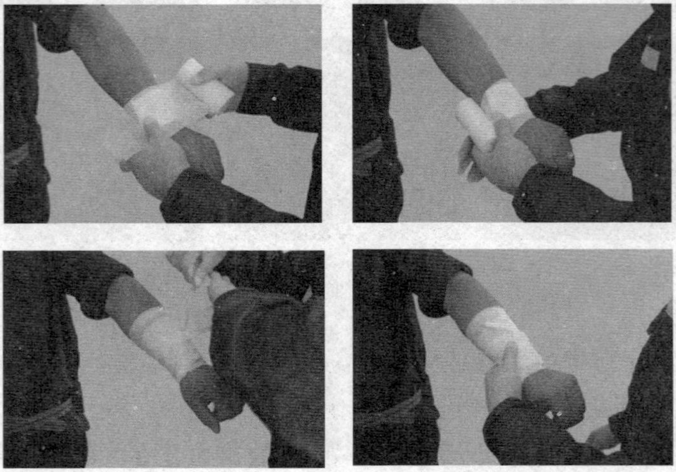

图 4-9　环形包扎示意图

(2) 螺旋包扎,如图 4-10 所示。

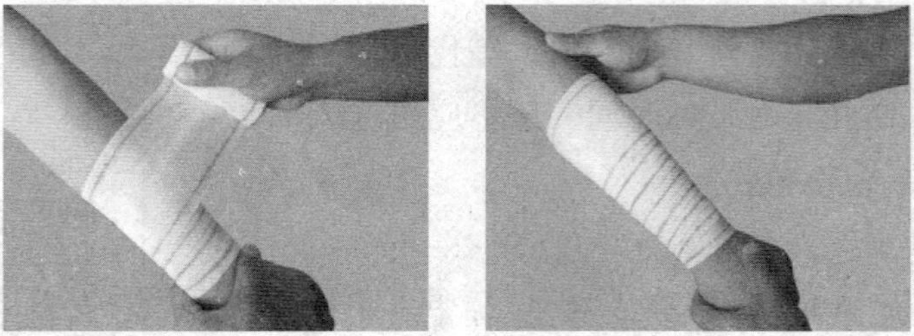

图 4-10　螺旋包扎示意图

(3) 螺旋反折包扎,如图 4-11 所示。

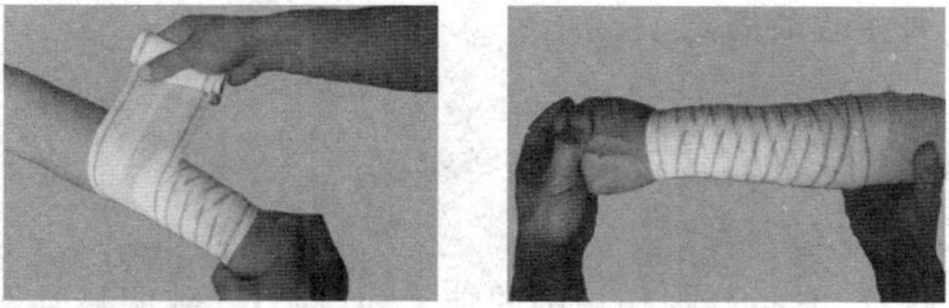

图 4-11　螺旋反折包扎示意图

（4）“8”字包扎，如图 4-12 所示。

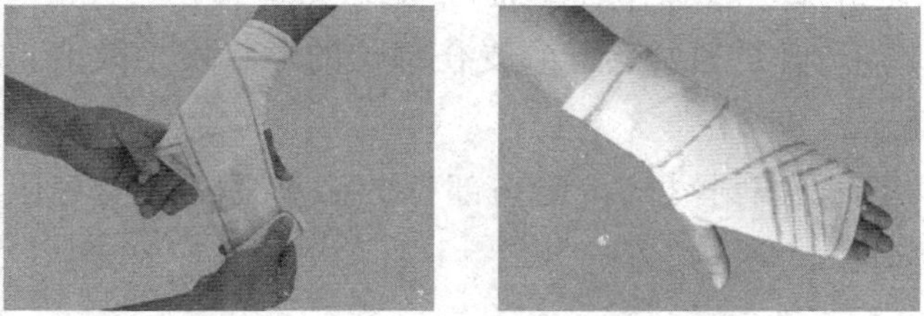

图 4-12　“8”字包扎示意图

（5）三角巾包扎，如图 4-13 所示。

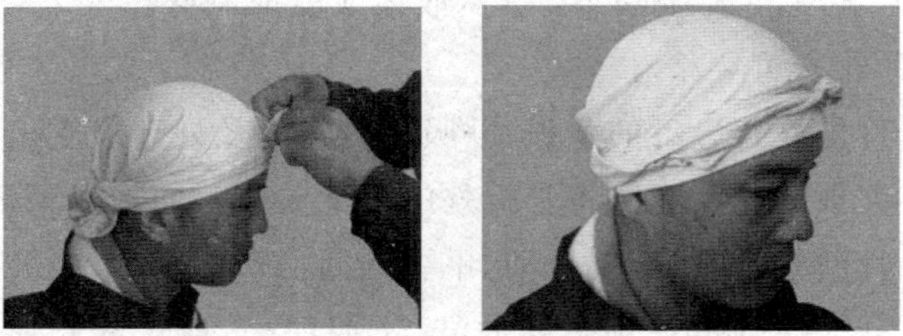

图 4-13　三角巾包扎示意图

三角巾包扎操作步骤

四、骨折临时固定

（一）骨折原因

跌倒、撞击、机械或冒顶挤压等。

（二）骨折的判定

(1) 疼痛：骨折会损伤周围的神经和组织，导致明显且剧烈的疼痛，特别是在活动或触碰受伤部位时，疼痛会加剧。

(2) 肿胀：受伤后，局部血管可能破裂，血液和组织液渗出，形成肿胀。如果肿胀严重且伴有疼痛，可能存在骨折。

(3) 畸形：骨折通常会导致受伤部位的形状发生改变，如肢体弯曲、缩短等。

(4) 活动受限：骨折后，受伤部位的活动通常会受到限制，无法正常完成动作。

（三）骨折固定目的

固定受伤部位，避免再次损伤，利于搬运。

（四）骨折固定材料

夹板、充气夹板、固定架、健侧肢体或就地取材。

（五）骨折固定原则

(1) 首先检查患者的意识、呼吸、脉搏，以及处理严重出血情况。

(2) 夹板的长度应能将骨折处的上下关节一同加以固定。

(3) 骨断端暴露，不要拉动，不要送回伤口内。

(4) 开放性骨折现场不要冲洗、不要涂药，应该先止血包扎，再固定。

(5) 暴露肢体末端，以便观察血液循环情况。

（六）骨折固定方法

(1) 锁骨骨折固定方法，如图 4-14 所示。

(2) 上肢（上臂）骨折、上臂下段（髁上）骨折固定方法，如图 4-15 所示。

图 4-14　锁骨骨折固定方法

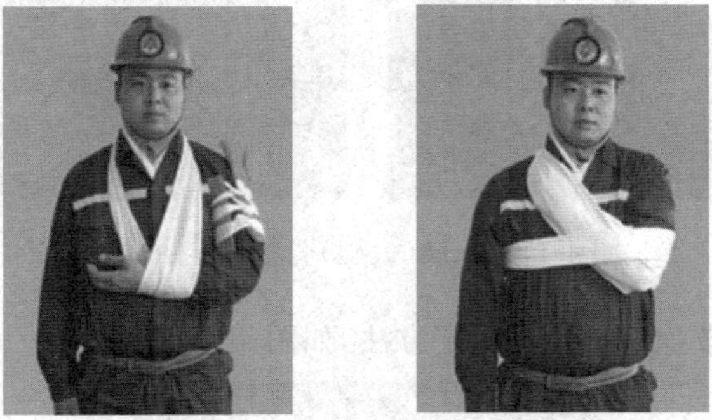

图 4-15　上肢骨折固定方法

上肢骨折固定操作步骤	大腿骨折固定操作步骤	小腿骨折固定操作步骤

(3) 前臂骨折固定方法，如图 4-16 所示。

图 4-16　前臂骨折固定方法

(4) 下肢(大腿)骨折固定方法,如图 4-17 所示。

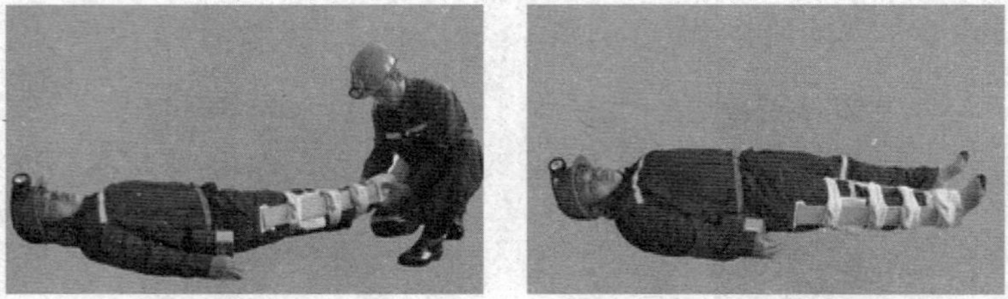

图 4-17　下肢(大腿)骨折固定方法

(5) 下肢(小腿)骨折固定方法,如图 4-18 所示。

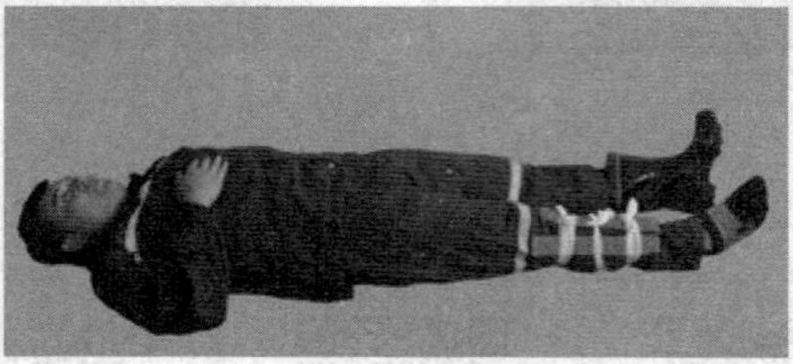

图 4-18　下肢(小腿)骨折固定方法

五、伤员的搬运护送

搬运时应尽量不增加伤员的痛苦,避免造成新的损伤及并发症。

(一) 单人徒手搬运法

(1) 扶行法,如图 4-19 所示。

(2) 背负法,如图 4-20 所示。

图 4-19 扶行法

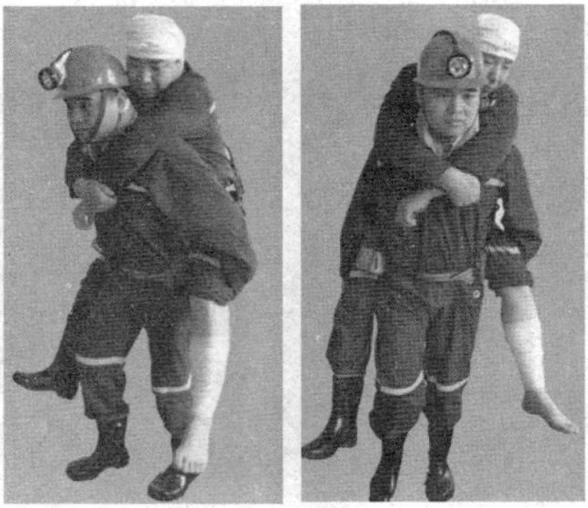

图 4-20 背负法

(3) 拖行法(腋下拖行、衣服拖行、毛毯拖行),如图 4-21 所示。

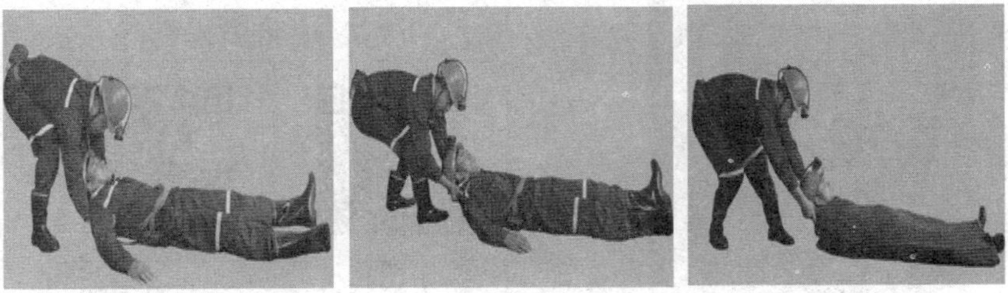

(a) 腋下拖行 (b) 衣服拖行 (c) 毛毯拖行

图 4-21 拖行法

(4) 爬行法,如图 4-22 所示。

图 4-22 爬行法

单人搬运法

（二）双人徒手搬运法

（1）轿杠式，如图 4-23 所示。

图 4-23　轿杠式

（2）椅拖式，如图 4-24 所示。

图 4-24　椅拖式

双人搬运法	三人搬运法

（三）三人徒手搬运法

三人徒手搬运法如图 4-25 所示。

图 4-25　三人徒手搬运法

(四) 四人徒手搬运法

四人徒手搬运法如图 4-26 所示。

图 4-26　四人徒手搬运法

(五) 担架搬运

担架搬运如图 4-27 所示。

图 4-27　担架搬运

六、对不同伤员的现场急救

(一) 对中毒或窒息人员的急救

(1) 立即将伤员从危险区抢运到新鲜风流中,取平卧位。

(2) 立即将伤员口、鼻内的黏液、血块、泥土、碎煤等除去,解开其上衣和腰带,脱掉其胶鞋。

(3) 用衣服覆盖在伤员身上保暖。

(4) 根据心跳、呼吸、瞳孔等特征和伤员的神智情况,初步判定伤情的轻重。

(5) 当伤员出现眼红肿、流泪、畏光、喉痛、咳嗽、胸闷现象时，说明是二氧化硫中毒所致。当出现眼红肿、流泪、喉痛及手指、头发呈黄褐色现象时，说明是二氧化氮中毒。一氧化碳中毒的显著特征是嘴唇呈桃红色，两颊有红斑点。对二氧化硫、二氧化氮的中毒者只能进行口对口的人工呼吸，不能进行压胸或压背法的人工呼吸。

(6) 人工呼吸持续的时间以恢复自主性呼吸或到伤员真正死亡时为止。当救护队来到后，转由救护人员用苏生器苏生。

（二）对外伤人员的急救

对外伤人员、烧伤人员、出血人员和骨折人员的急救，应分别采用包扎创面、止血和骨折临时固定等急救措施，然后迅速送往地面，到医院救治。

（三）对溺水者的急救

突水中，人员溺水时，可能造成呼吸困难而窒息死亡。对溺水者应采取如下措施急救：

(1) 转送：把溺水者从水中救出后，立即送到比较温暖和空气流动的地方，松开腰带，脱掉湿衣服，盖上干衣服保暖。

(2) 检查：检查溺水者的口鼻，如果有泥水和污物堵塞，应迅速清除，擦洗干净，以保持呼吸道通畅。

(3) 控水：将溺水者取俯卧位，用木料、衣服等垫在其肚子下面；施救者左腿跪下，把溺水者的腹部放在右侧大腿上，使其头朝下；按压其背部，迫使水从体内流出。

(4) 上述控水效果不理想时，应立即做俯卧压背法人工呼吸或口对口吹气，或胸外心脏按压。

（四）对触电者的急救

(1) 立即切断电源，或使触电者脱离电源。

(2) 迅速观察伤员有无呼吸和心跳。如发现已停止呼吸或心音微弱，应立即进行人工呼吸或胸外心脏按压。

(3) 若呼吸和心跳都已停止,应同时进行人工呼吸或胸外心脏按压。

(4) 对遭受电击者,若有其他损伤,如跌伤、出血等,应做相应的急救处理。

(五) 对冒顶埋压人员现场急救

(1) 扒伤员时须注意不要损伤其身体。靠近伤员身边时,扒掘动作要轻巧稳重,以免对伤员造成伤害。

(2) 如果确知伤员头部位置,应先扒去其头部煤岩块,以使头部尽早露出。头部扒出后,要立即清除口腔、鼻腔的污物,与此同时扒出身体其他部位。

(3) 此类伤员常常发生骨折,因此在扒掘与抬离时必须十分小心。严禁用手去拖拉伤员双脚或用其他粗鲁动作,以免使伤势加重。

(4) 当伤员呼吸困难或停止呼吸时,可进行口对口人工呼吸。

(5) 有大出血者,应立即止血。

(6) 有骨折者,应用夹板固定。如怀疑有脊柱骨折者,应该用硬板担架转运,千万不能由人扶持或抬运。

(7) 转运时须有医务人员护送,以便对发生的危险情况给予急救。

(六) 对长期被困在井下的人员急救

(1) 严禁用矿灯照射遇险者的眼睛,应用毛巾、衣服、纸张等蒙住其眼睛。

(2) 用棉花或纸张堵住其双耳。

(3) 注意保暖。

(4) 不能立即升井,应将其放在安全地点,使其逐渐适应环境和稳定情绪。待情绪稳定,体温、脉搏、呼吸及血压等稍有好转后,方可升井送医院。

(5) 搬运时要轻抬轻放、缓慢行走,注意伤情变化。

(6) 升井后和治疗初期,劝阻亲属探视,以免伤员因过度兴奋发生意外。

(7) 不能让其吃过量或硬的食物,限量吃一些稀软、易消化的食物,以使肠胃功能逐渐恢复。

第五章　煤矿职业危害及职业病防治

第一节　煤矿职业危害因素及职业病类型

一、职业病及职业危害因素概述

职业病是指企业、事业单位和个体经济组织(以下统称用人单位)的劳动者在职业活动中,因接触粉尘、放射性物质和其他有毒、有害物质等因素而引起的疾病。

职业病危害因素是指在生产过程、劳动过程和生产环境这三项劳动条件中,对从业人员的健康和劳动能力产生有害作用的作业场所的危害因素。职业病危害因素包括:职业活动中存在的各种有害的化学、物理、生物因素,以及在作业过程中产生的其他有害因素。

职业病是由于职业活动而产生的疾病,但并不是所有工作中得的病都是职业病。要构成职业病,必须具备以下四个条件:

(1) 患病主体必须是用人单位的劳动者。

(2) 必须是在从事职业活动过程中患病的。

(3) 必须是因接触粉尘、放射性物质和其他有毒、有害物质等职业病危害因素引起的。

(4) 必须是国家公布的职业病分类和目录所列的职业病。

二、煤矿常见职业病危害因素

煤矿生产中主要的职业病危害因素有粉尘、有毒有害气体、噪声和振动、不良气候条件等。

(一) 粉尘

粉尘是煤矿的主要职业病危害因素之一。煤矿生产中,采煤、掘进、支护、提升运输、巷道维修等生产环节均会产生粉尘，这些粉尘可能使从业人员患上尘肺病。

（二）有毒有害气体

由于井下爆破、煤氧化、煤中放出等原因，矿井空气中含有甲烷（CH_4）、一氧化碳（CO）、二氧化碳（CO_2）、二氧化氮（NO_2）、硫化氢（H_2S）、二氧化硫（SO_2）、氨气（NH_3）等有毒有害气体，会导致职业中毒。

（三）噪声和振动

煤矿噪声和振动主要来源于井下机械化生产，其危害取决于生产过程、生产工艺和所使用的工具，如风动凿岩机和局部通风机的噪声和振动等。职工长期在噪声下工作，可能造成听力下降，甚至引起耳聋；长期接触振动，可能导致局部疼痛，甚至引起内脏器官损伤。

（四）不良气候条件

煤矿井下的不良气候条件有气温高、湿度大，不同地点风速大小不等和温差大等。长期在潮湿环境下工作的人员易患风湿性关节炎等。此外，劳动强度大、作业姿势不良也是煤矿井下工作的特点，易造成井下从业人员腰腿疼和各种外伤。

三、煤矿常见职业病

（一）硅肺

硅肺是由于职工在生产活动中长期在含游离二氧化硅10%以上、粉尘浓度大于2 mg/m^3或含游离二氧化硅10%以下、粉尘浓度大于10 mg/m^3的环境中工作，吸入含游离二氧化硅的呼吸性粉尘（硅尘）而引起的以肺组织弥漫性纤维化为主的全身性疾病。

尘肺病

（二）煤工尘肺

煤工尘肺是由于职工在煤炭生产活动中长期吸

入煤尘并在肺内滞留而引起的以肺组织弥漫性纤维化为主的全身性疾病。煤工尘肺病是我国煤炭行业累计患病人数、每年发病人数最多,对煤矿工人身体健康危害最大的职业病。

（三）水泥尘肺

水泥尘肺是由于职工在生产活动中长期吸入较高浓度的水泥粉尘而引起的一种尘肺病。水泥尘肺发病工龄较长,病情进展缓慢,发病工龄多在10～15年。

（四）职业性噪声聋

职业性噪声聋是由于职工在生产活动中长期接触高噪声而发生的一种进行性的听觉损伤。患者早期会出现听力下降,长期接触后,听力损失不能完全恢复,由功能性改变发展为器质性推行性病变。

四、从业人员和用人单位职业病预防的权利和义务

（一）从业人员职业卫生保护权利

(1) 获得职业卫生教育、培训。

(2) 获得职业健康检查、职业病诊疗、康复等职业病防治服务。

(3) 了解工作场所产生或者可能产生的职业病危害因素、危害后果和应当采取的职业病防护措施。

(4) 要求用人单位提供符合防治职业病要求的职业病防护设施和个人使用的职业病防护用品,改善工作条件。

(5) 对违反职业病防治法律、法规以及危及生命健康的行为提出批评、检举和控告。

(6) 拒绝违章指挥和强令进行没有职业病防护措施的作业。

(7) 参与用人单位职业卫生工作的民主管理,对职业病防治工作提出意见和建议。

用人单位应当保障劳动者行使上述权利。因劳动者依法行使正当权利而降低其工资、福利等待遇或者解除、终止与其订立的劳

动合同的，其行为无效。

（二）从业人员职业卫生保护义务

劳动者应当学习和掌握相关的职业卫生知识，增强职业病防范意识，遵守职业病防治法律、法规、规章和操作规程，正确使用、维护职业病防护设备和个人使用的职业病防护用品，发现职业病危害事故隐患应当及时报告。劳动者不履行上述规定义务的，用人单位应当对其进行教育。

（三）用人单位职业卫生保护义务

（1）配备防护设施、治理职业危害。

（2）对作业场所职业病危害因素进行评价与管理。

（3）对劳动者进行健康监护（上岗前、在岗中、离岗时）。

（4）按规定用不同的形式将职业病危害因素告知劳动者（合同告知、工作场所警示告知、培训教育）。

（5）建立危害监测和劳动者健康档案。

（6）职业病报告义务。

（7）对患职业病的劳动者救治、安置。

（8）为劳动者依法参加工伤劳动保险。

（9）落实职业危害治理和职业病防治经费。

（10）对未成年工、女工进行保护。

第二节　煤矿主要职业危害因素防治措施

煤矿职业病的防治，坚持“预防为主、防治结合”的方针，遵循三级预防的原则。第一级预防是使劳动者尽可能不接触职业危害因素，即使在职业危害不可避免的情况下，采取措施降低生产环境中职业危害因素浓度或强度，使之达到国家职业卫生标准；第二级预防是通过早期发现职业损害，并及时处理，防止进一步发展；第三级预防是对已患职业病者,及时做出诊断和进行恰当的治疗,防止病情恶化和发生并发症,促进康复。

煤矿生产中主要的职业病危害有粉尘、有毒有害气体、噪声和振动、不良气候条件等,应积极采取防治措施,降低乃至消除煤矿职业病危害因素。煤矿职业病危害因素防治措施主要包括以下内容。

一、粉尘的概念及其浓度限值

煤矿粉尘主要是煤尘、岩尘和水泥尘。煤尘进入人肺使人患煤肺病,岩尘进入人肺使人患硅肺病,水泥尘进入人肺使人患水泥肺病,通称为尘肺病。

《煤矿安全规程》规定,作业场所空气中粉尘(总粉尘、呼吸性粉尘)浓度应当符合表 5-1 的要求。不符合要求的,应当采取有效措施进行处理。

表 5-1 作业场所空气中粉尘浓度要求

粉尘种类	游离二氧化硅含量/%	时间加权平均容许浓度/(mg/m^3)	
		总尘	呼尘
煤尘	<10	4.0	2.5
矽尘	10~50	1.0	0.7
	50~80	0.7	0.3
	≥80	0.5	0.2
水泥尘	<10	4.0	1.5

注:时间加权平均容许浓度是以时间加权数规定的 8 h 工作日、40 h 工作周的平均容许接触浓度。

二、矿尘的防治

井工煤矿必须建立防尘洒水系统。永久性防尘水池容量不得小于 200 m^3,且贮水量不得小于井下连续 2 h 的用水量,备用水池贮水量不得小于永久性防尘水池的50%。防尘管路应当铺设到所有能产生粉尘和沉积粉尘的地点，没有防尘供水管路的采掘工作面不得生产。防尘措施如下：

(1) 减尘措施。减少采掘作业时的粉尘产生量，包括煤层注水、采空区灌水、湿式打眼、水炮泥爆破等措施。

(2) 降尘措施。包括各产尘点设喷雾洒水装置净化风流、转载点封闭、泡沫除尘等。

(3) 通风排尘。调整合适的风速，加强排尘。

三、有毒有害气体的防治

矿井空气中含有甲烷(CH_4)、一氧化碳(CO)、二氧化碳(CO_2)、二氧化氮(NO_2)、硫化氢(H_2S)、二氧化硫(SO_2)、氨气(NH_3)等有毒有害气体，会导致职业中毒。有毒有害气体的防治措施如下：

(1) 消除有毒有害气体。煤矿井下的有毒有害气体主要来源于炮烟和煤氧化、火灾等。由于很多有毒有害气体是易溶于水的，通过加强通风和喷雾洒水可以排除和降低有毒有害气体含量，净化空气，这是消除毒物危害的最根本、最有效的措施。

(2) 加强个人防护。炮烟未散去或作业现场空气质量太差时，不要着急进入工作面，待炮烟散尽、现场空气质量好转时再进入工作面。同时应用好防护服、防护面具、防尘口罩、自救器等。

(3) 提高机体抵抗能力。对于在有害物质场所作业的人员，给予必要的保健待遇，加强营养和锻炼。

(4) 加强对有害物质的监测，掌握有害物质浓度含量，做到心中有数，控制其危害程度。

(5) 对受到危害的人员及时进行健康检查。必要时实行转岗、换岗作业。

(6) 加强有害物质及预防措施的宣传教育工作。建立健全安全生产责任制、卫生责任制和岗位安全责任制。

四、生产性噪声的防护

噪声危害会损害听觉，引起各种病症，引发安全事故。预防噪声危害的措施如下：

(1) 控制噪声传播。隔声：用吸声材料、吸声结构和隔声装置将噪声源封闭，防止噪声传播。消声：用吸声材料铺装室内墙壁或悬挂于室内空间，吸收辐射和反射声能，降低传播中噪声的强度水平。

(2) 采用合理的防护措施。使用耳塞防护，合适的耳塞隔声效果可达 30～40 dB(A)，对高频噪声的阻隔效果较好。

(3) 合理安排劳动制度。工作时间穿插休息时间，休息时间离开噪声环境，限制噪声工作时间，可减轻噪声对人体的危害。

(4) 卫生保健措施。对受到噪声危害的人员定期体检，听力下降者需要及时治疗，严重者调离噪声作业岗位。就业前体检或定期体检中发现有听觉器官疾病、心血管疾病、神经系统器质性疾病者，不得从事噪声环境工作。

五、生产性振动的危害和防护

在生产过程中，按振动作用于人体的方式可分为局部振动和全身振动两种。其中局部振动是最常见的和危害较大的振动。

振动危害的预防措施：

(1) 局部振动的减振措施。改革工艺和设备，改革工作制度，合理使用减振用品，建立合理的劳动制度，限制作业人员接触振动时间。煤矿井下的振动危害主要来自风动凿岩机、综采综掘及其他机械。

(2) 全身振动的减振措施。在有可能产生较大振动的设备周围设置隔离地沟，衬以橡胶、软木等减振材料，以确保振动不能外传。对振动源采取减振措施，如用弹簧等减振阻尼器，减少振动的传递距离。在井下采煤机、掘进机、柴油车等座椅下加泡沫垫等，减弱运行中由于各种原因传来的振动。另外，利用尼龙件代替金属件，可减少机器的振动，及时检修设备，可以防止因零件松动引起的振动。

六、高温作业的防护

高温作业对人体的循环系统、消化系统、泌尿系统、神经系统等都有危害。高温作业的防护措施如下：

(1) 通风降温。加大风速排除热量，合适的风速可使温度降到一定的程度。

(2) 喷雾洒水降温。在工作面喷雾洒水既可以降温又可以降尘。

(3) 保健防护。供给含盐饮料，以补充人体所需水分和盐分。

(4) 发放保健食品。高温环境下作业，人体能量消耗快，应增加蛋白质、热量、维生素等的摄入，以减轻疲劳，提高工作效率。

(5) 个人防护。给工作人员提供结实、耐热、宽大、便于操作的工作服、工作帽、防护眼镜、隔热面具、隔热靴等。

(6) 医疗防护。对高温条件下作业人员进行就业前体检，凡有心血管系统疾病、高血压、溃疡病、肺气肿、肝病、肾病等疾病不宜从事高温作业的人员，不得安排其从事高温作业或调离高温作业。

第三节　职业病诊断、鉴定与职业病患者保障

一、职业病诊断与鉴定

劳动者健康出现损害需要进行职业病诊断、鉴定的，煤矿企业应当如实提供职业病诊断、鉴定所需的劳动者职业史和职业病危害接触史、作业场所职业病危害因素检测结果等资料。

(一) 职业病诊断

职业病诊断必须在职业病诊断机构进行，应选择用人单位所在地、劳动者本人户籍所在地或者经常居住地的职业病诊断机构进行职业病诊断。职业病诊断机构应组织 3 名以上单数职业病诊断医师

进行集体诊断。职业病诊断医师独立分析、判断并提出诊断意见，任何单位和个人无权干预。职业病诊断机构做出职业病诊断结论后，出具职业病诊断证明书，证明书包括诊断结论和诊断时间。

（二）职业病鉴定

当事人如果对职业病诊断结果或职业病鉴定结论存在异议，可以在接到职业病诊断证明书之日起30日内，向职业病诊断机构所在地设区的市级卫生行政部门申请鉴定。当事人对设区的市级卫生行政部门职业病鉴定结论不服的，可以在接到鉴定书之日起15日内，向原鉴定组织所在地省级卫生行政部门申请再次鉴定。职业病鉴定实行两级鉴定制，省级职业病鉴定为最终鉴定。

（三）职业健康监护档案

煤矿应当为劳动者个人建立职业健康监护档案，并按照有关规定的期限妥善保存。职业健康监护档案应当包括劳动者个人基本情况、劳动者职业史和职业病危害接触史，历次职业健康检查结果及处理情况，职业病诊疗等资料。劳动者离开煤矿时，有权索取本人职业健康监护档案复印件，煤矿必须如实、无偿提供，并在所提供的复印件上签章。

二、职业健康监护

职业健康监护是指以预防为目的，根据劳动者的职业接触史，通过定期或不定期的医学健康检查和健康相关资料的收集，连续监测劳动者的健康状况，分析劳动者健康变化与所接触的职业病危害因素之间的关系，并及时将健康检查和资料分析结果报告给用人单位和劳动者本人，以便及时采取干预措施，保护劳动者健康。

（一）职业健康检查分类

职业健康检查分为上岗前职业健康检查、在岗期间职业健康检查和离岗时职业健康检查。

（二）职业健康检查项目及体检周期

根据《职业健康监护技术规范》（GBZ 188）的基本要求，按照《煤

矿作业场所职业病危害防治规定》,与煤炭行业有关的职业健康检查项目及周期如下:

(1)游离二氧化硅粉尘,检查周期1年。

(2)煤尘,检查周期2年。

(3)水泥尘、电焊烟尘,检查周期2年。

(4)噪声,检查周期:作业场所噪声8 h等效声级大于等于85 dB(A),1年1次;作业场所噪声8 h等效声级大于等于80 dB(A)且小于85 dB(A),2年1次。

(5)高温,检查周期1年,应在每年高温季节到来之前进行。

(6)手传振动,检查周期2年。

(7)氮氧化物,检查周期1年。

(8)一氧化碳,检查周期3年。

(9)硫化氢,检查周期3年。

《煤矿作业场所职业病危害防治规定》中规定:煤矿不得安排未经上岗前职业健康检查的人员从事接触职业病危害的作业;不得安排有职业禁忌的人员从事其所禁忌的作业;不得安排未成年工从事接触职业病危害的作业;不得安排孕期、哺乳期的女职工从事对本人和胎儿、婴儿有危害的作业。劳动者接受职业健康检查应当视同正常出勤,煤矿企业不得以常规健康检查代替职业健康检查。

第二篇　班组管理篇

第六章　班组长应具备的基本素质与能力

第一节　表达与沟通能力

煤矿班组长在口头表达方面常存在如言辞模糊不清、声音低微、语速过快等问题，导致他人难以理解；或者存在词不达意、逻辑混乱等问题，使信息传达产生偏差，或者存在不善于倾听他人意见以及缺乏自信、过于严肃等问题，可能影响沟通效果。

一、口头表达能力

（一）具备良好口头表达能力的作用

班组长既履行普通员工的岗位职责，又承担一定的基层管理职责，而所有权利与职责的履行都离不开良好的口头表达能力。良好口头表达能力的作用如图 6-1 所示。

图 6-1　良好口头表达能力的作用

(1) 工作顺利推进：说话清楚明白，工作指示准确传达，避免误解，工作才能顺利开展。

(2) 效率高高的:减少沟通障碍,避免时间浪费,提高工作效率。

(3) 团队有力量:获得组员信任,增强团队凝聚力。

(4) 问题好解决:协调资源,解决矛盾,保障工作质量。

(5) 氛围杠杠的:积极交流,营造良好的工作氛围,激发大家的干劲。

(二) 良好口头表达能力的锻炼方法

良好口头表达能力的锻炼方法如图 6-2 所示。

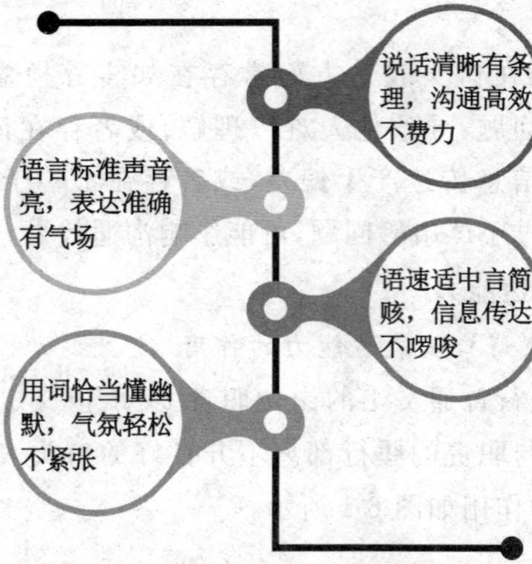

图 6-2　良好口头表达能力的锻炼方法

(1) 说话清晰有条理,沟通高效不费力:表达首先要清晰,说话条理不能乱,沟通高效很重要,双方明白不费力。

(2) 语言标准声音亮,表达准确有气场:语言标准是基础,声音洪亮有底气,表达准确更自信,个人气场自然显。

(3) 语速适中言简赅,信息传达不啰唆:语速适中要注意,言简意赅抓重点,信息传达要清楚,避免啰唆省时间。

(4) 用词恰当懂幽默,气氛轻松不紧张:用词恰当须思考,懂得幽默添趣味,气氛轻松又愉快,交流沟通不紧张。

二、书面表达能力

（一）存在的问题

书面表达能力存在的主要问题见表 6-1。

表 6-1　书面表达能力存在的主要问题

存在的问题	具体表现
术语过多	使用大量专业术语，不易理解
安全意识弱	描述工作流程或措施时，忽略重要细节
数据不准确	报告中的数据错误，影响决策和效率
缺乏图表	复杂情况或数据表达不清
文件不规范	不符合行业或企业的要求，导致执行困难

（二）具备精确书面表达能力的作用

（1）安全保障：精确规定防事故，安全生产有保障。

（2）效率提升：清晰任务提效率，工作轻松又顺利。

（3）凝聚增强：良好沟通促信任，团队凝聚力量大。

（4）管理优化：合理计划与措施，管理升级效果佳。

（5）问题解决：详细记录助改进，问题解决不再难。

（6）专业展示：高质量文件显能力，专业素养人人夸。

（7）信息共享：准确信息促共享，协同工作更顺畅。

（8）经验传承：书面留痕传经验，新人成长速度快。

（三）书面表达能力的改进方法

书面表达能力的改进方法如图 6-3 所示。

（1）深度掌握煤矿知识：全面了解采煤、掘进、通风等专业知识，丰富行业术语，使表达更具专业性。

（2）安全至上原则明确：在书面沟通中，将安全置于首位，用词精准，避免歧义，确保员工清晰理解。

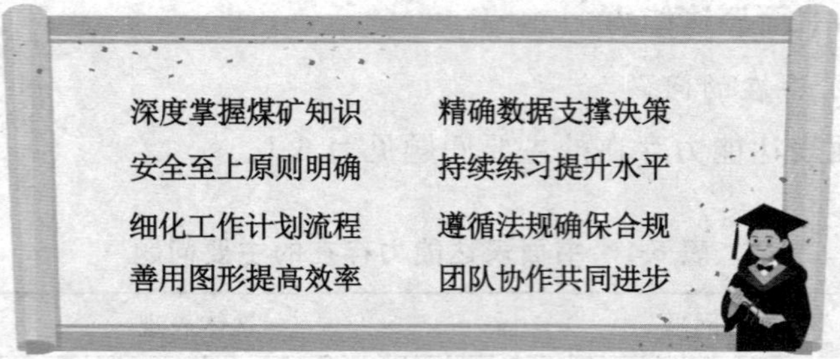

图 6-3　书面表达能力的改进方法

(3) 细化工作计划流程：依据煤矿特殊环境和任务需求，详细制订书面工作计划和操作流程。

(4) 善用图形提高效率：针对复杂情况和数据，巧妙运用图表、示意图等直观展示信息，增强沟通效果。

(5) 精确数据支撑决策：保证书面报告和记录中的数据准确无误，为决策和解决问题提供坚实依据。

(6) 持续练习提升水平：定期进行写作训练，撰写工作总结、报告等，通过实践不断提高书面表达能力。

(7) 遵循法规确保合规：深入学习并严格遵守煤炭行业相关法规和标准，确保书面内容合法合规。

(8) 团队协作共同进步：与同事积极交流写作经验和技巧，相互学习，共同提升精确表达能力。

三、有效沟通技巧

班组长不仅要经常与班组员工进行沟通，达成共识，还要把“沟通”升级为“有效沟通”。在沟通方面存在如下问题：专业术语使用不准确，让组员难以理解；忽视组员情绪，影响团队氛围；不熟悉新技术，导致沟通效率低下；在应急情况下，沟通指挥不畅，影响救援效果。针对这些问题，班组长可以通过学习、培训和实践，提高自身的沟通能力，确保信息准确传递，团队高效协作。

（一）具备高效沟通技巧的作用

具备高效沟通技巧的作用如图 6-4 所示。

图 6-4　具备高效沟通技巧的作用

（1）安全无小事：煤矿环境复杂，班组长的“安全大喇叭”得时刻在线，让组员把安全规则牢记心间。

（2）团队合作要默契：采煤如作战，班组长得是“沟通大师”，让团队紧密协作，战斗力爆表。

（3）技术更新跟得上：新设备、新工艺不断涌现，班组长要当“科技达人”，给组员传授新技能。

（4）突发情况不慌张：面对瓦斯突出、顶板事故等“大敌”，班组长要做“冷静指挥官”，把指令传达得明明白白。

（5）团队氛围要活跃：班组长得是“心灵捕手”，和组员多交流，让团队充满活力。

（二）高效沟通技巧的锻炼方法

高效沟通技巧的锻炼方法如图 6-5 所示。

（1）莫急莫慌，心平气和：遇到沟通问题，就像遇到瓦斯超限一样，不能慌，稳住，找出原因所在。

（2）找准问题，对症下药：就像找煤层一样，仔细分析，追本溯源。

（3）沟通方式，多种多样：面对面不行，就试试写信、发短信，总

图 6-5　高效沟通技巧的锻炼方法

有一种方法能打通“任督二脉”。

(4) 耳朵张开，嘴巴闭上：多听听组员的“牢骚”，别总是自己说个不停。

(5) 说话简单，别绕圈子：能一句话说清楚的，就别说得那么复杂。

(6) 共同商量，解决问题：大家一起出主意，就像挖煤一样，齐心协力把“沟通大山”挖掉。

(7) 学习进步，天天向上：多看看沟通技巧的书，就像学习煤矿安全知识一样，每天进步一点点。

四、听取反馈能力

班组长在听取反馈时，可能会表现出各种问题。比如，有的像“耳背”一样，对安全隐患和设备故障视而不见；有的则像“火爆”的瓦斯，一点就着，听不进不同意见；还有的就像“挑食”的矿工，只喜欢听好话，对改进建议却置之不理。此外，有些班组长缺乏耐心，心不在焉，或对问题麻木不仁，粗心大意，甚至反应迟钝，对组员的反馈处理缓慢。

（一）具备谦逊听取反馈能力的作用

听取反馈能力的作用如图 6-6 所示。

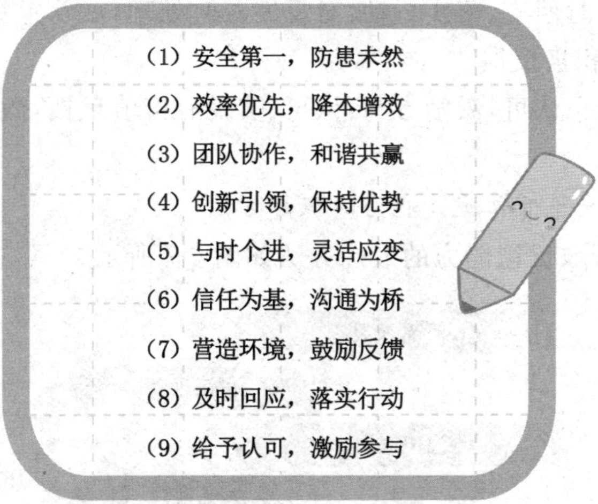

图 6-6　听取反馈能力的作用

（1）安全第一，防患未然：煤矿工作环境复杂，危险因素多，班组长应听取关于安全隐患的反馈，能及时采取措施，确保矿工生命安全。

（2）效率优先，降本增效：采煤等作业过程中，问题影响效率，班组长应倾听流程优化、设备改进等反馈，提高生产效率。

（3）团队协作，和谐共赢：煤矿工作需团队协作，班组长应关注协作问题和个人发展需求反馈，营造和谐团队氛围。

（4）创新引领，保持优势：煤矿行业技术更新快，班组长应鼓励创新和管理改进建议，以利于企业竞争保持优势。

(5) 与时俱进,灵活应变:煤矿受市场、政策等因素影响大,班组长应及时了解反馈,更好地适应变化并做出决策。

(6) 信任为基,沟通为桥:高风险行业,良好的沟通氛围很重要,班组长应善于倾听反馈,让矿工更信任,工作开展更顺利。

(7) 营造环境,鼓励反馈:班组长应建立开放、尊重的氛围,让组员敢反馈、愿反馈。

(8) 及时回应,落实行动:对反馈及时处理,展示重视,让组员知其价值,更积极反馈。

(9) 给予认可,激励参与:认可、奖励有价值反馈,激励组员继续积极参与。

(二) 谦逊听取反馈能力的锻炼方法

谦逊听取反馈能力的锻炼方法如图 6-7 所示。

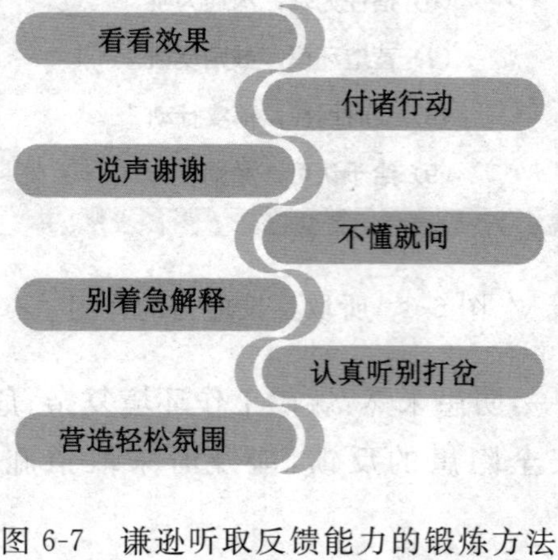

图 6-7 谦逊听取反馈能力的锻炼方法

(1) 营造轻松氛围:让大家知道你想听真话,有啥说啥别拘束。

(2) 认真听别打岔:别人说话时,别急着插嘴,先听人家说完。

(3) 别着急解释:听到不同意见,别急着辩解,换位思考一下。

(4) 不懂就问:有不明白的地方,别不好意思,大胆问清楚。

(5) 说声谢谢:对给你提意见的人,真诚地说声谢谢。

（6）付诸行动：有了好建议，别光说不练，得真刀真枪地干。

（7）看看效果：时不时地检查一下改进的情况，有问题就调整。

第二节　团队建设能力

班组团队建设，大多数基于班组长个人魅力，如做出样子，做出表率，用自己的言行示范去影响班组员工。班组长通过自己的言行示范，让班组员工感受到班组长对人对事的重视，从行到心得到班组员工的认可。这种认可，很容易让班组员工产生心锚。所谓的心锚是一种条件反射，是“触景生情”的一种，用自己的言行示范去影响班组员工，形成合力，从而完成好各项工作任务。但这往往需要班组长有较强的人格魅力，多数班组长停留在“望尘莫及”的边缘。

班组长可能会碰到一些难题。比如说，环境乱糟糟，大家说话听不清，消息传得慢，工作效率不高。不同工种的人一起干活，配合得不好，老有矛盾，活就干得慢了。班组长要是较为软弱，带不好队，活就干不好。该如何破局呢？

一、组建高效团队

（一）组建高效团队的作用

在煤矿作业中，班组长一旦组建了高效团队，简直就有如神助。首先，高效团队能够让工作效率“嗖嗖嗖”地往上涨，产量也可以跟着“蹭蹭蹭”地增加。同时，大家都知道煤矿作业的安全非常重要，一个高效的团队可以大大减少安全事故的发生，真正内化于心实现零死亡甚至零伤亡的目标。

此外，团队成员之间默契十足，不仅会让工作更顺利，还能让每个人都更有干劲。有了高效团队的“神助攻”，班组长管理起来也会更得心应手，就像是有了一群得力助手，工作既轻松又高效。这样的团队，谁能不爱呢？

（二）组建高效团队的方法

组建高效团队的方法如图 6-8 所示。

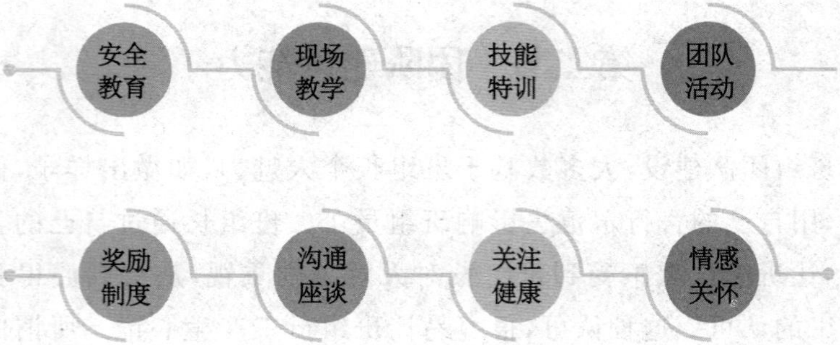

图 6-8　组建高效团队的方法

(1) 安全教育：在班前会上，班组长可以分享一些近期的煤矿安全事故案例，尤其是身边人身边事。如未正确使用瓦斯检测仪器而导致的事故，让矿工们时刻保持警惕，明白瓦斯检测的重要性。

(2) 现场教学：班组长在井下作业时，亲自示范正确的操作技巧，如采煤机的使用、顶板支护等。在掘进工作面，班组长可以手把手教新员工如何正确使用锚杆钻机，确保支护质量。

(3) 技能特训：定期组织技能培训，针对煤矿工作中的特定技能进行讲解和练习，提升学习针对性。比如举办煤机操作培训，让矿工熟悉各种煤机的操作方法和维护要点。

(4) 团队活动：组织矿工参加户外拓展活动，增强团队凝聚力。可进行一些团队合作游戏，如搭建矿井模型比赛，让大家在游戏中培养协作精神。

(5) 奖励制度：设立奖励制度，对于工作表现出色的矿工给予物质和精神奖励。比如，颁发“安全之星”奖章，或者奖励一些实用的工具和生活用品。

(6) 沟通座谈：定期组织矿工座谈会，让大家有机会表达自己的意见和建议。班组长要认真倾听，及时解决矿工反映的问题，改善工作环境。

（7）关注健康：关注矿工的身体健康，提供必要的防护设备和健康检查。可以组织工间操活动，让矿工在工作之余适当活动身体，预防职业病。

（8）情感关怀：班组长要学会将心比心，多站在矿工的角度思考问题，站在大局的高度看待问题。遇到问题时，不自作主张，和工友一起协商解决。对受到批评或处罚的人，单独与其谈心，讲明批评或处罚的原因，消除其抵触情绪。

二、培养团队协作精神

在煤矿工作中，班组长注重培养团队协作精神意义重大。通过团队协作，矿工彼此照应，如同安全网一般，为安全生产提供坚实保障。各工种间默契配合，犹如高效运转的机器，大幅提升工作效率。“老带新”的传统使团队整体技能水平不断提高，应对各种挑战更加从容。在面对突发状况时，团队的凝聚力和协同作战能力成为解决问题的关键。此外，紧密团结的团队宛如一个大家庭，共同为煤矿的稳定发展贡献力量。

（一）培养团队协作精神的作用

培养团队协作精神的作用如图 6-9 所示。

（1）安全多一道防线：在煤矿工作中，大家相互关照，就像多了一双眼睛，能及时发现隐患，避免事故发生。

（2）干活儿更利索：采煤、掘进、运输等各个环节紧密配合，就像齿轮一样，转得又快又稳，提高工作效率。

（3）本事学得快：老师傅带徒弟，徒弟有问题随时问，大家一起进步，整个团队的能力“蹭蹭”往上涨。

（4）遇事不慌：碰到突发情况，大家一起上，齐心协力解决问题，煤矿生产有保障。

图 6-9 培养团队协作精神的作用

（5）心齐力量大：大家团结一心，就像一家人，有活儿一起干，有困难一起扛。

（二）培养团队协作精神的方法

1. 明确班组长在其中扮演的角色（见图 6-10）

图 6-10 班组长的角色定位

（1）带头大哥：班组长要有带头大哥的气度，把自己班组的矿工当作兄弟，带着兄弟们一起向前冲，为了共同目标一起去努力。

（2）和事佬：大家在工作中难免有摩擦，班组长就是那个能调解矛盾、让大家一团和气的和事佬。

（3）主心骨：遇到困难的时候，班组长得站出来稳定军心，给大家吃下定心丸。

（4）传声筒：班组长要把上面的指示传达给下面的每个组员，也要把下面的情况反映给上面，起到上下沟通的桥梁作用。

（5）老师傅：班组长得有几把刷子，自身专业素质得过硬，把自己的经验和技能教给组员，让大家都能进步。

（6）啦啦队队长：班组长要会给组员加油打气，鼓励大家好好干，提高大家的工作积极性。

（7）大当家的：关键时刻，班组长得果断决策，给大家指明方向，带着大家一起干。

2. 培养团队协作精神的方法（见图6-11）

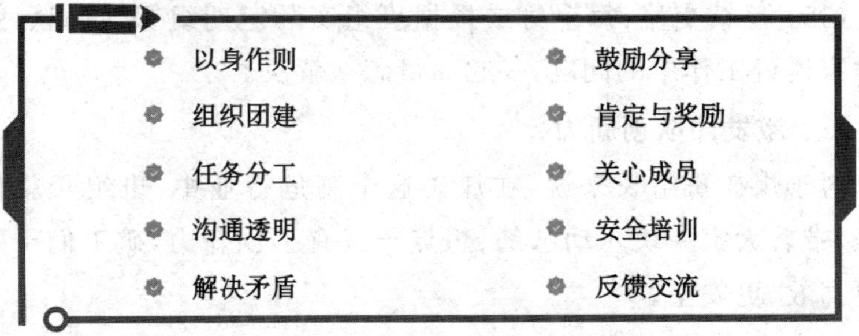

图6-11　培养团队协作精神的方法

（1）以身作则：遇到上级安排的急难险重任务时，班组长要带头，起表率作用。

（2）组织团建：比如举办矿工拔河比赛，大家在比赛中齐心协力，增进彼此的感情。

（3）任务分工：班组长根据每个人的强项，安排合适的任务，大家各司其职，提高工作效率。

（4）沟通透明：班前会上，班组长用通俗易懂的语言说明工作任务，让每个人都明白要做什么。

（5）解决矛盾：两个人工作上有分歧，班组长须第一时间去调解，帮他们找到共同点，达成共识，以解决问题。

（6）鼓励分享：在安全培训时，让经验丰富的矿工讲讲自己的窍门，大家互相学习。

（7）肯定与奖励：哪个班组在安全检查中表现得好，就给他们发放一些实用的奖品，或者可以给予适当的休息时间作为激励。

(8) 关心成员：若知道有成员家里存在困难，班组长可组织大家一起帮忙，让他感受到大家的关心。

(9) 安全培训：组织有针对性的培训，本着“缺啥补啥”原则，由专业老师来到现场，用真实的案例告诉大家团队协作对安全的重要性。

(10) 反馈交流：每个月或根据班组实际定期组织谈心谈话会，让大家说说工作中的问题，一起商量怎么解决。

三、激发团队创新力

对于煤矿班组长来说，在煤矿这个高危行业中，班组长就像领头雁，带着大家一块儿动脑筋、想点子。有了创新力，矿工们干活才能更高效、更安全。

(一) 激发团队创新力的作用

首先，煤矿工作环境复杂，工作强度大，创新力可以帮助班组长找到更高效、更安全的工作方法，提高工作效率，减轻矿工的工作负担。其次，煤矿工作存在很多安全隐患，创新力可以帮助班组长发现并解决这些隐患，保障矿工的生命安全。与此同时，激发团队创新力可以增强团队的凝聚力和向心力，提高员工的工作满意度，为企业的发展注入新的活力。

(二) 激发团队创新力的方法

激发团队创新力的方法如图 6-12 所示。

(1) 沟通开放：鼓励团队成员自由交流，分享想法和经验，让大家感受到尊重和信任。案例：煤矿班组长定期组织团队成员召开“诸葛亮会”，鼓励大家畅所欲言，提出自己的想法和建议。在这个过程中，团队成员可以自由地表达自己的观点，并且不会受到批评和指责。通过这种方式，团队成员之间的信任得到了加强，大家也更加愿意分享自己的想法和经验。

图 6-12　激发团队创新力的方法

（2）培训学习：组织团队成员参加安全培训和技术培训，让大家掌握最新的安全知识和技术，为创新打下了坚实的基础。案例：购置设备合同中明确了厂家的培训义务，可邀请设备厂家围绕设备原理、结构组成、流程操作等方面，有针对性地开展业务素质培训，帮助班组员工快速适应新生产模式，高效组织生产。

（3）鼓励尝试：树立“自由畅想，让创意变成现实”的创客理念，鼓励员工提出新的想法和建议，营造创新氛围。案例：班组长鼓励团队成员尝试新的工作方法和技术，并且为他们提供必要的资源和支持。即使有些尝试失败了，班组长也不要轻易批评和指责，而是要帮助团队成员分析原因，总结经验教训。唐口煤业的苏光辉班组通过“采煤机割煤速度分段控制法”“沿空侧采取自最外侧过渡架依次向工作面支架方向放煤，对平巷及上下巷煤柱顶煤回收”“实体侧自中间向端头过渡架放煤”新工艺等创新活动，提高了生产效率。

（4）奖励创新：认可创新成果，激发积极性。案例：建立了创新奖励机制，对有创新成果的团队成员进行物质奖励和精神奖励。通过这种方式，团队成员的积极性得到了激发，大家更加愿意在工作中创新。

(5) 引入资源:拓宽视野,学习经验。案例:适时邀请行业专家和设备厂家技术员到企业进行交流和分享,让团队成员了解最新的行业动态和技术创新成果。通过这种方式,团队成员的视野得到了拓宽,为创新提供了更多的灵感和思路。

(6) 关注需求:针对性创新,解决问题。案例:关注团队成员对工作环境和福利待遇的需求,组织团队成员进行讨论和协商,制定改善工作环境和提高福利待遇的方案。通过这种方式,团队成员的需求得到了满足,他们的工作积极性和创新动力也得到了提高。

(7) 给予自主:培养能力,适当放手。案例:给予团队成员一定的自主权,让他们在工作中有更多的自主决策空间。例如,在一些具体的工作任务中,团队成员可以根据自己的经验和判断进行决策,并且可以根据实际情况进行调整和优化。通过这种方式,团队成员的创新能力得到了培养,他们也更加愿意在工作中发挥自己的主观能动性。

(8) 以身作则:展示创新精神,树立榜样。案例:煤矿班组长在工作中展现出了创新精神,带领团队成员改进了工作流程和设备,提高了工作效率和安全水平。通过这种方式,为团队成员树立了榜样,激发了大家的创新动力。

四、解决团队冲突与矛盾

对于煤矿班组长来说,解决团队冲突和矛盾就像是他们的“必修课”,非常重要!

(一) 解决团队冲突与矛盾的作用

解决团队冲突与矛盾的作用如图 6-13 所示。

(二) 解决团队冲突与矛盾的方法

解决团队冲突与矛盾的方法如图 6-14 所示。

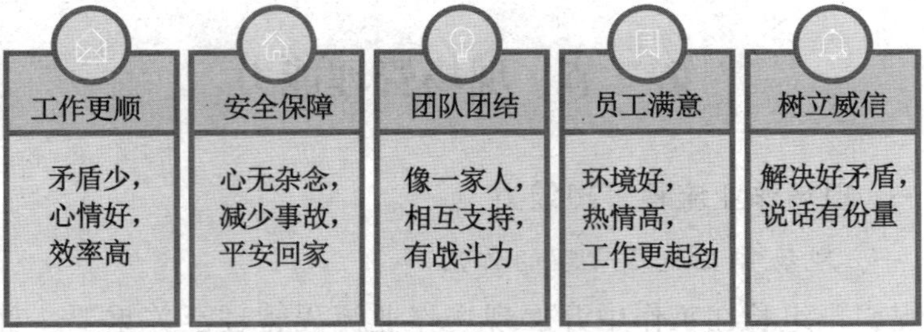

图 6-13　解决团队冲突与矛盾的作用

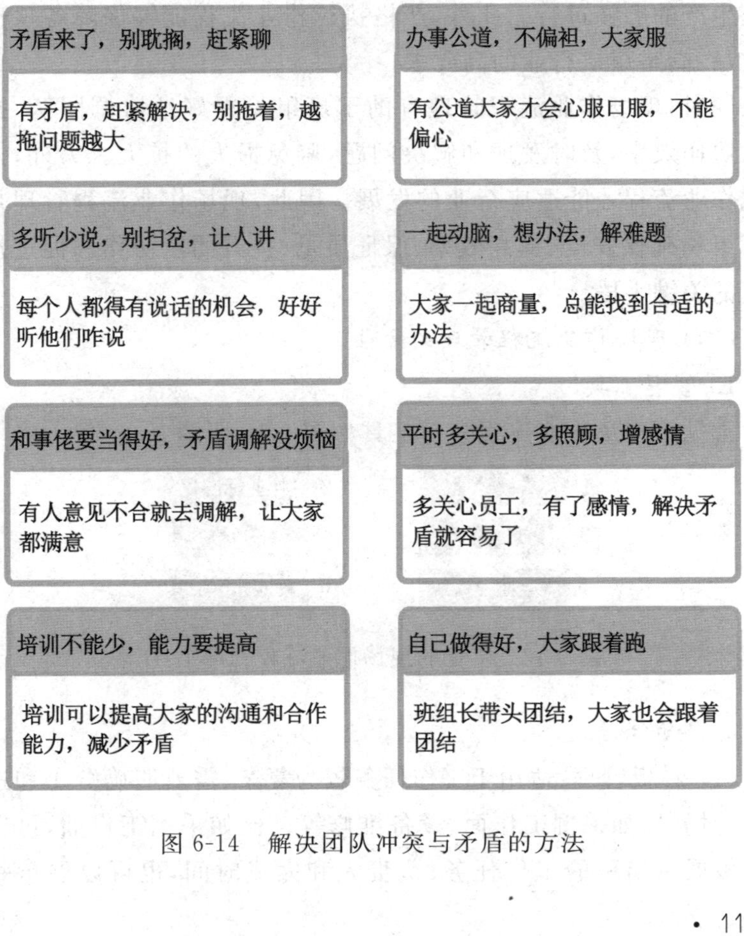

图 6-14　解决团队冲突与矛盾的方法

第三节 现场管理能力

一、现场作业流程管理能力

（一）现场作业流程管理的作用

煤矿班组长在工作中开展现场作业流程管理至关重要。首先，这有助于确保员工在高风险的煤矿环境中遵守安全规定，减少事故发生。其次，通过精细化管理作业流程，班组长可以提高生产效率，保证生产的顺畅进行。此外，严格执行作业流程能够保障各项作业的质量，满足煤矿行业的高要求。

同时，现场作业流程管理有助于班组长更好地协调团队，提高团队协作效率，及时发现和解决问题，避免损失的扩大。另外，持续优化作业流程才能适应行业的发展。因此，现场作业流程管理是煤矿班组长确保安全、提高效率、保证质量、提升团队协作和促进持续改进的关键手段。

（二）现场作业流程管理的方法

1. 管理工具

常见的现场作业流程管理工具如图 6-15 所示。

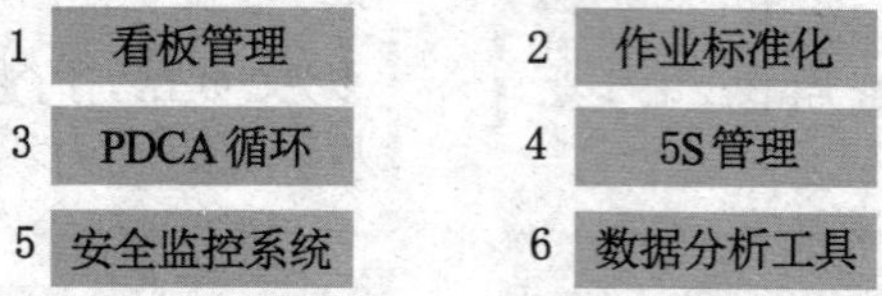

图 6-15 常见的现场作业流程管理工具

2. 应用场景

(1) 看板管理：适用于工作任务较为复杂、需要明确分工和进度跟踪的场景，如采掘工作面、设备维修等。比如采掘工作面，可以设置看板展示当班的工作任务、负责人和完成时间，也可以展示每个采煤小组的采煤区域、采煤进度和预计完成时间，让班组长和员工能够清晰地了解工作进展情况。

(2) 作业标准化：适用于操作行为需要规范、重复性较高的场景，如采煤、掘进、运输等作业环节。以采煤作业为例，可以制定标准化的操作步骤，如采煤机启动前的检查、采煤过程中的注意事项等。如制定详细的采煤机操作规程，包括开机前的安全检查、采煤机运行速度、采高控制等，确保员工按照标准操作，提高采煤效率。

(3) PDCA 循环：适用于需要持续改进的场景，如安全管理、生产效率提升等。在安全管理中，可以运用 PDCA 循环改进安全措施。例如，通过定期的安全检查发现隐患，制定整改措施，然后执行整改并进行效果检查，最后总结经验教训，不断完善安全管理制度。

(4) 5S 管理：适用于工作环境对安全和效率有较大影响的场景，如井口、巷道、设备存放区等。在设备存放区，实施 5S 管理可以改善工作环境。例如，整理设备存放区域，明确标识设备位置，定期进行清扫和维护，提高设备的可用性和寿命。

(5) 安全监控系统：适用于对安全要求较高的场景，如瓦斯监测、顶板管理等。在瓦斯监测中，利用安全监控系统实时监测瓦斯浓度。例如，安装瓦斯传感器，当瓦斯浓度超过设定值时，系统会自动报警，提醒班组长及时采取措施，确保井下作业安全。

(6) 数据分析工具：适用于需要通过数据分析来优化作业流程、发现潜在问题的场景，如生产指标分析、设备故障预测等。通过分析设备故障数据，可以发现设备的易损部件和故障频发点。例如，对过去一段时间内设备的故障记录进行统计分析，找出故障发生的规律和原因，为设备维护和更新提供依据。

二、生产计划与调度能力

煤矿班组长在煤矿生产中扮演着关键角色，他们需要具备生产计划与调度能力。面对煤矿生产的复杂环境和不确定性，班组长应通过科学合理的生产计划，确保工作任务的高效执行，并能灵活应对突发状况。同时，有效的调度能力可以协调团队工作，保障生产的连续性和安全性。这些能力是班组长领导团队、实现卓越绩效的重要保障。

（一）考虑的因素

生产计划与调度能力重点要考虑的因素如图 6-16 所示。

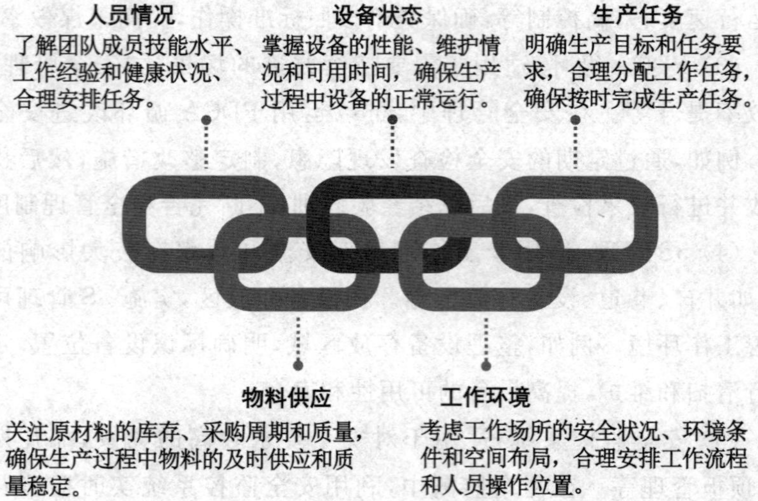

图 6-16　生产计划与调度能力重点要考虑的因素

（二）方法技巧

生产计划与调度能力培养的方法技巧如图 6-17 所示。

三、现场问题解决能力

煤矿班组长须具备现场问题解决能力，原因在于：首先，煤矿环境复杂，安全隐患多，班组长需要迅速解决问题，确保员工安全和生产顺利。其次，生产中问题频出，如设备故障、人员短缺等，班组长需及时处理，提高生产效率。再者，产品质量关乎企业效益和形象，班组长要解决现场问题，保证质量。同时，解决问题时的沟通协作学习培训不能少：参加相关课程，增长知识和技能。
- 实践出真知：工作中积累经验，总结反思要做好。
- 数据分析很重要：用好数据工具，计划调度更合理。
- 沟通协调要加强：和团队、领导、其他部门多交流。
- 注重细节别马虎：考虑周全，计划才能行得通。
- 应变能力要培养：遇到问题能应对，生产才能顺顺利利。
- 学习新技术：跟上行业步伐，应用先进方法。
- 团队协作是关键：打造高效团队，一起努力向前冲。
- 安全意识常在心：生产安全第一位，不能有丝毫松懈。
- 持续改进求进步：不断优化，能力提升更上一层楼。

图 6-17　生产计划与调度能力培养的方法技巧

能增强团队凝聚力，面对突发事件，班组长的快速应对能减少损失。总之，这种能力对保障安全、提高效率、保证质量、增强凝聚力和应对突发事件都至关重要。

（一）实用工具

现场问题解决能力培养的实用工具如图 6-18 所示。

检查表	流程图	思维导图	故障树分析	5W1H	PDCA 循环
列出需要检查的项目和标准，帮助班组长系统地检查现场情况，及时发现问题	用图形展示工作流程，让班组长更清楚地了解各个环节，快速定位问题所在	发散性思维工具，可以帮助班组长全面思考问题，找到解决问题的各种途径	通过分析故障的可能原因和影响，帮助班组长确定问题的根本原因，针对性地解决问题	对问题进行全面分析，包括原因（Why）、对象（What）、地点（Where）、时间（When）、人员（Who）和方法（How），有助于深入了解问题	计划（Plan）、执行（Do）、检查（Check）、处理（Act）的循环，帮助班组长持续改进问题解决的过程

图 6-18　现场问题解决能力培养的实用工具

（二）提高能力的方法

现场问题解决能力提高的办法如图 6-19 所示。

▶ **培训学习不能少**
定期邀请设备厂家的技术人员到煤矿进行现场培训，或者组织班组长参加行业研讨会。

▶ **经验分享多举行**
组织“班组长经验分享会”，让大家分享自己在设备维护管理中的成功案例和失败教训。

▶ **实践操作很重要**
班组长可参与设备的日常巡检保养工作，或者负责一些简单的设备维修任务。

▶ **技术支持要跟上**
建立在线技术支持平台，让班组长可以随时咨询设备相关问题。

▶ **标准流程要制定**
制定设备操作手册和维护记录表，明确各项维护工作的具体步骤和要求。

▶ **持续改进不能忘**
定期召开设备维护管理工作会议，分析问题，制定改进措施。

图 6-19　现场问题解决能力提高的办法

四、设备与设施维护管理能力

煤矿工作环境复杂，安全至关重要，设备的正常运行是保障安全的关键。因此，煤矿班组长必须具备设备与设施维护管理能力。他们需要通过这种能力，及时发现和解决安全隐患，减少事故发生，同时提高生产效率，降低成本，增强团队协作，并适应技术更新，从而推动煤矿的持续稳定发展。

（一）具体举措

设备与设施维护管理能力锻炼的具体措施如图 6-20 所示。

（二）操作工具

设备与设施维护管理能力操作工具如图 6-21 所示。

五、标准化管理体系的构建和实施能力

班组建设始于标准、行于标准、成于标准，在煤矿作业中，安全生产是首要任务，而标准化管理体系可以规范操作流程，降低事故

主动学知识	练火眼金睛	沟通要得法	经验靠积累	案例多研究
把煤矿的安全规定、操作流程和技术标准搞得明明白白，这是解决问题的基础。	在现场得仔细观察环境、设备、人员操作有啥不对劲的，须第一时间识别出来。	和组员、领导、其他部门打好配合，有问题大家一起解决。	多深入一线处理问题、解决问题，遇到突发情况就不慌了。	看看别人出过的事，长点记性，别在自己班上犯同样的错。

图 6-20　设备与设施维护管理能力锻炼的具体措施

设备手册和操作指南

提供详细的设备操作步骤、维护要求和常见故障排除方法，帮助班组长快速了解设备。

维护管理软件

用于记录设备维护历史、计划维护任务、提醒保养周期等，方便班组长进行设备管理。

培训视频和在线课程

通过观看视频和参加在线课程，学习设备维护的理论知识和实际操作技巧。

设备健康监测工具

如煤矿粉尘检测仪、无线智能传感器、温振数据接收站等，帮助班组长检测设备运行状况，及时发现潜在问题。

图 6-21　设备与设施维护管理能力操作工具

风险，确保员工的生命安全。同时，标准化管理能够提高生产效率，保证产品质量，增强团队的凝聚力。此外，随着行业标准的不断提升，班组长需要通过实施标准化管理来适应企业、行业变化，培养高素质的员工队伍，以提高企业的竞争力。

（一）适用的工具

标准化管理体系的构建和实施工具如图 6-22 所示。

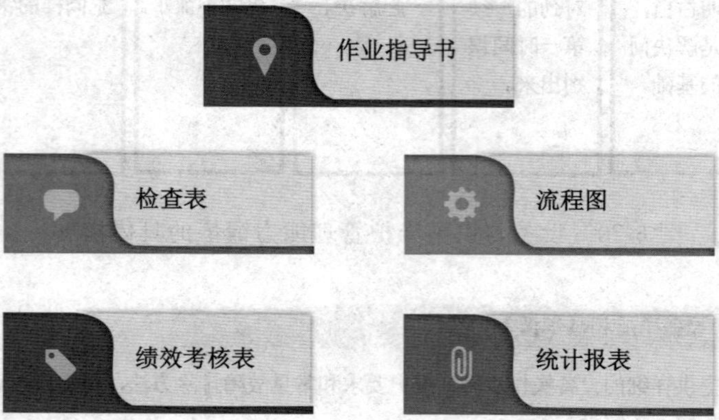

图 6-22　标准化管理体系的构建和实施工具

(1) 作业指导书：如针对煤矿采掘工作，制定详细的作业指导书，包括采掘设备的操作步骤、安全注意事项等。

(2) 检查表：以煤矿设备检查为例，可以设计检查表，列出设备的各项检查要点，如润滑情况、密封性等。

(3) 流程图：以采煤工艺流程为例，绘制流程图，清晰展示各个环节的顺序和关系。

(4) 绩效考核表：设定如采煤量、进尺、设备完好率等绩效指标，通过绩效考核表评估班组长和员工的表现。

(5) 统计报表：通过统计报表，监测瓦斯浓度、设备运行时间等数据，及时发现异常。

(二) 改进的方法

标准化管理体系的构建和实施改进方法如图 6-23 所示。

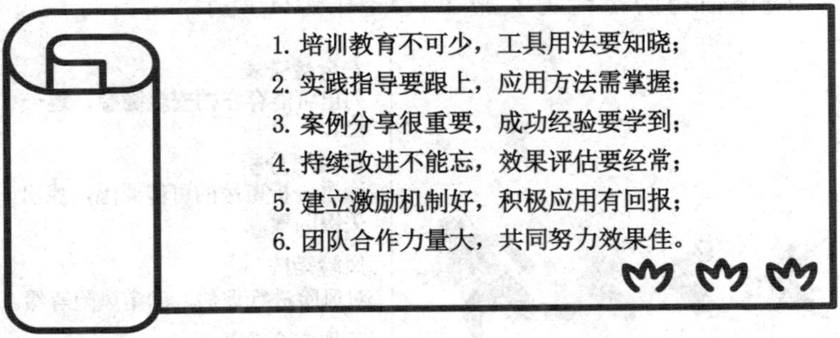

图 6-23　标准化管理体系的构建和实施改进方法

第四节　安全管理能力

一、安全规章制度的掌握与执行能力

(1) 多培训:定期给班组长“充电”,把安全规章制度“刻”在脑子里。

(2) 编指南:编制详细的安全操作指南,班组长照着做。

(3) 召开案例分析会:大家一起讨论实际案例,从中吸取教训。

(4) 现场“盯梢”:派人到现场盯着班组长,有问题及时指出,帮助其养成好习惯。

(5) 营造安全氛围:让大家都把安全放心上,形成一种文化,就像每天要吃饭一样重要。

(6) 定期组织演练:多演练,遇到紧急情况就不会手心忙脚乱了。

二、风险评估与防范能力

（一）实施的工具

风险评估与防范能力实施工具如图 6-24 所示。

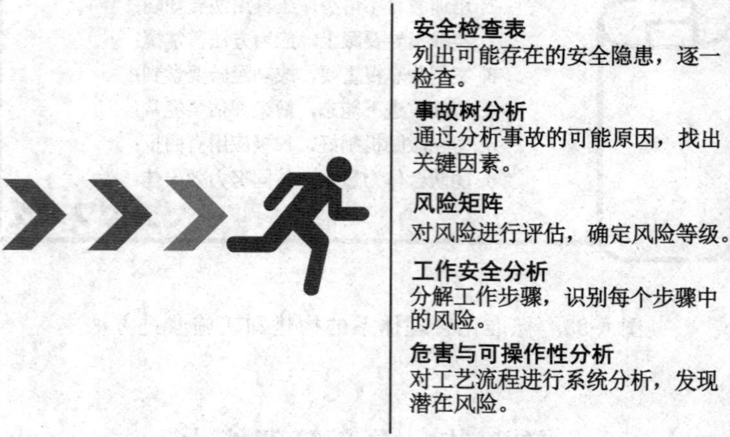

图 6-24　风险评估与防范能力实施工具

（二）提升的技巧与方法

（1）现场模拟演练：模拟井下可能出现的风险情况，如瓦斯超限、顶板冒落等，让班组长亲身体验并处理。

（2）事故复盘：对以往的煤矿事故进行复盘分析，让班组长从中学到教训，避免类似错误。

（3）安全竞赛：组织安全知识竞赛、技能比武等活动，激发班组长学习和应用风险评估与防范知识的积极性。

（4）与专家互动：邀请安全专家到煤矿举办讲座或进行指导，班组长可以直接与专家交流，解决实际问题。

（5）小组讨论：将班组长分成小组，针对具体的风险场景进行讨论，共同制定防范措施。

（6）可视化管理：使用图表、看板等工具，将风险信息直观地展示出来，方便班组长快速了解和应对。

(7) 定期考核：通过定期的安全考核，检验班组长对风险评估与防范知识的掌握程度，督促其不断提升。

三、应急处理与救援能力

事故现场的前几分钟，被称为“救命的黄金时刻”。班组长作为事故灾难预防现场第一响应者，他们的应急能力是企业整体应急能力的基础，直接决定着事故应对的有效性，间接反映了企业整体应急能力的强弱。

（一）应急物资准备

(1) 应急预案手册：详细记录各种可能发生的紧急情况及应对措施的手册。

(2) 急救包：包含常用的急救药品和器材，如绷带、止血带、夹板等。

(3) 自救器：在缺氧或有害气体环境下提供呼吸保护的设备。

(4) 灭火器：用于扑灭初期火灾的工具。

(5) 检测仪器：如瓦斯检测仪、一氧化碳检测仪等，用于检测井下环境中的危险气体浓度。

(6) 通信设备：如对讲机、卫星电话等，确保班组长在紧急情况下能与外界保持联系。通信设备涉及工具很多，不限于以上，在具备应急处理与救援能力的同时须备好救援物资。

（二）提升的技巧与方法

(1) 定期进行应急演练：组织煤矿班组长参与各种类型的应急演练，如火灾、瓦斯爆炸、顶板事故等，让他们在模拟的紧急情况下实践应对策略。

(2) 加强安全培训：为班组长提供专业的安全培训课程，包括应急处理与救援的理论知识、操作技能等。

(3) 制定详细应急预案：协助班组长制定针对不同灾害的详细

应急预案，明确各成员的职责和行动步骤。

（4）建立应急通信系统：确保班组长在紧急情况下能够及时与其他人员进行联系，了解现场情况并协调、支持救援工作。

（5）提供救援装备和工具：配备必要的救援装备和工具，如自救器、灭火器、急救箱等，并让班组长掌握其使用方法。

（6）案例分析与讨论：定期组织案例分析和讨论会议，分享实际发生的应急事件及处理经验，从中学习。

（7）与专业救援队伍合作：与专业的救援队伍建立联系，进行联合演练或培训，提高协同救援能力。

四、安全培训与宣传能力

（一）提升思路

班组长要实施“技能素质提升工程”，提升班组学习力。班组的学习力与职工素质息息相关。把提升班组学习力和职工素质作为班组自主管理上水平的立足点和落脚点，分专业、分岗位制订有针对性的培训计划，采取“主餐＋点餐”“线上＋线下”“理论＋实战”的学习培训模式，培养一专多能的复合型职工。把全员岗位练兵、技术比武下沉到班组，建立学习制度，制订学习计划，不断提升职工的安全素质、技能素质。如开展流程设计比赛，优化综采队班前会流程；开展“班前快餐”活动，通过讲、学、谈等形式，有效解决现场各生产环节遇到的问题。

（二）自身强化

作为班组长，要想搞好班组培训与宣传工作，必须提高自身的素养，做一名“知识型”班组长，做业务上的权威、技术上的标杆。

（1）班组长“有目标”：要让班组成员知道“目标是什么”“为什么这样干”“如何干”“如何才能干好”，不断总结，有了明确的结果目标，为结果而战，团队才能全力以赴，而不是尽力而为。

（2）班组长“有技能”：首先班组长必须要有一定的实力，其次在团队中，班组员工每个人都必须独当一面，只有这样，班组长才能服众，团队里面的每一位员工才能发挥其技能，既能完美完成工作，又能迎难而上解决问题。在班组管理中，尤其是生产一线的班组长，“如何赢得大家的信任”“如何树立自己的威信”是目前现阶段多数班组长所面临的难题。没有过硬的技术、没有一定的文化素养，在班组管理中很难服众。

企业作为班组长的“娘家”，要为班组长遮风挡雨。政治上，为班组长提供成熟成长的空间，赋予班组长更高荣誉和更强动力；学习上，为班组长搭建提升的平台，创造更多学习、培训、历练的机会；经济上，适当向班组长倾斜，让班组长“劳”有所得、“责”有所得、“能”有所得、“勤”有所得、“专”有所得，既有“里子”又有“面子”。

第七章 班组管理重点工作

第一节 开好班前会

班前会是由班组长主持，以班组为单位，在工作开始之前，在指定的地点，班组成员集合在一起召开的工作准备会议，其主要目的是安排当天的生产任务和做好安全预防工作。班前会分为室内班前会和现场班前会。

班前会经常出现的问题是：重要的信息忘了讲，想讲的事情没讲清，自认为讲清楚的事情员工没听懂，讲的事和要干的工作脱节。

班前会的有效召开，是做好当班工作的前提和基础，因此要从以下几个方面展开，组织好班前会活动。

一、班前会是安全生产第一关

班前会是班组每天工作的开端，是煤矿企业日常生产管理的重要组成部分，也是做好安全生产的第一步。同时，班前会是班组长树立个人威信，提高沟通表达能力，进行有效管理、指导和培训员工的重要平台，是员工学习、成长的重要平台，是创新思维的平台，是团队建设的平台，是企业文化塑造的平台……开好班前会，对于确保生产安全、提高生产效率具有重要意义。

班前会对现场管理、团队和班组长的价值如图 7-1 所示。

二、九个目标要落实

(1) 布置生产任务和目标：使员工明确当天的工作任务和目

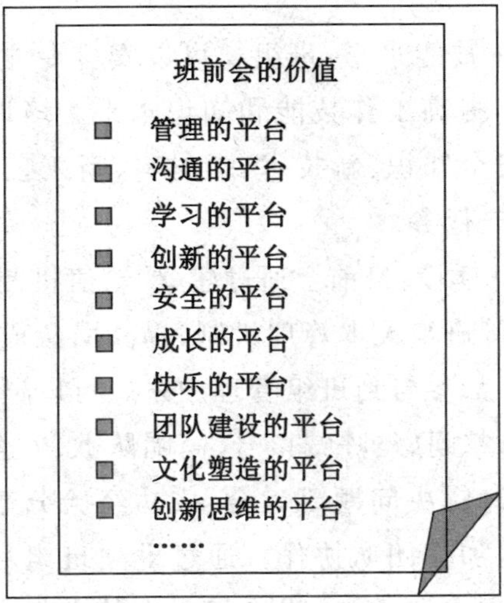

图 7-1 班前会对现场管理、团队和班组长的价值

标，包括产量、质量等要求，确保班组成员清楚自己的工作职责和任务。

(2) 提高员工安全素养：班前会是班组安全文化建设的重要平台。通过班前会，可以宣传企业的安全文化理念，弘扬安全生产的先进典型，使班组成员在潜移默化中受到安全教育和熏陶，提高他们的安全素养和安全行为能力；向员工传达安全生产信息，通报近期发生的安全事故，提醒大家引以为戒，增强安全防范意识。

(3) 预防安全事故：班前会上，分析工作环境中的危险源和潜在风险，提醒班组成员注意安全事项，做好防范。查找存在的安全隐患和问题，提出改进措施，确保工作场所的安全，预防安全事故的发生。

(4) 学会处理紧急情况：向班组成员介绍紧急情况下的应急处理方法，确保班组成员能够迅速、正确、有效地应对紧急情况，保障自身和他人的安全。

(5) 提高员工技能水平:班组长可以安排专业人员对班组成员进行培训和学习,提高工作技能和知识水平。培训、学习内容可以包括操作规程、安全知识、新技术、新材料、新工艺、新装备等,使员工更好地完成生产任务。

(6) 开展团队建设:班前会通过建立“轮值机制、评议机制、分享机制、活力机制”等班组人本管理机制,提高团队成员的参与度和积极性,让每个员工都参与到班组管理中来。可以通过组织一些简短的团队活动,如击掌问好、呼喊口号、高唱队歌、安全问答等,活跃团队气氛。可以通过解决问题研讨会、成功经验分享会,增进员工之间的沟通和交流,加强团队协作。通过设立班组目标,让班组成员了解班组的工作方向和重点,明确每个人的责任和义务,增强团队成员的责任感和使命感,提高团队的凝聚力和向心力。通过班前会,加强团队建设,鼓舞班组成员士气,使员工产生良好的精神风貌,形成良好的工作氛围。

(7) 及时解决问题:鼓励班组成员提出工作中遇到的问题或困难。通过问题反馈,可以及时发现生产过程中的问题,班组长及时解答并提供解决方案,确保安全生产。

(8) 提高管理水平:通过班前会,班组长可以了解一线员工的工作情况,及时发现问题、解决问题,不断提高管理水平。

(9) 落实安全生产责任制:班前会可以明确各级各类人员在安全生产中的职责,落实安全生产责任制,确保安全生产责任到人。

班前会的目标如图 7-2 所示。

三、简短高效提士气

(1) 简短高效:班前会的时间应控制在合理范围内,避免时间过长导致员工疲劳或注意力不集中。会议内容应简明扼要、重点突出,确保每位员工都能迅速了解关键信息。

班前会的目标

- 布置工作、解决问题
- 关注安全、预防事故
- 宣传政策、统一思想
- 沟通信息、传递情感
- 分享经验、总结教训
- 学习技能、提升管理
- 评议差距、落实责任
- 树立威信、提升能力
- 建设团队、凝聚力量

图 7-2　班前会的目标

(2) 互动性强：鼓励员工在班前会中积极参与讨论和提问，分享自己的观点和建议。班前会要充满活力，营造开放、包容、相互尊重的氛围，让员工能够充分表达意见，并最终形成更有创造力的决策。

(3) 激励士气：在班前会中适时给予员工鼓励和认可，肯定他们在工作中的成绩和进步。注意提升员工的士气和自信心，增强团队凝聚力和向心力。

(4) 参与度高：建立轮值机制，通过“人人都是班组长”落实民主、人文管理机制。

班前会的特点如图 7-3 所示。

四、队形站位有讲究

班前会在形式上可分为室内班前会和现场班前会。

(1) 室内班前会为了方便班组长能够看到每一名员工，同时也为了方便员工相互间的沟通交流，应采用“长方形会议桌布局”的

班前会的特点

- 活力班前会
- 士气班前会
- 安全班前会
- 学习班前会
- 创新班前会
- 人人受尊重
- 人人都参与
- 人人都管理
- 人人都收获
- 人人都成长
- ……

图 7-3　班前会的特点

“围桌会议”形式，把桌子排成长方形，大家围着桌子而坐。室内班前会形式如图 7-4 所示。

图 7-4　室内班前会形式

（2）现场班前会的站队形式可以根据不同的需求和场景选择不同的形式。

① 队列式：所有人员按照一定的顺序排成行，以直线的形式展现出来。这种形式适用于人数不多、场地有限的情况，可以简单明了地展示人员的情况。但队列原则上不允许超过三排。如果人数过多，可以两侧各两排，班长站在中间。队列式的班前会如图 7-5 所示。

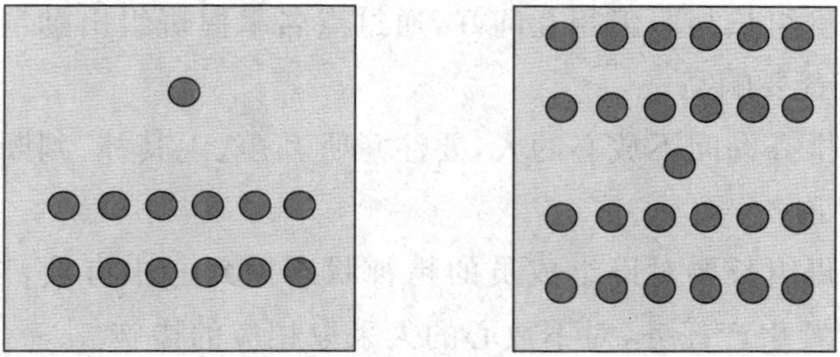

图 7-5　队列式的班前会

② 圆形队列、U 形列队、V 形队列。

圆形队列即所有人站成一个圆圈；U 形队列即所有人围成一个 U 形；V 形队列即所有人围成一个 V 形。这种队形有利于班长看清每一名班组成员，有利于大家互相看到和交流互动。圆形、U 形、V 形队列的班前会如图 7-6 所示。

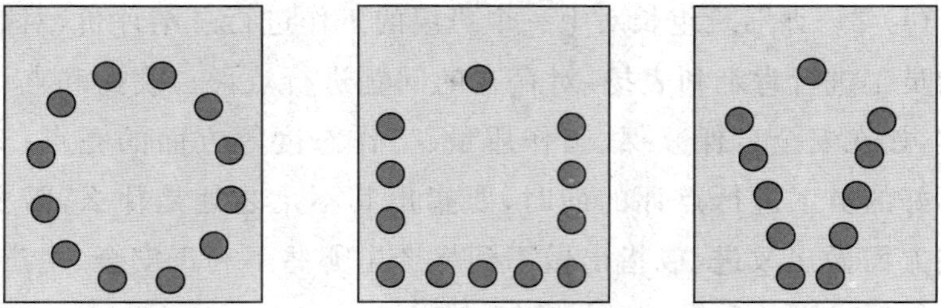

（a）圆形　（b）U形　（c）V形

图 7-6　圆形、U 形、V 形队列的班前会

不同的班前会站队形式有各自的优缺点，可以根据实际情况选择最合适的形式。同时，站队形式的确定也要考虑到人员之间的交流、互动和组织管理等因素，以便更好地达到班前会的目的。

五、“6+N”流程管理模式

（一）“6”项内容（必备）

1. 点名问候

（1）班组长与职工相互问好，通过点名掌握班组出勤情况；点名和回答声音要响亮。

（2）排查询问不放心的人，要注意听其声、观其神、判断其状态，观察要细致。

（3）班组长要对班组成员的精神状态做到心中有数，以便有针对性地布置生产任务，对不放心的人采取相应的措施。

2. 激发活力

（1）班长应采用灵活恰当的方式，活跃班组气氛，营造班组相互关心、关爱的温馨氛围。

（2）班组全体员工一齐朗诵口号，调动士气、凝聚人心，激发积极向上的心态。

（3）口号要结合班组实际，简洁明了、朗朗上口。

3. “一评三讲”

（1）“一评”：班组长对上一个班组的工作进行总结评价，对表现好的员工进行肯定和表扬，对存在的问题进行点评。表扬和点评要具体，如在安全自保互保、工作质量、工作态度等方面的亮点；对表现不好的员工进行点评的同时，要指出其不足之处是什么，需要在哪些方面做出改进，或指出做不到将产生哪些不利于安全、生产、团结协作等方面的后果，以便加以改进。

（2）“三讲”：讲工作任务、讲工作标准、讲安全风险。“三讲”中，要做到任务交底、技术交底和安全交底。

① 任务交底：班组长明确向员工传达工作的具体任务、目标和要求，确保员工对自己的工作内容有清晰的认识。

② 技术交底：对于涉及专业技能或特定知识的工作，班组长向员工提供必要的操作指南、工艺流程和技术要求，确保员工能够按照正确的方法进行工作。

③ 安全交底：班组长着重向员工强调工作中的安全注意事项、潜在风险以及预防措施。这包括个人防护装备的使用、应急处理程序、危险源的识别与避免等。安全交底的目的是确保员工在工作过程中始终保持安全意识，并采取必要的措施保护自己和他人的安全。

通过任务交底、技术交底和安全交底的组合，班组长能够确保员工对工作有全面的了解，掌握所需的技术知识，并在工作中始终注重安全。这样可以提高工作效率，减少事故发生的可能性，保障员工的健康和安全。

4. 安全自醒

(1) 针对工作任务采用安全员提问或职工自述的方式进行。

(2) 职工重点针对工作任务讲安全操作注意事项。

(3) 安全员或班长补充评议。

(4) 自醒要全面具体，补充要突出重点。

例如，采煤机司机安全操作注意事项如下：

① 准备作业前，重点确认采煤机机身里帮以及滚筒附近无人。

② 观察周围环境，确认煤壁、顶板及采煤机、支架支护状态完好。

③ 选好安全站位开机，距离采煤机不小于 3 m；开机前发出警示信号，再次确认无人后方可开机。

④ 启动采煤机时，观察油位、截割臂动作等是否正常。

⑤ 操作采煤机时，精力要集中，采煤机运转时严禁做其他事情；

同时注意保持与采煤机的安全距离，发现顶板破碎、有人经过等异常情况时立即停机处理。

⑥ 采煤机到达两端头时提醒作业人员撤离至安全区域。

⑦ 停机时，必须断开电源开关并拉开离合器，同时停掉上一级电源。

⑧ 临时性检修需在煤壁侧作业时，必须先敲帮问顶，站好贴帮柱、护好顶帮后方可作业。

5. 学习分享

(1) 学习和分享要结合实际，说出学习和分享的内容与本岗位、本班或本科队(车间)的关联点。

(2) 要强调重点，杜绝照本宣科。

(3) 要有自己的认识和思考。

(4) 案例的学习分享重点强调应学习的好经验和应吸取的教训等。

(5) 学习要紧扣本职工作，分享要能引起共鸣。

例如，学习"百日安全"活动文件，结合班组实际，至少要分享与本班组密切相关的以下几项内容：① 本班组可能存在的安全风险；② 杜绝"三违"行为，落实好规程措施；③ 开展好安全风险预知和隐患排查整改。

6. 确认总结

(1) 由班组长或跟班队长进行。

(2) 对工作任务安排和风险预控情况进行确认。

(3) 对安全重点和注意事项进行补充和强调。

(4) 班组全员知重点、知任务、知风险、知方法、知形势。

(二) "*N*"项内容(自选)

(1) 轮值评议。

(2) 上情下达。

(3) 问题改善。

(4) 技能培训。

……

注意:"6"项内容为班前会固定项,"N"项内容根据班组建设及管理需要的实际情况进行调整、添加。

六、做好记录很重要

班前会会议记录有以下重要作用:

(1) 准确传递信息:会议记录能够确保会议中的关键信息、决策和分配的任务被准确地记录下来,避免因口头传达而产生误解或遗漏。

(2) 提高工作效率:通过会议记录,员工可以清晰地了解自己的工作任务和职责,快速进入工作状态,减少不必要的沟通和确认时间。

(3) 问题追踪与解决:会议记录是问题追踪和解决的依据。

(4) 持续改进与学习:通过定期回顾会议记录,可以发现流程中存在的问题,不断优化工作流程和提升工作效率。

(5) 增强责任感与归属感:当每个人的发言和贡献都被记录下来时,员工会感受到自己的意见和工作被重视,从而增强对团队的责任感和归属感。

(6) 法律与风险管理:会议记录可能作为法律文件或证据被使用。准确的会议记录有助于在面临法律纠纷或审计时提供有力的支持。

班前会会议记录可参照表 7-1。

表 7-1　班前会会议记录表(示例)

会议日期：　　年　月　日　　　　　主持人：　　　　　记录人：

<table>
<tr><td>人员签到</td><td colspan="2"></td></tr>
<tr><td>一评</td><td colspan="2">上一班突出存在的问题及解决措施：

上一班业绩突出的同志及有益经验：</td></tr>
<tr><td rowspan="3">三讲</td><td>讲工作</td><td>任务交底：</td></tr>
<tr><td>讲标准</td><td>技术交底：</td></tr>
<tr><td>讲安全</td><td>安全交底：</td></tr>
<tr><td>安全自醒</td><td colspan="2">自醒人：
自醒内容：</td></tr>
<tr><td>学习分享</td><td colspan="2"></td></tr>
<tr><td rowspan="4">“N”项内容</td><td>轮值评议</td><td></td></tr>
<tr><td>上情下达</td><td></td></tr>
<tr><td>问题改善</td><td></td></tr>
<tr><td>技能培训</td><td></td></tr>
<tr><td>确认总结</td><td colspan="2"></td></tr>
</table>

第二节　做好井口宣誓

一、井口宣誓——安全生产的庄严承诺

宣誓是在一定的仪式下当众说出表示决心的话。宣誓的过程既是一种教育、一种警戒，又是一种约束。通过宣誓，人们可以更加明确自己的职责和目标，同时激发起内心的力量，为实现自己的承诺而努力奋斗。这也是保障煤矿安全生产、降低事故风险的有效措施之一。

井口宣誓对安全生产有着重要的作用和意义：

（1）增强安全意识：井口宣誓是一种仪式化的活动，通过这种形式，员工能够在进入工作区域前集中精神，提醒自己始终保持对安全的关注。这种反复地强调有助于员工形成条件反射，从而在实际工作中更加注意安全。

（2）强化安全责任：通过井口宣誓，员工能够明确自己的安全责任，意识到自己在保障煤矿安全方面的重要作用。这种责任感的提升有助于员工更加积极地参与安全管理，及时发现和报告潜在的安全隐患。

（3）营造安全氛围：井口宣誓是一种集体性的活动，所有员工共同参与，有助于营造一种积极向上的安全氛围。在这种氛围中，员工之间会相互监督、相互提醒，共同维护煤矿的安全生产。

（4）传递安全文化：井口宣誓不仅是员工个人的行为，更是企业安全文化的一种体现。通过这种形式，企业能够将安全理念、安全规章制度等传递给每一名员工，从而在企业内部形成统一的安全价值观和行为准则。

井口宣誓的意义如图 7-7 所示。

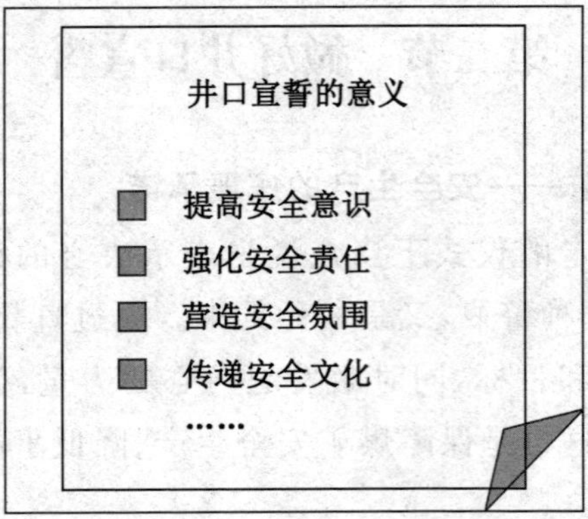

图 7-7　井口宣誓的意义

二、井口宣誓要庄重并富有仪式感

(一) 对领誓人的要求

宣誓领誓人在井口宣誓活动中扮演着重要的角色，他们不仅引领着整个宣誓过程，还代表着所有宣誓人的形象，为所有宣誓人发声。因此，领誓人需要注意以下几个方面：

(1) 熟悉誓词：领誓人应事先对誓词进行充分熟悉和理解，确保在宣誓过程中能够准确、流畅地领诵誓词。避免出现犹豫、停顿或错误的情况，以免影响宣誓的庄重性和严肃性。

(2) 声音清晰：领誓人在宣誓时声音要清晰、洪亮，确保每个宣誓人都能听清楚誓词内容。语速适中，不要过快或过慢，让所有人都能跟上节奏。

(3) 姿势端正：领誓人在领诵誓词时应保持良好的站立姿势，面向宣誓人群，背部挺直，双脚并拢或稍微分开。右手举拳的动作要标准、有力，体现出对誓言的坚定和自信。

(4) 控制节奏：领誓人需要掌握好整个宣誓过程的节奏和速度，确保每个人都能在适当的时间内完成宣誓。在需要停顿或强调的地方给予明确的指示和引导，使宣誓过程更加有序和统一。

(5) 表达情感：领誓不仅仅是诵读文字，更重要的是传递一种情感和氛围。领誓人应通过声音、表情和肢体语言等方式表达出对誓言的敬畏、庄重和决心，从而激发所有宣誓人的共鸣和参与感。

井口宣誓对领誓人的要求如图 7-8 所示。

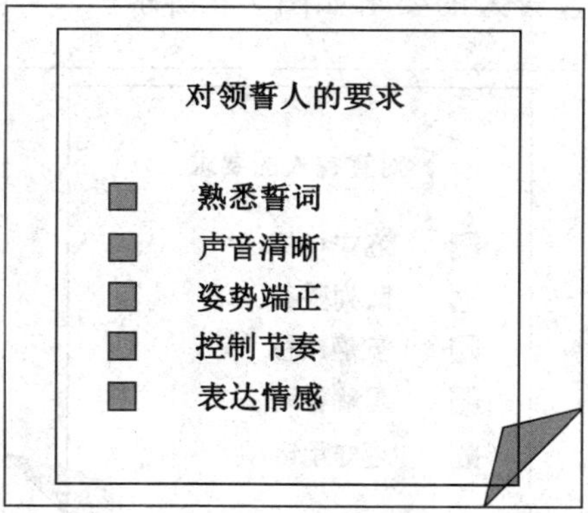

图 7-8　井口宣誓对领誓人的要求

(二) 对宣誓人的要求

(1) 遵守指挥：在宣誓过程中，应有专人指挥队列的排列和移动。宣誓人员应严格遵守指挥，确保队列的整齐和有序。

(2) 队列整齐：宣誓人员应按照身高或职务等顺序排列，保持队形整齐。队伍之间的距离和间隔也应保持一致，以展现团队的统一性和纪律性。在排队时，宣誓人员之间应保持适当的间距，以确保每个人都能够清晰地听到誓词并进行宣誓。同时，间距也不宜过大，以免影响队伍的紧凑性和整体效果。

(3) 安静肃穆：在队列中，宣誓人员应保持安静，在宣誓过程中，要站立端正、保持安静，不得交头接耳或做其他不严肃的动作。

(4) 理解誓词:在宣誓前,员工应充分理解誓词的含义和重要性。只有真正理解了誓词,才能更好地履行自己的承诺,确保安全生产。

(5) 遵守承诺:宣誓不仅仅是一种形式,更是一种承诺。员工在宣誓后,应切实遵守自己的承诺,将安全生产放在首位,时刻保持警觉,确保自身和他人的安全。

井口宣誓对宣誓人的要求如图 7-9 所示。

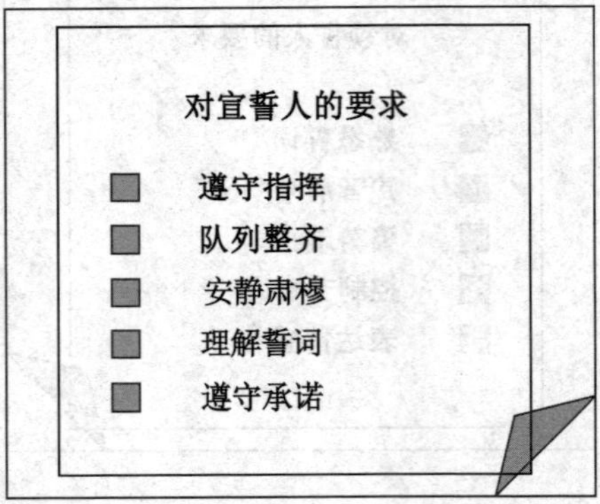

图 7-9　井口宣誓对宣誓人的要求

(三) 井口宣誓誓词示例

为了自己和他人的生命安全,为了家庭的幸福平安,为了企业的稳定发展,我宣誓:牢记安全责任,牢记亲人嘱托,严守安全规章,严守操作规程,永做安全人,誓为安全生产做贡献!

第三节　做好安全生产现场管理

现场管理是安全生产最重要的环节,对于安全生产至关重要。通过严格管理,可以及时发现和消除现场潜在的安全隐患,降低事故发生的风险，有效预防事故；通过严格的管理，可以确保员工在工作过程中遵循安全规定和操作流程，减少意外伤害的发生，保障员工安全；通过严格的管理，可以创造安全的工作环境，提高员工的工作效率和工作质量，减少因事故导致的停工和延误，提高生产效率；通过严格的管理，可以帮助企业遵守相关的安全法规和标准，避免法律责任和罚款，使企业生产工作符合法规要求，维护企业形象；通过对现场管理的监控和评估，可以发现问题并及时采取改进措施，不断提高安全生产水平，促进安全生产工作持续改进。

一、做好交接班

现场管理，首先要做好交接班工作。交接班时要重点关注以下事项：

(1) 准确掌握上一班的工作进度及完成情况，核对生产进度情况，包括生产数据、采掘量、能耗等。

(2) 确认现场安全情况，检查是否存在安全隐患和问题，并及时处理和报告。

(3) 检查工具与设备情况，检查内容包括设备外观、运行状态、安全防护装置等。确认现场的工具、设备是否运行正常、有无故障发生，以及故障的处理情况。对于关键设备和重点区域，班长应亲自检查，一般设备可由班组岗位人员各自检查。

(4) 对特殊情况进行处理，对于存在安全隐患或问题的环节，需要进行特别说明和处理的，由交接双方共同确认和处理。

(5) 交接重要任务、临时工作及变更情况。填报交接事项清单，逐项确认需要交接的事项是否完成。

(6) 保持沟通，确保两班之间顺畅过渡。

交接班的要求如图 7-10 所示。

交接班时应坚持以下基本原则：

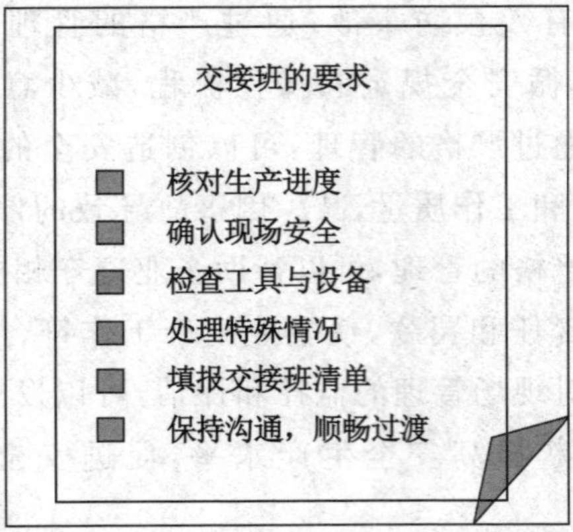

图 7-10 交接班的要求

(1) 下一班的准备工作未做好不交接。

(2) 当班发生异常现象，或设备有故障未处理好，或记录交代不清不交接。

(3) 公用工具、资料（有关专用工具、技术措施等）不齐全不交接。

(4) 清洁工作未按规定范围和要求做不交接。

(5) 上级命令通知意图不清楚不交接。

二、把握现场管理的核心六要素

影响现场安全生产管理的六个核心内容：人、机、料、法、环、管，也被叫作“5M1E”，每个要素的具体含义如下。

人(man)：指参与生产过程的人员，包括员工的技能、培训、工作态度和安全意识等。

机(machine)：指用于生产的设备、机器和工具，包括设备的维护、保养和操作规范等。

料(material)：指生产所使用的原材料、零部件和半成品等，包括材料的质量、供应和库存管理等。

法(method):指生产过程中采用的方法、工艺和操作流程,包括作业指导书、标准操作程序等。

环(environment):指生产环境,包括工作场所的温度、湿度、清洁度、噪声等因素,以及对环境的保护和管理。

管(management):指对生产过程的管理和控制,包括生产计划、质量控制、安全管理、人员组织等。

(一) 人:做好现场人员管理

(1) 关注员工的安全意识和技能水平,采取培训、演练、考核等方式增强员工的安全意识和操作技能。

(2) 建立良好的沟通渠道,了解员工的需求和问题,并及时给予反馈和支持。

(3) 实施有效的激励机制,鼓励员工积极参与安全管理工作。

(4) 现场巡视时,关注员工的精神状况、身体状况、站位及操作情况,及时解决存在的安全隐患。

(二) 机:做好机器设备管理

(1) 检查机器设备的运转情况及维护保养情况,确保设备正常运行。

(2) 检查机器设备的防护装置、警示标识等安全设施,降低设备的安全风险。

(3) 检查机器设备标识,关注设备的使用周期和时限。

(4) 检查人员操作情况,确保员工正确操作机器设备。

(5) 设备开机必须点检到位。

设备的状态不是静止的,而是可变的,受到很多方面的影响,比如存放场所环境因素的影响、使用人的影响、设备自身寿命的影响等。多方面的影响会给设备的安全状态带来诸多不安全的因素,最怕的就是存在错误的思想认识,如“昨天操作设备都没什么事,今天操作设备也不会有什么事”。

（三）料：做好材料管理使用

（1）严格控制材料质量，确保材料的安全性和可靠性，避免使用劣质材料。

（2）采取合理的储存和运输方式，避免材料损坏或污染。

（3）对材料进行合理存储和标识，防止混用和误用。

（4）控制材料的使用量，避免浪费和过度使用。

（5）完善管理制度，明确材料验收、保管、发放等环节的责任和要求。

（四）法：落实各项规程制度

（1）做好安全规程、作业规程、操作规程的三大规程交底工作。制定详细的安全管理制度，确保员工严格按照规程、制度操作。

（2）加强安全宣传教育，增强员工的安全意识和责任感。

（3）建立安全检查和监督机制，及时发现和消除安全隐患。

（4）鼓励员工提出改进建议，不断优化工作方法。

（5）对关键工序进行监控和评估，并及时发现和解决问题。

（6）及时识别生产过程中的变化，包括新设备、新工艺、新人员等，并评估变化对安全的影响，做到有安全变更必跟踪到位。

在安全工作落实过程中，必然会存在诸多变化的因素，比如人员的变化、设备的变化、物料的变化、方法的变化、要求的变化、场所的变化等，有变化就必然会产生新的风险，就必然会出现新的隐患。因此，对于变化的情况，务必要在变化实施前辨识危险源、评估风险、调整完善管控措施，并与实施变化的人员进行安全交底，同时要在变化实施过程中跟踪监督到位。

（五）环：关注改善环境因素

（1）建立环境管理制度，明确生产环境管理的责任和要求。

（2）加强温度、湿度、照明、噪声、粉尘等方面的监测和控制，创造一个良好的工作环境。

（3）保持工作环境的整洁和安全，及时清理杂物和废弃物。

（六）管：做好综合管理工作

（1）建立健全安全管理体系，明确各级管理人员在安全生产中的责任和义务。

（2）建立安全隐患排查治理制度，及时发现和消除安全隐患。

（3）建立数据记录和分析机制，持续改进管理措施。

（4）与其他部门进行沟通和协调，共同推动安全生产工作。

（5）建立奖惩机制，明确价值导向，引导和塑造员工行为，促使员工遵守规则和标准。

现场管理的核心六要素如图 7-11 所示。

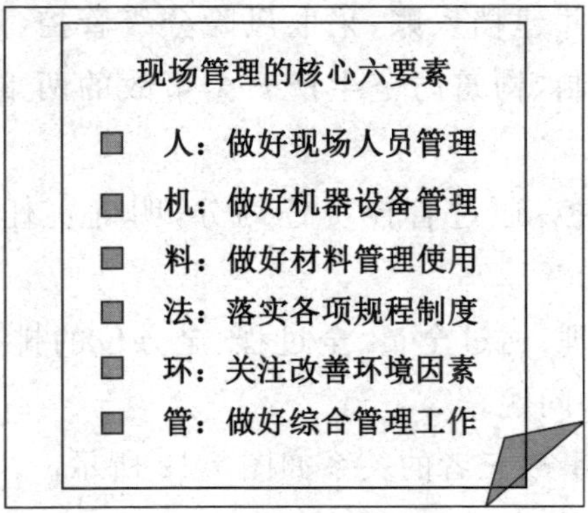

图 7-11　现场管理的核心六要素

三、构建双重预防机制

2016 年 1 月，习近平总书记在中共中央政治局常务委员会会议上发表重要讲话，提出必须坚定不移保障安全发展，狠抓安全生产责任制落实。要强化“党政同责，一岗双责，失职追责”，必须坚决遏制重特大事故频发势头，对一些重特大事故的行业领域，采取风险分级管控、隐患排查治理双重预防性工作机制，推动安全生产关口前移。加强应急救援工作，最大限度减少人员伤亡和财产损失。安全生产双重预防机制的意义在于抓住辨识管控重大风险(风险分级管控)、排查治理重大隐患(隐患排查治理)两个关键,不断完善工作机制,深化安全专项整治,推动各项标准、制度和措施落实到位。

矿山、金属冶炼、建筑施工、船舶修造、船舶拆解和危险物品的生产、经营、储存、装卸单位,以及涉爆粉尘、涉氨制冷等行业、领域生产经营单位,应当建立并实施安全生产班前会制度,由班组长或者交班人员在班前会上向当班作业人员提示安全风险,讲解岗位安全操作要点等。

(一) 风险分级管控与隐患排查治理

构建风险分级管控与隐患排查治理双重预防机制就是要将安全风险逐一识别并建档入账,采取风险分级管控、隐患排查治理双重预防性工作机制,构筑防范生产安全事故的两重防火墙,防止事故的发生。

风险分级管控:通过管控责任划分,明确责任,解决“没人管”“谁来管”的问题。

隐患排查治理:通过全员、全过程、全方位的排查治理,解决“管不好”“怎么管”的问题。

风险、隐患、事故三者的关系如图 7-12 所示。

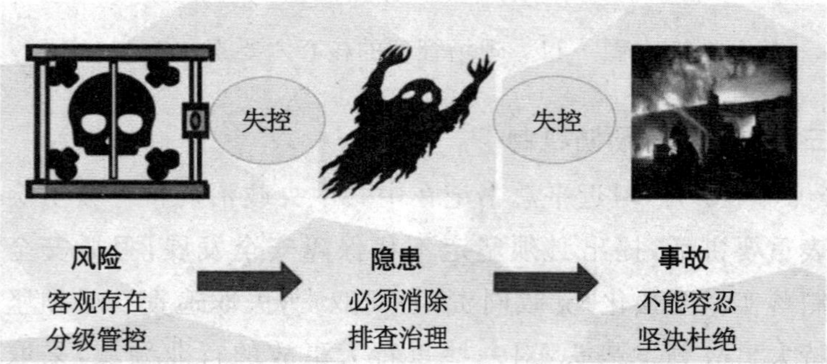

图 7-12　风险、隐患、事故三者的关系

（二）内外因事故致因理论

事故的发生是内外两方面因素共同作用的结果。内因主要指事故现场存在能量或有毒有害物。外因则涵盖了各种管理或技术缺陷：① 管理缺陷，包括安全规章制度不健全、执行不到位、安全教育培训不足、监督缺失等内部管理因素，这些均属于组织结构和管理系统层面的内因。② 人的不安全行为，如违章操作、疲劳作业、缺乏必要的安全知识和技能、心理素质低下等。③ 设备设施自身的不安全状态，如机械设备的设计缺陷、老化失效、维护不当等。④ 自然环境因素，如恶劣天气、地理条件等自然条件对安全生产的影响。

内外因事故致因理论主张只有当内外部不利条件耦合时，才会触发事故的发生。因此，预防事故不仅需要关注个体行为和设施设备的状态，还必须结合改善外部环境条件和社会管理体系来共同降低事故风险。内外因事故致因理论如图 7-13 所示。

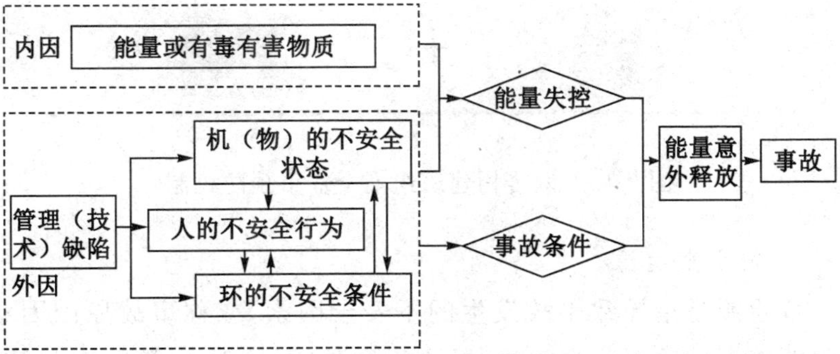

图 7-13　内外因事故致因理论

风险分级管控与隐患排查治理形成安全生产两道防火墙，如图 7-14 所示。

（三）六步构建班组安全双重预防机制。

六步构建班组安全双重预防机制如图 7-15 所示。

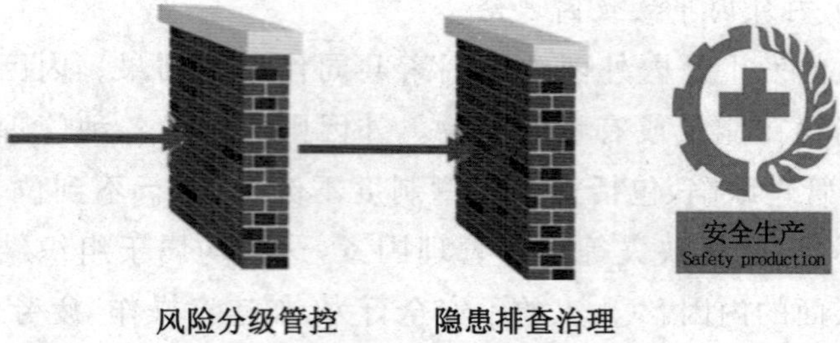

图 7-14　安全生产防火墙

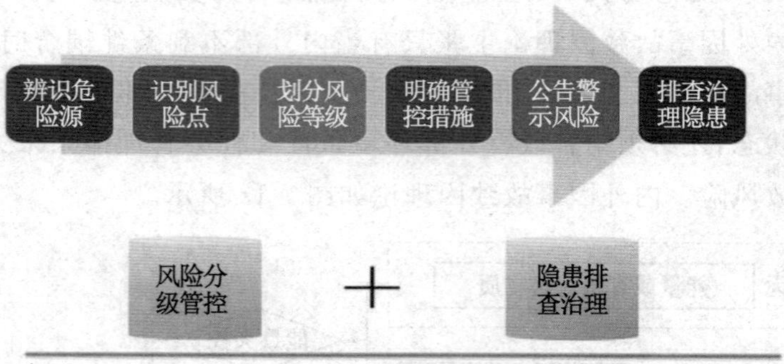

图 7-15　六步构建班组安全双重预防机制

1. 辨识危险源

危险源是指导致事故发生的不安全因素，或称事故原因因素。危险源根据性质可分为两类：根源危险源（第一类危险源，包括物理性危险和有害因素，化学性危险和有害因素，生物性危险和有害因素，心理、生理性危险和有害因素）和状态危险源（第二类危险源，包括人的不安全行为、物的不安全状态、环境的不安全因素、管理上的缺陷）。全面识别危险源，是有效安全管理的基石，如果没有识别出危险源，那么就无法制定措施和消除风险。

第一类危险源如图 7-16 所示。

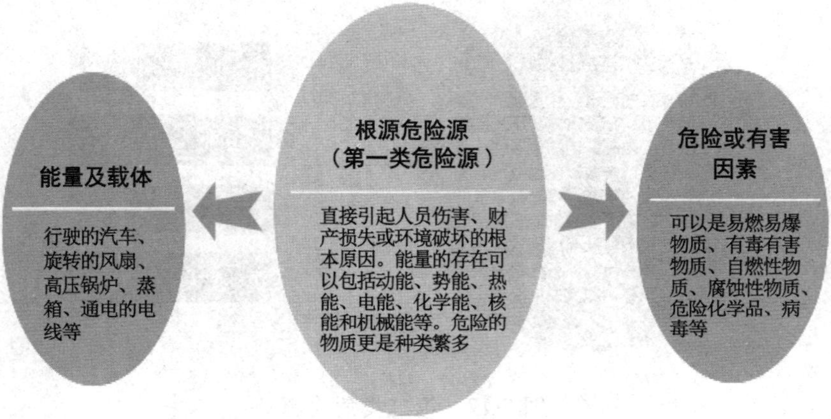

图 7-16　第一类危险源

常见的第一类危险源分类如表 7-2 所示。

表 7-2　常见的第一类危险源分类

物理性危险和有害因素	电危害、噪声危害、电磁辐射、运动物危害、明火、粉尘危害、标志缺陷、警示缺陷、设备缺陷、设施缺陷、防护缺陷
化学性危险和有害因素	易燃性物质、易爆性物质、自燃性物质、有毒物质、腐蚀性物质、其他化学性危险和有害因素
生物性危险和有害因素	病毒、致病微生物、传染病媒介物、致害动物、致害植物
心理、生理性危险和有害因素	工作生活压力大、心理异常、辨识功能缺陷、人际关系紧张、健康异常

第二类危险源如图 7-17 所示。

2. 识别风险点

风险点是指存在危险源的设备、部位、设施、场所和区域，以及

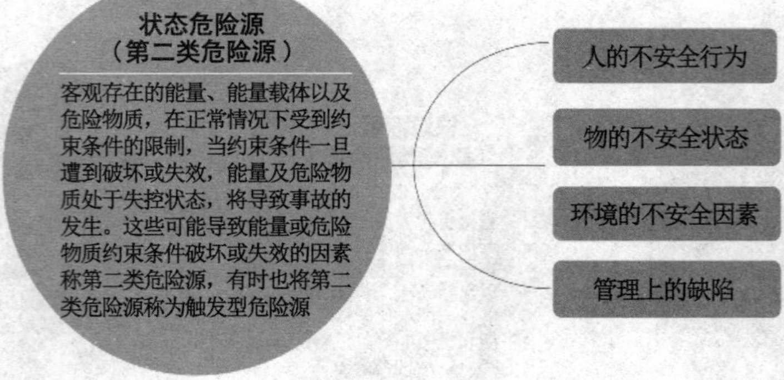

图 7-17　第二类危险源

在特定部位、设施、场所和区域实施的伴随风险的作业过程，或以上两者的组合。例如，炸药、瓦斯、顶板、运转的设备等是危险源，炸药库、工作面、设备运转区域等场所和区域是风险点；在罐区进行倒罐作业、防火区域内进行动火作业等也是风险点。对于风险点的划分，应按工作流程的阶段、场所、装置、设施、作业活动或上述几种方式的结合进行风险点排查，并建立风险点清单。风险点清单＝作业活动清单＋设备设施清单，如图 7-18 所示。

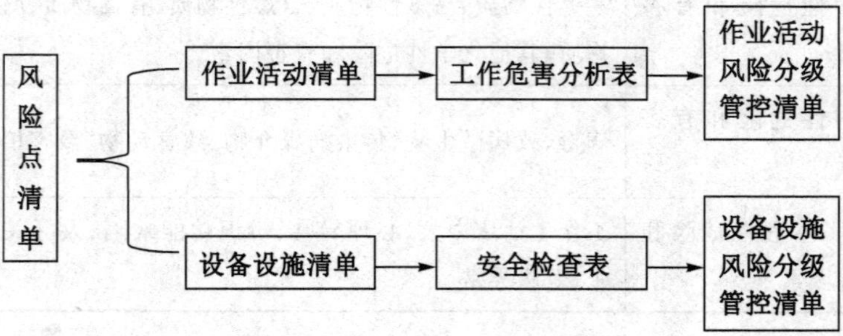

图 7-18　建立风险点清单

3. 划分风险等级

根据风险等级划分原则，对辨识出来的危险逐一进行风险评价，列出风险清单，制定管控措施，并将管控责任根据管理机构机制情况、岗位职责和风险程度高低责任到岗、到人。上一级负责管控的风险，下一级必须同时负责管控，并逐级落实具体措施。对每位员工进行岗位风险告知、培训，制作“岗位风险告知及应急处置卡”并发放至每位岗位员工。对岗位存在的风险，要在醒目的位置进行公示。

对排查出来的风险点进行分级。先确定风险类别（泄漏、火灾、爆炸、中毒、坍塌、坠落等危险因素和高温、粉尘、有毒物质等有害因素），然后按照危险程度及可能造成后果的严重性，将风险分为一、二、三、四 4 级。

风险分级标准如图 7-19 所示。

一级风险	**指该风险点一旦发生事故，可能导致较大以上事故，即指能造成3人以上死亡或者10人以上重伤，或者1 000万元以上直接经济损失的事故。**
二级风险	**指该风险点一旦发生事故，可能导致一般事故，即指能造成3人以下死亡，或者10人以下重伤，或者1 000万元以下直接经济损失的事故。**
三级风险	**指该风险点一旦发生事故，可能导致轻伤事故（包括急性工业中毒,下同），或轻微经济损失。**
四级风险	**指该风险点一旦发生事故，可能导致不损失工作的伤害。**

图 7-19　风险分级标准

4. 明确风险管控措施

风险管控措施包括但不限于以下内容：建立完善安全管理规章制度和安全操作规程，并采取有效措施保证其得到执行；建立健全安全监测体系，并保证其有效性和可靠性；明确关键装置、重点部位的责任人和责任部门，并定期对安全生产状态进行检查，及时消除事故隐患；在工作场所或岗位设置明显的安全风险告知卡和警示标志；以岗位风险、防控措施和应急处置方法为重点，强化员工风险教育和技能培训。

根据风险分析的结果，制订风险管理计划，包括风险类型、等级、应对策略、责任人、时间表和资源需求等。风险控制措施的原则是按以下顺序考虑降低风险：① 消除；② 替代；③ 隔离；④ 工程技术控制措施；⑤ 标志、警告；⑥ 管理控制措施；⑦ 个体防护装备。

风险管控表如表 7-3 所示。

表 7-3　风险管控表

序号	风险点	第一类危险源	第二类危险源	可能发生事故类型	事故风险等级	管控措施及落实时间	所需资源	责任人

负责人：　　审核人：　　制表人：　　日期：　年　月　日

5. 公告警示风险

制作风险警示牌、风险告知卡，明确标识风险名称、等级、控制措施等信息，张贴在显眼位置或下发给员工。

6. 排查治理隐患

定期开展隐患排查工作，包括日常巡查、专项检查等。排查内容包括设备设施、作业环境、人员操作等方面。对排查出的隐患及时进行整改，采取有效措施消除隐患，确保生产安全。对于不能立即整改的隐患，应制定整改方案，并加强监测与预警。隐患整改完成后，应进行验收，确保整改效果。建立隐患排查治理档案，实现闭环管理，防止类似隐患再次出现。

隐患治理要满足以下要求：在识别和评估安全风险的基础上，对排查出的安全隐患进行及时、有效的治理，以防止其演变成安全事故。

四、做好危险作业的管理

班组长应特别注意，进行爆破作业、吊装作业、高处作业、有限（受限）空间作业、临近油气输送管道作业、临近高压输电线路作业、建筑物和构筑物拆除作业、大型检修作业，以及涉及危险物品的场所动火和临时用电等危险作业时，应当执行有关危险作业管理制度，并遵守下列规定：

（1）对作业安全风险进行评估，确认现场作业条件符合安全作业要求。

（2）根据安全风险明确安全防范措施和现场应急处置措施。

（3）确认作业人员的上岗资格，以及劳动防护用品的配备、使用符合安全作业要求。

（4）配备相应的安全设施和应急救援器材，设置作业现场的安全区域，确定专人现场统一指挥和监督。

（5）在危险作业前向作业人员告知危险因素、作业安全要求和现场应急处置措施，并经双方现场签字确认。

（6）发现直接危及人身安全的紧急情况时，按照现场应急处置措施停止作业、撤出人员。

（7）实现危险作业申请、预约、审查、安全条件确认、许可、监护、验收全流程管理。

五、做好应急管理及应急演练

应急管理是指政府、企业以及其他公共组织，为了保护公众生命财产安全，维护公共安全、环境安全和社会秩序，在突发事件事前、事发、事中、事后所进行的预防、响应、处置、恢复等活动的总称。

应急管理的特征可以概括为以下三点：

(1) 应急管理贯穿于突发事件的事前、事发、事中、事后的全过程。

(2) 应急管理是事前、事后的管理和事发、事中的应急的有机统一。

(3) 应急管理不是"应急的"管理，而是管理的"应急"。

班组应从以下几方面做好应急管理工作：

(1) 制定全面的应急预案。应急预案的目的：一是在突发事件发生后迅速有效控制和处理，尽力减轻突发事件对社会的影响；二是采取预防措施使突发事件控制在局部，消除蔓延条件，防止突发性重大或连锁事件发生。

班组根据实际情况和可能面临的风险，制定全面的应急预案，明确应急组织、应急流程、资源调配和使用等方面的要求。现场处置方案要重点规范事故风险描述、应急工作职责、应急处置措施和注意事项，应体现自救互救、信息报告和先期处置的特点。

(2) 组织培训。对班组成员进行应急预案的培训，确保每个成员都了解自己在应急响应中的角色和职责。

(3) 定期组织应急演练。模拟突发事件的发生，让班组成员熟悉应急流程和操作，提高应急响应能力。通过应急演练实现检验预案、锻炼队伍、磨合机制、宣传教育、完善准备的目的。

应急演练应遵循以下原则：① 符合相关规定，即按照国家相关法律法规、标准及有关规定组织开展演练；② 依据预案演练，即结合生产面临的风险及事故特点，依据应急预案组织开展演练；③ 注重能力提高，即突出以提高指挥协调能力、应急处置能力和应急准备能力组织开展演练；④ 确保安全有序，即在保证参演人员、设备设施及演练场所安全的条件下组织开展演练。

应急演练实施基本流程包括计划、准备、实施、评估总结、持续改进五个阶段。

（4）应急预案评估。通过演练，对应急预案和演练过程进行评估，总结经验教训，发现问题并及时改进。评估主要内容包括：演练的执行情况，应急预案的实用性和可操作性，指挥协调和应急联动机制运行情况，应急人员的处置情况，演练所用设备装备的适用性，对完善应急预案、应急准备、应急机制、应急措施等方面的意见和建议等。

班组应当建立应急预案定期评估制度，对预案内容的针对性和实用性进行分析，并对应急预案是否需要修订作出结论。

应急预案定期评估是应急预案管理工作的重要环节。通过评估，可以检验预案的针对性、实用性和可操作性，实现应急预案的动态优化和科学规范管理。

（5）完善应急预案。根据演练评估结果，提出对现有应急预案的改进建议，不断完善应急预案。

（6）修订应急预案。有下列情形之一的，应当及时修订相关预案：

① 制定预案所依据的法律、法规、规章、标准发生重大变化；

② 应急指挥机构及其职责发生调整；

③ 安全生产面临的风险发生重大变化；

④ 重要应急资源发生重大变化；

⑤ 在预案演练或者应急救援中发现需要修订预案的重大问题；

⑥ 其他应当修订的情形。

班组应急管理及应急演练的主要工作如图 7-20 所示。

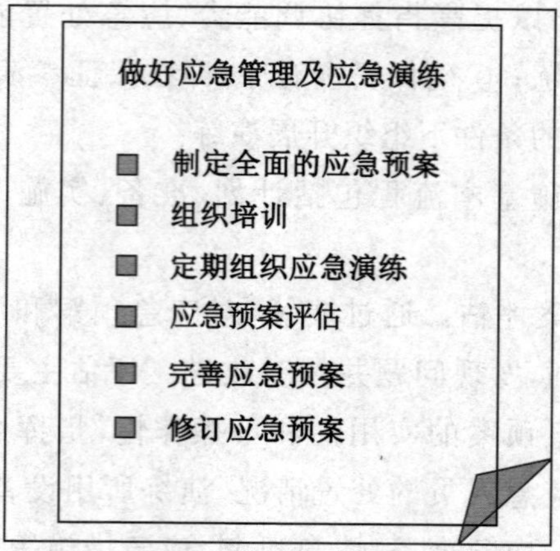

图 7-20　班组应急管理及应急演练的主要工作

第八章　煤矿优秀班组建设经验选编

第一节　白国周班组管理法

中国平煤神马集团七矿开拓四队白国周班组 2009—2014 年，职工人数一般保持在 16～19 人，平均年龄 35～38 岁，大专学历 2 人，担负着矿井开拓进尺任务。白国周班组在班组长白国周的带领下，先后获得集团先进班组、全国“五一劳动奖章”等荣誉称号。班组长白国周先后荣获全国“五一劳动奖章”、全国“劳动模范”、“中华技能大奖”等荣誉。以白国周命名的“白国周班组管理法”得到党和国家多位领导人的称赞，原国家安全生产监督管理总局、国务院国有资产监督管理委员会等国家五部委联合下文，要求全国煤矿企业可推广使用。

一、白国周班组管理法的精髓是用心干事、爱心待人和恒心坚持

白国周班组管理法的精髓是用心做事、爱心待人、恒心坚持，体现出了极为强烈的领导者人格魅力和团队氛围。

(1) 用心做事。白国周是一名煤矿井下的普通班组长、一名只有初中学历的农民工，但他却在工作中始终做到用心学习、用心工作、用心思考、用心总结，探索并总结出了“六个三”管理法，解决了长期困扰煤矿现场安全管理的“大难题”。

(2) 爱心待人。白国周始终坚持以人为本、善念待人的工作理念，及时给予困难工友无私的关怀和帮助。他创造的“三必谈”“六个三”等理念，以爱心待人的主旋律丰富着白国周班组管理法的内

容，使他成为做思想政治工作的行家里手，成为全班人的老大哥、主心骨，照亮了别人，成就了自己。

(3) 恒心坚持。白国周在班组管理上，始终坚持做到“六个三”，把实现安全生产和班组和谐作为积德行善的永恒追求。这是白国周班组管理法得以弘扬的基础。多年来，他把枯燥、单调的事情做得有声有色，在平凡的工作中创造了煤矿班组安全管理的奇迹。

白国周班组管理法简单、易学，拿来管用，关键在用心、爱心、恒心(简称“三心”)，这是白国周班组管理法的灵魂，而“严细实”的工作作风则是该管理法落地生效的根本保障。如果说，“六个三”是白国周班组管理体系中的一种方法，那么，“三心”和“严细实”就是“六个三”的统帅，起到了倍数、叠加和放大效应。这三者构成了白国周班组管理法的完整体系。

二、白国周班组管理法的实用方法是“六个三”

白国周班组坚持采用以“六个三”为主要内容的班组管理法，其主要内容包括三勤、三细、三到位、三不少、三必谈、三提高。

(一) 三勤：勤动脑、勤汇报、勤沟通

勤动脑：勤于思考，总结规律，擅于寻找解决办法，以便在出现安全问题时，能够迅速处理，避免事态恶化。

勤汇报：对生产过程中发现的隐患和问题，及时向领导汇报，以便领导及时了解情况，迅速采取应对处置办法。

勤沟通：经常与队领导沟通，了解队里的措施要求；与上一班和下一班的班组长沟通，了解施工进度和施工过程中出现的问题；与工友沟通，了解和掌握工友工作和生活情况，及时化解可能对生产安全构成危险的影响因素。

(二) 三细：心细、安排工作细、抓工程质量细

心细：从开班前会开始，针对当班出勤状况，分析岗位人员配置，做到心中有数，尤其仔细观察特殊岗位人员的精神状态。

安排工作细：认真考虑，量才使用，发挥长处，提高效率，减少个人因素可能带来的隐患。

抓工程质量细：严格按照施工要求、操作规程和安全技术措施施工，严把工程质量关。

（三）“三到位”：布置工作到位、检查工作到位、隐患处理到位

布置工作到位：交代清楚工作任务、安全措施、上班遗留的问题等。

检查工作到位：对每个环节、每个设施设备都及时检查，不放过任何一个潜在的隐患点。

隐患处理到位：对于隐患和问题，能处理的及时处理掉，当时处理不了的就采取措施，指令人员处理。

（四）“三不少”：班前检查不能少、班中排查不能少、班后复查不能少

班前检查不能少：接班前对工作环境及各个环节、设备依次认真检查，排查现场隐患，确认上班遗留问题，指定专人整改。

班中排查不能少：坚持每班对各个工作点进行巡回排查，重点排查在岗职工精神状况、班前隐患整改情况和生产过程中的动态隐患。

班后复查不能少：当班结束后，对安排的工作进行详细复查，重点复查工程质量和隐患整改情况，发现问题及时处理，处理不了的现场交接清楚，并及时汇报。

（五）“三必谈”：发现情绪不正常的人必谈、对受到批评的人必谈、每月必须召开一次谈心会

发现情绪不正常的人必谈：注重观察工友在工作中的思想情绪，有问题及时交流，弄清原因，因势利导，消除不良情绪，提高安全生产注意力。

对受到批评的人必谈：对受到批评或处罚的人，单独与其谈心，

讲明原因,消除抵触情绪。

每月必须召开一次谈心会:每月至少召开一次谈心会,工友聚在一起,谈安全工作经验,反思存在的问题和不足,互学互帮、共同提高。

(六)"三提高":提高安全意识、提高岗位技能、提高团队凝聚力和战斗力

提高安全意识:引导职工牢固树立"安全第一"理念,通过各种方式教导工友时刻绷紧"安全"这根弦,时刻把安全放在心上,坚决做到不安全不生产。

提高岗位技能:经常和工友一起学习、研究各工种的工作原理和操作技术,讨论生产和现场管理中出现的问题,提高业务水平和综合素质。

提高团队凝聚力和战斗力:充分调动工友积极性,耐心指导,不让任何一名班组成员掉队,要求大家做文明人、行文明事。

三、白国周班组的"五种信念"是激励班组成员的行动指南

白国周班组管理法虽然是一种方法,但其内在却潜藏着令人折服的精神光芒,有着鲜明的时代特点和精神追求。

(1) 坚决做到不安全不生产。白国周说安全第一,可不仅是嘴上说说而已,在实践中他确实就是这么做的。他上班的第一天就给自己立下了一个誓言:"我这一辈子绝不违章"。22 年的工作实践中,他不仅自己没有一次违章,而且还主动帮助工友增加安全意识。有一次,他的工友祁某上午在老家收完麦子,下午就急匆匆地赶回了矿上,为了拿到保勤奖,他准备上 4 点的班。开班前会时,白国周发现他连打哈欠,精神疲倦,一问才知道他刚从老家赶回,当时就决定让他马上回家休息,这个班决不允许他上。在安全管理上,白国周更是严格执行标准。一次班后复查,白国周发现一根锚杆打得不合格,要求返工,需要到附近的三分队去借工具,来回需要半个多小

时。工友劝他，一根锚杆也坏不了多大事，而且喷进去后谁也看不到，就别再费事了。白国周说正是因为看不到，产生的安全隐患才更可怕。不得已，工友只得借了工具重新打锚杆，直到达到要求才升井。

(2) 生产过程中注重质量，盯住细节。白国周说:“质量是企业的生命，同样也是安全的保证，质量搞不好就不可能搞好安全。”他带领团队在施工过程中，始终坚持追求最优的质量等级，22 年来他所在班组掘进、维修井下巷道近万米，工程质量全部达到了优良标准。不仅保证了安全，而且提高了效益，增加了职工的收入。他和他的工友确确实实尝到了质量优良所带来的甜头。盯住细节和勤于检查是白国周同志现场管理的又一重要手段。每天开完班前会到达井下现场后，从风门、绞车、轨道、耙斗机到工作面他都依次认真检查一遍，不放过任何一个细节。有一次，他发现绞车一边的滚筒处两根螺丝松动，就把问题写在一旁较为醒目的位置，要求绞车司机到位后及时与小班机电工联系，问题不处理坚决不能开动绞车。一个班结束后，他还要进行详细的复查，能处理的及时处理，不能处理就做到口传口、手交手，进行严格的交接班。多年来，在白国周科学严谨的管理下，许多隐患都被消灭在萌芽状态，安全生产的各项规章制度得到了很好的贯彻落实。

(3) 共同成长。白国周同志非常注重自身的学习和素质的提高。他从一个仅有初中文化的农民工起步，通过自学和实践锻炼，系统地掌握了绞车、电车、耙斗机等 10 多种设备的工作原理和操作要领，一个人拿到了 5 个特殊工种的上岗证，成为知识型、安全型、技能型、创新型的新时期产业工人优秀代表，先后多次获得中平能化集团“技术状元”“首席技工”等光荣称号，2009 年 4 月获得了全国“五一劳动奖章”。同时，他还带领班组员工共同学习进步，通过言传身教、签订特殊师徒合同等多种办法帮助工友学习本领、提高技能，把许多工友都培养成了技术骨干。现在白国周的班组共有15名矿工，个个都是一把好手。几年来，在公司组织的技术比武中，该班组有7人次夺得前三名。班组的开拓进尺、安全质量、成本效益等多项指标始终处于公司前列。白国周班组多次被公司评为“和谐班组”和“先进班组”。

（4）把每个工友都当成亲兄弟。白国周同志常说：“把每个工友都当成亲兄弟，这个班就一定能搞好”，“把大家的方法凑到一块儿，就是最好的方法”。他坚持公正透明的工资分配办法，激励工友的劳动热情，坚持亲情管理，维护班组的和谐团结，在班组管理中产生了重要作用。每月大家倒松班的时候，白国周都要组织班组的工友们一起聚会，谈工作、聊家庭，气氛十分融洽。通过聊天，白国周对班组每一名职工的家庭住址、家庭成员等情况都有了详细了解，甚至连工友家人的生日他都能记住。逢年过节，他都要组织班组职工一起聚会；还经常组织为工友们及其家人过生日。班里谁家有人生病，大家都主动去探望。哪个工友有怨气，白国周就主动找他谈心，晓之以理，动之以情。长期的交往使全班组十几个小家庭形成了一个和谐温暖的大家庭。多年来，白国周班组的工友们像亲兄弟一样抱成团儿，心往一处想，劲往一处使，生活上互相关心、工作上互相帮助，不仅每月都圆满完成了生产任务，而且还结下了深厚的友谊。

（5）专注而执着。白国周对煤矿因了解而热爱，因热爱而执着，因执着而尽责，这是他22年始终如一、不懈追求的动力源泉。开拓四队党支部书记石峰说：“白国周并没有因为是农民工就不把自己当主人看，而是深深地爱着自己的岗位，像爱护自己的家一样守护着矿山的安全”。做一件事并不难，难的是20多年持之以恒。白国周坚持“三勤”“三细”跑现场，“三到位”抓落实，“三不少”查隐患，“三必谈”聚亲情，“三提高”塑团队，持之以恒地学技术、提技能，把枯燥、单调的事情做得有声有色，在平凡的工作中创造了煤矿班组安全管理的奇迹。

四、白国周班组管理法既是工作方法、工作作风，更是工作态度

白国周班组管理法既是一种工作方法，也是一种工作作风，更是一种工作态度。是有效实用的管理方法与精神特点的有机结合，既体现了“严细实”的工作作风，又体现了用心做事、爱心待人、恒心坚持的工作态度。

（一）白国周班组管理法是一种有效的工作方法

白国周同志通过多年的实践证明，“六个三”在加强班组建设、发挥班组职能作用、强化班组现场安全管理等方面具有重要的作用。白国周同志运用这套方法，不仅实现了自己所带班组 20 多年安全无事故，而且融合了班组职工的感情，提升了班组职工的素质，化解了班组职工的思想矛盾，使整个班组始终保持为一个安全稳定、团结互助、亲善和睦的大家庭。从白国周班组里走出的 13 名班组长，运用同样的方法也取得了同样的效果。

实践证明，白国周班组管理法之所以能创下那么好的“安全纪录”，很重要的一点就在于该方法通俗易懂、便于操作。白国周 20 多年来，通过运用“六个三”中的“三勤”“三细”“三到位”工作法，在煤矿现场工作的标准上，把烦琐的作业标准化、制度化，让安全生产的观念植根于每一个职工的心中，让安全生产的要求体现在每个职工的具体行动上；通过“三不少”“三必谈”“三提高”等办法，从道理上和情感上把抽象的要求具体化，从而使安全生产变成每一个职工的自觉行动。

（二）白国周班组管理法是一种“严细实”的工作作风

白国周同志的“六个三”实质上是对工作的从严要求，是一种“严细实”工作作风的体现。白国周参加工作以来，始终坚持对工作要求严、要求细、要求实，在任何时候都遵守“安全第一”的理念，都把安全生产放在第一位。他严格执行规章制度，做到规章制度面前人人平等。工作中不仅自己不违章，也不允许违章发生在自己的监控范围。他严格隐患排查，在工作中始终做到“三不少”“三细”，并对查出的各种隐患严格落实“五个到位”；“三细”体现了他做事的细致程度。每天开完班前会到达井下后，他都认真检查所需的每一件物品，一个班结束后，还要详细复查，进行严格的交接班，把许多隐患消灭在萌芽状态，22 年来他带领的团队所施工的工程质量全部达到了优良。

（三）白国周班组管理法是一种务实的工作态度

白国周班组管理法是白国周同志 20 多年来一种务实的工作态度，主要体现在他用心做事、爱心待人、恒心坚持方面。

用心做事。“认真做事能把事做完，用心做事能把事做好”。凡事用心就不难。白国周同志不是学者，不是专家，也不是工程技术人员，他只是一名煤矿井下的普通班组长，一名只有初中学历的农民工。但他却在工作中始终做到用心学习、用心工作、用心思考、用心总结，探索并总结了“六个三”管理法。他的工作方法看似简单，却解决了长期困扰煤矿现场安全管理的“大难题”。白国周同志认为，凡事都要三思而后行，干工作就要把工作干好，必须认真对待，用心去做，讲究工作方法，全身心地投入，只有这样才能把工作做到位。20 多年来，白国周同志始终这样要求自己，并身体力行地去践行。

爱心待人。多年来，白国周同志始终坚持以人为本、善念待人的工作理念，他关心企业、关心工友、关心家人。每当工友有困难的时候，他总是及时出现，给予无私的关怀和帮助。他创造的“三必谈”，诠释了以人为本的理念，也使他成为做思想政治工作的行家里手，成为全班组工友的老大哥、主心骨。在白国周班组管理法的内容里，始终高扬着爱心待人的主旋律。“六个三”管理法把对工友的爱、对工友家人的责任，以及工友的生命安全放在突出的位置。

恒心坚持：俗话说，做一件好事容易，难的是，一辈子做好事。白国周在班组管理上，坚持把实现安全生产和班组和谐作为一种积德行善的追求，22 年持之以恒、尽职尽责、无怨无悔，这是白国周班组管理法得以弘扬的基础。在班组管理上，白国周始终坚持做到"六个三"，20 多年来，他把枯燥、单调、重复的事情做得有声有色，在平凡的工作中创造了煤矿班组安全管理的奇迹。

白国周班组管理法简单、易学，拿来管用，关键在用心、在爱心、在恒心，在"严细实"的工作作风。没有用心、爱心、恒心的工作态度，白国周班组管理法就失去了灵魂，就是一纸空文；没有"严细实"的工作作风，白国周班组管理法就很难得到有效的落实。多年来，企业探索制定了不少有效的制度，关键在于落实不够、执行不力。白国周同志 22 年始终坚持用"三心"治理班组、管理安全、对待工作、融合团队，打造出了一支技术过硬的班组。如果说，"六个三"是白国周班组管理体系里的一种方法，那么，"三心"和"严细实"则对"六个三"起着统帅的作用。"六个三"中每种方法都体现了"三心"的工作态度和"严细实"的工作作风。"三心"的工作态度和"严细实"的工作作风在"六个三"中起到了倍数效应、叠加效应和放大效应，是对白国周班组管理法"六个三"功能的放大。"六个三""严细实"和"三心"构成了白国周班组管理法的完整体系。

第二节　"人人都是班组长"全员自主管理班组模式

"人人都是班组长"全员自主管理班组模式由中煤大同能源有限责任公司塔山矿提出并组织实施。

一、建立一个轮值体系中心，打通全员管理路径，构建班组全员自主管理体制

设立由一名轮值班组长和分别负责安全、学习、和谐、士气的四名轮值委员组成的轮值班委会。四名轮值班委一起辅助正式班组长管理班组，人数较多的班组增设由轮值班委领导的轮值管理小组，全班组成员按一定周期轮流任职轮值班组长和轮值班委。班组轮值管理体制依托班组长、轮值班组长、轮值班委三方，打通了从依靠个人管理到依靠全员管理的路径，构建形成了以“三有三无”为核心的班组自主安全管理体系。在轮值过程中，班组成员通过体验班组长角色，都有了参与班组管理的平台和机会，最大限度地激发了每位员工的内在动力，实现了由被管理者向管理者的角色转变，充分提高了管理和运作效能。

二、搭建三大班组管理平台，完善班组全员管理载体，推动班组基础管理水平提升

为逐步实现“人人都是班组长”全员管理，保证人人参与轮值管理，打造班组管理平台是必要的条件，按照班组人员素质和管理状况，可先建立三个平台：例会平台——区分班前、班后会作用与重点，规范流程、丰富内容，不断提升班组例会的质量和价值；案例平台——发动全员编写、讲述案例，提高员工管理参与度，增强其对问题的敏感性和安全意识；看板平台——将看板更新周期与实际管理行为周期结合，与轮值人员职责结合，多载体设计、多形式展示，以达到时时提醒、时时对标、时时激励的效果。在条件成熟时，逐步建立其他平台，达到充分发挥各载体的作用。

三、以“三标三控”为抓手，企业安全生产标准化落地到班组、落地到现场

为实现企业全员、全方位、全过程安全管理目标，把企业、行业安全生产标准化体系落地到班组、落地到现场，以“一岗一标＋一人一控、一事一标＋一事一控、动态达标＋班组联控”为抓手，通过对“现岗、现人、现事”的管控，将安全生产管理责任的具体要求落地到“每岗、每人、每事、每班”，实现岗位操作达标、班组作业达标及现场动态达标，为企业安全生产强本固基。

四、打造五大组织赋能技术，增强班组团队建设

（一）教练赋能

让员工遇到最好的自己。在“人人都是班组长”全员自主管理班组模式中，班组长管理角色、管理风格发生转变，由“工头”变成了“教练”，工作中发现每一位员工的特点、特长，帮助每一位员工成长，完成对员工的专业技能、安全绩效赋能，激发员工的工作热情和工作潜能。促进了员工间关系再造，提升了员工的技能水平和对班组建设的整体认知水平。

（二）文化赋能

打造班组命运共同体。当一个班组无愿景、无使命、无宗旨、无目标、无共同遵守的原则、无群体意识时，易被外在负能量干扰，造成员工情绪不稳定、班组安全工作无根基的状态。文化赋能是通过对照信念、对照目标、对照标杆等方式让人时刻唤醒内心，排除干扰，激发热情的一种内省机制。各班组应结合本班组的工作目标、工作要求、工作特点，制定本班组特色的文化理念，通过开展人人都讲一小课、人人都讲一案例、人人担当一责任、人人都做一分享、人人都做一创新、人人都有一绝活等立标、对标、超标、创标相关活动，以多种方式宣传落实，并形成文字材料留存。促进班组全员反思、高效反馈，最终建立了自组织、自驱动、自修复、自涌现、自赋能的新型民主管理班组。

（三）关系赋能

实现班组一家亲。人不仅仅是“经济人”，还是“社会人”，都渴望建立良好的人际关系，渴望被尊重、被重视。关系赋能致力打造一个让每个人被关注、被发现、被激励、被尊重、被爱戴的管理环境，开展员工沟通“六必访、七必谈”“早接班、早安全、早回家”等活动营造一个互敬、互帮、互促的良好人际关系氛围，化解劳资关系、干群

关系、人与组织的关系冲突，让人在团队中感受到安全感、温暖感、归属感，有效稳定员工情绪，改善员工积极性，最终实现班组一家亲。

（四）制度赋能

制度赋能是指在公司、部门制度的统一要求下，依据合理、特定的流程，由班组全员讨论的方式制定班组制度，凡是班组职权范围之内的，皆可采用制度公约化的方式，经全员签字确认，确保制度的全面性和可执行性，将班组的各项制度内化于心、外化于行，形成员工全员参与、推动全员自主管理的组织行为。

（五）活力赋能

活力赋能是指通过自主分配、赛场、活动、娱乐、游戏、可视化管理等方式激活场域中的活力因素，使人们放松自我，解放思想。比如，为员工搭建赛场，开展赛安全、赛创新、赛节约、赛技术、赛学习等活动，争做班组的安全之星、质量之星、学习之星、创新之星。活力赋能充分调动了班组成员的干劲，提升了班组整体战斗力，加强了班组成员之间的互动，激发了班组的精气神。

五、施行七大人本机制，激活员工潜能，改善员工心智模式

这七大机制分别是活力机制、轮值机制、赛马机制、分享机制、评议机制、荣誉机制、连锁机制。

（一）活力机制

活力机制就是营造一种氛围，塑造一种环境，激发员工潜能，调动员工积极性，缓解员工工作压力，提高团队的战斗力，打造和谐团队。

班组的活力机制建设关系到班组建设的成败，关系到班组管理的效能，是新班组建设与发展必不可少的关键驱动力。

1. 构建活力机制的作用

（1）提振士气。活力机制有助于调动班组成员的士气和干劲，提升班组整体战斗力。

（2）缓解压力。活力机制加强了班组成员之间的互动，为每天繁重的劳动增添了乐趣，可以让班组成员释放激情，缓解情绪，高高兴兴上班，快快乐乐下班。

（3）激发潜能。活力机制可以提升每个班组成员的精气神，激发班组团队潜能。

2. 活力机制的操作原则

（1）人人参与。班组每个成员都应参与班组调情活动，在展现自己的同时也给班组成员带来快乐。

（2）形式多样。活力内容和方式不必拘泥于形式，可由班组成员根据自己的兴趣爱好自由发挥。

3. 活力机制的实践应用

（1）班会活力仪式：通过班前/班后会"调情"活动，如讲笑话、讲故事、唱歌、喊口号等方式提升班组的活力。

（2）班组集体活动：通过开展班组集体活动，如体育活动、娱乐活动、聚餐活动、拓展活动、郊游活动等，增强团队士气和活力。

4. 活力机制的常见误区提示

（1）活力机制在运用过程中，有可能会出现僵化运用的情况，如活力"调情"的内容太固定，天天重复，失去新鲜感。

（2）活力机制引导班组成员形成积极向上的价值观和团队文化，如果对活力机制理解不到位，可能会因活力内容较为低俗而产生负面影响。

（二）轮值机制

轮值机制即在一定周期内赋予班组成员特定的责任和权利，使其在相关岗位上承担责任、行使权利、履行义务。员工参与轮值管理，是全员管理思想的延伸和具体体现，也是现代企业管理中正在探索和实践的新型管理模式。

轮值机制是创造性体验和责任塑造最便捷、最高效的途径，同时体现了管理中的平等、透明与民主。轮值机制的导入既能让轮值者在体验中获得经验和技能的提升，又实现了管理中的角色体验与换位思考，便于班组成员之间的相互理解及和谐氛围的营造。

1. 轮值机制的作用

(1) 换位思考。把普通班员放在班组管理者的位置上，使其了解班组管理的繁杂性和重要性，才能真正做到换位思考、提高认识、转变思想，对自身的责任和义务有更深入、更透彻、更全面的认知。

(2) 才干展示。轮值机制赋予每一个班组成员相同的、平等的机会，使其在管理者岗位上展示自己的优势和才干，便于优秀人才的选拔和培养。

(3) 锻炼提升。轮值机制培养每一个班组成员以管理者的思维和认知去解决实际问题，使班组成员的能力得到全方位锻炼，综合素质也得到不断提升。

(4) 增进和谐。轮值机制赋予每一个班组成员机会、权利、责任，使其在管理者岗位上产生内心体验和感受，便于班组成员之间形成相互理解、相互包容的和谐氛围。

2. 轮值机制的操作原则

(1) 全员参与。除部分特殊岗位因工作性质、特点不参与轮值外，其他班组成员均参与轮值管理活动。

(2) 权责明确。在轮值管理中，应明确轮值管理人员的角色分配、职责权利和责任义务，使轮值管理人员能够各尽其责，明确自身的工作目标和工作任务。

(3) 制度规范。各班组应根据自身工作性质及人员素质等实际情况，设立本班组轮值管理规范和制度，使班组轮值管理活动能够有序进行。

(4) 循序渐进。在轮值管理中，各班组应根据自身工作性质、特点及人员的素质等综合情况，对轮值管理人员进行适当放权，对轮值管理的适用范围进行适当限制，确保轮值人员能够在适度的压力和动力中得到能力的锻炼和提升。

3. 轮值机制的实践应用

(1) 轮值班长。在各班组开展“人人都是班组长”的全员轮值管理模式，让每一个班组成员体验班组长的管理角色。

(2) 轮值班委。在各班组内部，根据自身特色，开展“班委会”轮值，如轮值安全委员、轮值学习委员、轮值士气委员、轮值质量委员、轮值和谐委员等。

4. 轮值机制的常见误区提示

(1) 如果赋予轮值管理人员的权责过大，可能会有部分员工因能力素质较差而无法承担轮值过程中的责任，不能确保轮值期间的管理效果。

(2) 如果对轮值管理人员的权、责、利界定不清楚，可能会引发管理冲突，不利于班组正常生产活动的顺利进行。

(3) 如果轮值管理周期太短，可能会导致轮值只是“走过场”，起不到应有的作用；如果轮值周期太长，可能导致部分班组成员在长时间内未有轮值锻炼机会。

(三) 赛马机制

俗话说，相马不如赛马，择人不如认人。赛马机制通过搭建赛台和价值展现平台，以比赛和竞争的方式，实现对人的深度激活，发掘人的内在潜能，激发人的工作热情和进取心，促进人的自我价值实现。

赛马一方面是“赛”的过程，一方面是“练”的过程。“赛”提供了公平竞争、展示能力的机会，“练”提供了以赛代练、不断提升的平台。二者都是班组人才培养中不可或缺的环节。因此，赛马机制的本质不是为“赛”而“赛”，而是在于锻炼人、培育人、塑造人。

1. 赛马机制的作用

(1) 激发潜能。通过搭赛场、摆擂台,调动班组成员的激情和热情,激发其内在潜能。

(2) 提升技能。以“赛”促“练”,不断提升班组成员的专业知识技能和综合职业素质。

(3) 选拔人才。“赛”提供了能力展示和公平竞争的机会,是一种人才选拔的有效方式。

(4) 推动发展。“赛”强化了班组成员自我发展的动力和压力,从而推动班组整体发展。

2. 赛马机制的操作原则

(1) 在“赛”的内容上,应与班组工作特点、工作性质、工作内容等实际情况相结合,切忌与实际工作相脱节,起不到以“赛”促“练”的效果。

(2) 在“赛”的形式上,应将个人竞赛和小组竞赛相结合,在提升个人技能的基础上不断增强整个班组的战斗力和凝聚力。

(3) 在“赛”的过程中,应明确竞赛细节和评判标准,将物质激励和精神激励相结合,并将激励幅度和激励方法控制在适当可行的范围内。

3. 赛马机制的实践应用

(1) 岗位练兵。在班组内开展各种竞赛,如赛安全、赛生产、赛质量、赛创新、赛学习等,通过“赛”营造“比学赶帮超”的良性竞争环境,内强素质,外塑形象。

(2) 技术比武。在各班组内开展各类岗位技术竞赛,赛技术、赛本领、赛内功、赛绝活等,不断提升班组成员的岗位技能。

4. 赛马机制的常见误区提示

(1) 如果对赛马机制理解不当,可能会导致为“赛”而“赛”,竞赛内容和竞赛方式脱离实际工作,流于形式,缺乏实效。

（2）如果在“赛”的过程中，由于竞赛标准不明、激励措施不当，可能会引发班组成员之间、小组与小组之间、班组与班组之间的矛盾，削弱组织的凝聚力。

（四）分享机制

分享机制可以提供班组成员与他人互动、与环境互动的机会，实现班组内部思想、知识、经验、成果的交流与共享。其实质是通过信息的传递与反馈，使分享者从体验性实践中实现心理和行动上的双重提升。

1. 分享机制的作用

（1）信息传递。班组内的分享活动为班组内新思想、新知识、新技能、新经验、新动向的快速传播提供平台支持。

（2）提升能力。在分享中，通过信息的传递与反馈，使分享者个人的心理素质、沟通能力、呈现能力得到有效提升。

（3）增进和谐。在分享中，班组成员通过思想交流、智慧激荡、情感融合，使团队文化和价值观得到进一步的整合，保证了班组的和谐和融洽。

（4）价值实现。分享是一个互动交流的过程，分享者不仅从体验性实践中获得心理和行动上的双重提升，也从反馈中获得自我价值的实现。

2. 分享机制的操作原则

（1）全员参与。对于案例分享、绝活分享等，要求全员参与，每一个班组成员都应积极思考和参与分享。

（2）互动反馈。在分享过程中，应重视信息的传递和反馈，如案例分享可采用问答式、讨论式等，在互动中不断进行思想的碰撞和观点的交汇。

（3）有序实效。每一次正式的分享活动，都应确立分享主题、内容，分享时间、地点，分享参与人员等，确保分享过程的有序性和实效性。

3. 分享机制的实践应用

(1) 案例分享。案例分享是一种最有效的分享形式。通过每日案例的学习、讨论和分享，发现案例的价值点、借鉴点、启发点、改善点等，不断提升员工的安全意识、业务水平、思维能力和解决问题的能力。

(2) 绝活分享。如在班组内部、班组之间开展绝活交流会，分享好的经验、好的技术、好的方法、好的创意等。

(3) 非正式分享。如班组成员可在茶余饭后分享工作的感受和心得，在班组聚餐活动、生日聚会等非正式场合中分享生活感言和日常趣事等。

4. 分享机制的常见误区提示

(1) 如果对于分享的主题和内容没有明确的范围，会导致分享过程处于无序状态，分享就会变成一场“开开口、张张嘴、讲讲话”的无意义的闲聊，分享参与人会无所收获。

(2) 如果分享过程中缺乏必要的反馈和互动，分享就会变成分享者个人的“独角戏”，分享参与者的内心体验感不强，不利于团队思想的融合。

(五) 评议机制

评议机制是指鼓励团队成员通过一件事或一个案例进行相互学习和分享评议，交流其中的经验，借鉴成功点，发现其中的不足，避免同样的错误，从而客观认识每个人的优势和劣势，继而强化优势，弥补能力缺陷。

评议机制不同于评价机制，更不同于考核机制，评议强调的不是“评”的结果，而是“议”的过程。通过“议”有所“感”，在“感”中评议双方都获得提升和融合，是一个互为借鉴、双向互补的过程。

1. 评议机制的作用

(1) 激励鞭策。通过评议明晰每个班组成员的成绩和价值，从而激励先进、鞭策后进。

(2) 思想融合。通过对一件事或一个案例的分享评议，促进班组成员之间的思想融合。

(3) 增进信任。通过“评”和“议”，了解班组成员的所思所感，增进彼此间的信任。

(4) 优势互补。通过评议借鉴成功点、剖析不足点，从而进一步强化优势、弥补不足。

2. 评议机制的操作原则

(1) 全员参与。除非有特殊情况，所有班组成员均应参与班组任何一项评议活动。

(2) 自由开放。班组评议活动中，应鼓励所有班组成员讲真话、说实情、谈实感。

(3) 即时点评。班组评议中，应对事对人进行即时点评，及时发现问题点和改善点。

(4) 即时激励。对于班组评议中值得肯定的成绩和优点，应对当事人进行即时激励。

3. 评议机制的实践应用

(1) 工作绩效评价。如在班后会上，结合当日工作目标和工作计划的完成情况，以班组集体评议的方法开展员工工作绩效评价。

(2) 案例分享评议。如班前、班后会上，通过对具体案例的分析讨论，评议案例的价值点、借鉴点、启发点、改善点等，提升员工的思维能力和解决问题的能力。

(3) 班组之星评选。通过班组成员集体评议的方式，确立班组之星的具体名称、评星标准、评星程序、激励措施等，提升员工公平感，增强班组凝聚力。

(4) 员工之间工作互评。如班组成员可以对轮值班长、轮值班委在轮值期间的工作表现进行集体评议，分享优点，指出不足，激励其不断成长。

4. 评议机制的常见误区提示

(1) 如果班组成员对评议机制的价值和作用认识不充分、参与度不高,评议过程可能会变成班组长"一言堂",导致评议结果缺乏公正性,从而引发班组内部矛盾。

(2) 由于评议是一个自由发言的过程,可能因班组内部观点不同、意见不同、利益不同而引发班组成员之间的争议和冲突,弱化班组凝聚力。因此,在班组评议中应本着"尊重、包容、互信"的理念,确保在"评"中改进,在"议"中提升。

(六) 荣誉机制

人天生具有对荣誉以及自我实现的渴求,荣誉是人最高阶段的需求,也是激励的最高层次。荣誉机制的设立正是基于对人价值实现需求的研究和把握,对人心理动机的满足。班组建设中荣誉的赋予,能够激发人持续的能动性和自我实现感,用荣誉激励行动,用荣誉创造价值,用荣誉塑造品格,用荣誉产出绩效。

荣誉机制不同于常规的激励机制,激励侧重于对个体的引导和触发,荣誉机制则侧重于对群体的感染和影响。同时,荣誉机制强调正向激励,弱化负向刺激。

1. 荣誉机制的作用

(1) 正向激励。通过赋予荣誉,实现对班组成员的人本激活,从而起到积极的激励作用。

(2) 塑造文化。在班组内设置荣誉的过程,就是引导班组成员思维方式和行为方式的过程,也是塑造班组品格和班组文化的过程。

2. 荣誉机制的操作原则

(1) 公开原则。在优秀班组和"班组之星"评选过程中,应坚持公开的原则,杜绝暗箱操作。

(2) 公正原则。在优秀班组和“班组之星”评选过程中，应有明确的评选标准和评选规则，确保评选结果的客观性和公正性。

(3) 公平原则。每一个班组、每一个班组成员拥有同等的机会参与评选，拥有同等的权利参与评议及评选过程。

(4) 即时原则。将班组文化看板作为荣誉机制的显性载体，即时展现、即时激励、即时分享、即时传播。

3. 荣誉机制的实践应用

(1) “班组之星”评选。如根据各班组自身特点，在班组内评选每日之星、安全之星、质量之星、学习之星、创新之星、质量之星、和谐之星、快乐之星等。

(2) 以员工名字命名创新技术成果。如以某项技术创新发明者的名字命名该项技术成果。

(3) 优秀班组评选。如在各区队内开展班组评选活动，并授予优秀班组的荣誉称号。

4. 荣誉机制的常见误区提示

(1) 如果“班组之星”设置不合理，不符合班组自身的实际情况，可能导致“班组之星”评选流于形式，丧失有效的激励作用。

(2) 如果在优秀班组和“班组之星”评选时，没有明确的标准和规则，违反“三公”原则，可能导致评选结果的认可度较低，挫伤部门班组及班组成员的积极性，破坏班组和谐氛围。

(3) 如果对于优秀班组和“班组之星”的奖励措施不合理，可能会引发班组之间、班组成员之间的矛盾，削弱班组凝聚力。

(七) 连锁机制

连锁机制是“自保、互保、联保”三位一体的安全管理机制，具体指一人违章或发生安全事故，身边工作的人员共同承担责任，整个班组受损失。

连锁机制的目的是进一步提高员工的安全意识，增强全矿安全生产管理，积极消除各类安全隐患和“三违”行为。

1. 连锁机制的作用

(1) 减少安全隐患。“自保、互保、联保”三位一体的安全责任，促使班组成员增强安全意识，减少安全隐患。

(2) 增强团队意识。连锁机制通过责任共担的方式，促使班组成员之间相互提醒、相互监督、相互帮助，增强团队意识。

2. 连锁机制的操作原则

(1) 责任共担。一人违章或发生安全事故，身边工作的人员及班组管理人员共同承担连带责任，且责任界定应有明确的制度规范。

(2) 安全互保。班组成员之间有安全提醒的责任和义务，对于危险作业有安全监护的责任和义务。

3. 连锁机制的实践应用

(1) “三违”责任共担。如班组成员出现“三违”，班组长、轮值班组长、同一作业区的工友共同承担连带责任。

(2) 安全事故责任共担。班组成员发生安全事故，所有班组成员共同承担连带责任。

(3) 危险作业监护。进行危险作业时，同一作业区的工友有安全监护的责任和义务。

4. 连锁机制的常见误区提示

(1) 连锁机制的目的重在防范安全事故和“三违”行为，防止因错用连锁机制而挫伤班组成员的积极性。

(2) 连锁机制如果没有明确的制度规范，相关责任人及责任程度不明确，则起不到应有的作用。

六、推行七大保障措施，夯实班组安全建设基础，确保班组安全效果

(1) 安全文化入人心：班组安全建设、文化引领、班组员工的安全文化意识建设是安全管理的重中之重。各班组可通过全员讨论建立起班组的安全文化理念，通过班会安全宣誓、安全亲情寄语、安全演讲比赛、安全环境建设等多种方式，营造班组的安全氛围，将安全文化内化于心、外化于行。

(2) 制度健全保安全：明确班组成员的安全管理责任，制定奖惩清晰的安全管理制度，以制度保障安全。

(3) 安全技能天天学：安全建设以提升班组员工安全技能和素养为核心，为了提升基层人员的安全意识，各区队应开展“每日一题”学习，开展各岗位的经验绝活交流。从原本每天由技术员给大家讲课，转变为由大家轮值来讲课，在讲课的过程中再学习、再强化。

(4) 安全案例天天分析：安全意识怎么提高？说教太空洞，案例分析是个好方法。班前、班后会上轮值安全委员应提出安全案例，人人讲安全案例、分析安全案例。同时，将案例贴在班组的目视化看板里，许多班组成员用五颜六色的小纸条“跟帖”，发表感言，自我警示，自我教育。在近一年的时间里，仅综采区由班组员工自行编写、讨论的安全案例已经达到了600余份，班组员工安全意识大大提高。

(5) 风险预控人人参与：将风险预控管理与班前、班后会结合，风险预控每个煤矿都在抓，但是塔山煤矿风险预控的特点在于全员参与，每一条风险点都是大家集思广益、日积月累形成的。如综采区检修班组全体员工根据检修班五大工种的工作程序进行了分析，制定了风险预控管理表和管理制度。在检修过程中，有效遏制了一切可能发生的事故。检修班今年以来没有发生过一次破皮伤，得到了区队和煤矿领导的高度认可。

(6) 安全提醒人人参与：每天下井前的安全提醒、安全宣誓，应从原来的区队长、班组长组织变成由轮值班长、轮值安全委员来组织；每天上井后的安全总结、分析点评也由轮值人员来主持，变被动安全为主动安全。

（7）互保联保自主管理：充分利用连锁机制，让班组成员两人或三人签订“自保、互保、联保”责任书，形成相互监督、相互约束的自主管理小组，有效杜绝“三违”。

第三节 “四五六”班组管理新模式

国家能源集团宁夏煤业有限责任公司（以下简称宁煤公司）成立于2002年12月，是国家能源集团控股子公司，也是宁夏回族自治区龙头骨干企业，至2010年底资产总额为637亿元，煤炭生产能力超过6 000万吨，实现利润50亿元。自全国煤矿班组安全建设推进会召开以来，宁煤公司结合企业发展实际，创新求实，系统梳理总结了建企以来班组建设的好传统、好经验、好做法，并进一步解放思想，更新理念，强化执行，形成了一套“定位清晰、体系健全、载体丰富、管理到位、民主科学”的“四五六”班组建设管理新模式，整体推进了班组建设工作，收到了十分明显的效果。

一、宁煤公司“四五六”班组建设模式与特点

“四五六”班组建设管理新模式，坚持安全、工作、学习、活动“四位一体”的原则，以创建学习、安全、创新、专业、和谐“五型”班组为核心，以构建班组建设组织、制度保障、现场安全风险管控、教育培训、文化引领、考核评价六大体系为支撑，紧紧围绕科学发展、安全发展这个主题，始终把加强班组建设作为深化“双基”建设、全面加强安全生产管理的重要抓手，文化引领，持续改进，不断创新，努力将各类班组建设成为安全文明高效、培养凝聚人才、开拓进取创新、团结学习和谐的健康细胞，为职工搭建起不断提升技能素质、充分展示自身能力和抱负的平台，把班组长培养成为政治强、业务精、懂

技术、会管理和具有现代意识的基层管理者，把班组员工培育成有理想、有道德、有纪律、有文化，以及敬业、勤奋、创新、踏实、热爱本职岗位的劳动者。

（一）从战略高度定位班组建设，推行全员全过程管理

（1）班组安全管理的定位。宁煤公司班组建设始终坚持“安全高于一切，安全重于一切，安全先于一切，安全影响一切”的安全理念，以“人员无失误、系统无缺陷、设备无故障、管理无漏洞”为目标，安全管理无缝衔接、闭环相扣。公司大力推行班组成员安全动态互保联保制度，做到互相提醒、互相照顾、互相关心、互相监督、互相检查、互相保证，使班组员工真正做到不伤害自己、不伤害别人、不被别人伤害，实现班组安全生产。

（2）班组工作的定位。强化安全是第一责任，完成任务是第一要务，保质保量是第一原则，确保进度是第一目标，创造绩效是第一要义，做到事事有人管，管事凭制度，管人凭考核，奖惩看业绩，这是宁煤公司班组建设工作的根本和基石。同时，积极引入先进管理理念、先进管理方法、先进管理手段、先进信息技术，大力推进精益管理、班组核算、班组文化和团队建设。

（3）班组学习的定位。公司积极开展“创建学习型班组、争做知识型员工”活动，加大基层区队图书馆、阅览室的投入和建设，建成覆盖全员的班组学习室，做到全员学习、终身学习，工作学习化，学习工作化。

（4）班组活动的定位。践行文化、健康、文明、向上的班组活动定位。集团公司广泛开展读书竞赛、岗位练兵、技术比武、“安康杯”竞赛活动，广泛开展安全竞赛、劳动竞赛、业绩竞赛活动，“合理化建议”、班组生活会活动，小改小革、技术革新、科技攻关、修旧利废活动，以及广场文化、团队建设、体育健身活动，让员工在快乐中工作，在工作中成长。

（二）以“五型”班组创建为核心，实施全方位标杆班组工程

（1）全力打造学习型班组。随着宁煤公司生产设备、工艺、技术的不断更新，以及信息技术、计算机网络技术的广泛运用，公司班组建设不断创新管理理念、方法和手段，做到与时俱进、快速应变，在不断学习中求创新，在不断创新中做贡献，不断提升班组管理水平和管理效能，满足企业发展对班组建设的需要。按照“干什么，学什么；缺什么，补什么；练什么，精什么”的基本原则，争做一专多能、知识型、技能型、专家型的复合型人才。

（2）全力打造创新型班组。调动和激发班组员工的首创精神，激励员工自觉、自愿、自动地去发现问题、解决问题、改进方法、提高效率。通过建立攻关团队、创新小组等形式进行技术革新、专利发明等，增强员工创新意识，激发员工创新激情，提升班组管理的效能和效率。

（3）全力打造安全型班组。严格执行“三不生产”和“四不开工”原则。即不安全不生产、不文明不生产、不标准不生产；危险源辨识不清不开工、管控措施不到位不开工、作业能力达不到不开工、隐患不排除不开工。推进安全质量标准化建设，推行作业现场精细化管理，不断强化员工的标准化意识，做到上标准岗、干标准活，实现现场制度落实达标、环境安全达标、设备完好达标、操作程序达标、工程质量达标。深入推进“手指口述”和“准军事化”管理，提高各级、各岗位人员的执行力。

（4）全力打造专业型班组。宁煤公司将班组员工队伍建设纳入公司整体人才开发体系和人才强企战略。加强对班组员工职业生涯的规划，建立科学的班组岗位竞争机制和绩效考核机制。根据安全生产需求，遵循生产工艺化、对象专业化、合作效益化原则，本着有利于生产、有利于安全、有利于提高劳动效率、有利于提高经济效益、有利于管理和适应协作原则，在班组建设的目标、内容、要求、方

式方法上紧密结合实际，使每位班组员工都成为行家里手，把班组建成专家团队。

（5）全力打造和谐型班组。宁煤公司大力弘扬和传承以“特别能吃苦、特别能战斗”“厚德载物”等为核心的企业精神，努力打造符合时代特点的先进班组团队文化，用先进团队文化凝聚力量，引导班组建设。紧紧围绕建设“四有”员工队伍目标，抓好员工政治理论、企业精神和职业道德教育，开展好工会小组活动及各类有益的文体活动、社会公益活动，教育员工遵纪守法。建立班组员工家庭档案和困难员工档案，积极开展送温暖活动。及时掌握班组成员思想动态，做好谈心家访工作。随时调解班组员工纠纷，搞好班组治安防范、职业健康、劳动保护等工作，确保班组的和谐稳定。

（三）体系保障，提升班组建设的层次和水平

宁煤公司把班组建设纳入企业安全发展规划，纳入年度“五型”企业考核之中，出台了20余项班组建设管理制度，不断健全完善党政工团齐抓共管的班组建设组织体系、制度保障体系、现场安全风险管控体系、教育培训体系、文化引领体系和考核评价体系，构建了班组建设长效机制。集团公司把班组建设作为一把手工程、细胞工程、精品工程、和谐工程和企业长治久安的生命工程强力推进；各职能部门根据班组建设的总体要求，按照具体分工，负责各项推进措施的制定、检查和考核工作。各基层单位党政负责人都把班组建设作为提高核心竞争力、事关集团公司发展战略的全局性、基础性工作来考虑，纳入本单位战略发展整体规划来布置，定期召开联席会议听取班组建设工作汇报，及时发现问题、解决问题，确保班组建设工作稳步推进和班组建设水平的稳步提升。

二、宁煤公司班组安全建设的成绩与效果

（1）安全管理再创新水平。强化了班组现场危险源辨识和风险预控措施落实，员工的安全意识明显增强，安全生产工作持续平稳

发展。2009 年和 2010 年，在原煤产量不断攀升的情况下，宁煤公司连续 2 年实现了原煤生产百万吨死亡率为零的突破，2010 年还消灭了重伤以上事故，2011 年以来又消灭了轻伤以上事故。公司涌现了一批安全生产 5 000 天的煤矿和安全生产近 50 年、40 年、30 年的先进区队、优秀班组。其中，红梁公司掘进队实现连续 48 年安全生产无事故，在全国煤矿中树立了安全发展的典范。

(2) 生产效率大幅提高。通过大力开展班组劳动竞赛，2010 年原煤综合单产同比提高 18%，原煤生产劳动效率同比提高 25.8%。其中：羊场湾煤矿综采一队以日产 4.8 万 t、月产 107 万 t、季产 285 万 t，再次刷新了宁夏煤炭行业原煤日产、月产、季产纪录；枣泉煤矿综掘队全年掘进进尺突破万米大关，生产一班以单班日进尺 25 m、月进尺 520 m，创造了集团公司班组单进新水平。

(3) 员工技能素质全面提升。集团公司先后涌现出“全国巾帼标兵”“五一劳动奖章”获得者张玉梅，“中央企业技能状元”“自治区首席工人技师”马洪涛，“中央企业技术能手”梁元元等一大批杰出技术人才，有 51 人荣获“自治区技术能手”称号，119 人荣获“自治区青年岗位能手”称号；采煤机和综掘机司机 2 个工种获得神华集团技能大赛第一名。

(4) 创新创效成果显著。集团公司 2 868 个班组全面开展合理化建议、小改小革、修旧利废及“五个一”创新创效活动，形成了“钱卫循环轨道”“吴磊综掘机截割部安全保护罩”“徐建华护板”“陶玉田超前液压控制阀”等一大批以班组员工命名的技术创新成果。2010 年，全集团公司共提出合理化建议近 5 万条，完成技术革新项目 400 余项，直接创造经济效益 1.46 亿元。

(5) 特色班组建设成绩喜人。集团公司羊场湾煤矿综采一队生产一班荣获“全国煤矿优秀班组”称号，枣泉煤矿综掘队检修班荣获“全国工人先锋号班组”称号，汝箕沟矿准备队生产一班、焦煤公司综采队采煤一班等6个班组荣获全国“安康杯”优秀班组称号，涌现出全国煤矿“十佳”班组长张宁喜、全国优秀班组长盛光前等一批先进个人。

三、“宁煤经验”的重要启示

班组是企业最基本、最基础的组织，班组建设的好坏直接关系到企业的稳固和发展。宁煤公司全面推进“四五六”班组建设管理新模式，走出了一条有思路、有亮点、有特色、有成效的班组建设之路，总结该集团公司班组安全建设的经验做法，对于全国煤矿进一步搞好班组建设具有十分重要的启示。

(1) 健全完善的制度体系是推进班组建设的根本保障。宁煤公司高度重视班组建设工作，在集团公司、各基层单位均成立了班组建设领导小组，形成了党政统一领导，分管领导主要抓，工会牵头抓，其他部门各司其职、通力合作的工作机制。并在实践中提出了“基础要夯实、安全要保障、产量要上去、质量要一流、效益要提高、成本要下降、班组要和谐”的班组建设规划和目标，班组建设呈现出创建载体多样化、安全生产标准化、动态达标制度化、班组管理民主化的良好局面。

(2) 公推直选是选好班组长的民主途径。该集团公司借鉴基层党委公推直选的先进经验，引入了公推直选班组长的选举机制，把选好、用好班组长作为抓好区队班组建设和安全工作的关键，把技术过硬、作风扎实、管理严格作为合格班组长的基本条件，按照其岗位必须具备的专业技能、安全管理、成本理念、发现问题、解决问题、现场组织、协调和谐、民主意识八种能力要求，通过民主选举产生班组长。2009年，集团公司基层单位共公推直选出员工信任、大家拥护、工作能力强的1 065名班组长。2010年，全集团公司2 868个班组的3 007名班组长全部实现了公推直选，有效推动了基层民主政治建设。

(3) 有效激励是抓好班组建设的关键举措。突出正面引导,加大奖惩力度,物质上有实惠、精神上有动力,极大地调动了班组长抓安全、促生产、提效益的工作积极性和主动性。宁煤公司在政治、经济和福利待遇上对班组长给予倾斜,各单位每季度进行一次班组建设评议考核,对评出的优秀班组长给予奖励;对连续四个季度都被评为优秀班组长的,作为矿厂先进个人给予表彰;连续两年被评为矿厂先进个人的,直接进入劳模评选行列;连续两年进入劳模行列的班组长,作为矿厂的中层后备干部进行重点培养。对连续两年被评为“十佳”班组长的个人给予重奖,该举措在企业内引起了极大反响,进一步营造了争做“十佳”班组长的浓厚氛围。

(4) 持续创新是激发班组活力的不竭源泉。大力开展学习型、安全型、创新型、专业型、和谐型“五型”班组创建,引导和激励员工围绕安全生产、成本控制、精细管理、创新创效,不断提升班组建设质量。通过持续开展各矿厂之间班组建设交流观摩活动,进一步提升了认识水平,交流了经验,营造了氛围,推动了集团公司班组建设整体水平的提升。2010 年,集团公司先进班组比例达到了 51.5%,合格班组比例为 48.5%,没有不合格班组。

(5) 文化引领是推动班组建设的强大动力。以文化育人,以文化塑人,深入开展了企业文化理念宣传贯彻和安全文化渗透、亲情文化辐射、感恩文化培育等系列主题实践活动,切实增强了员工的使命感和主人翁意识,提高了员工的工作积极性和主动性。

(6) 丰富载体是推动班组建设创水平、上台阶的重要抓手。宁煤公司各煤矿区队班组牢牢把握“安全生产、成本控制、精细化管理”三大主题,生产一线班组围绕“安全、单产单进”创特色,生产辅助班组围绕“设备三率、安全运行、系统顺畅”创特色,地面班组围绕“服务一线、环境美化”创特色,煤化工班组围绕“安、稳、长、满、优”创特色。深入开展“五型”班组、安全明星班组、最佳班组、优胜班组、金牌员工、“三无一创”班组(无轻伤、无重伤、无“三违”,创本企业班组日产日进、月产月进最高水平)和“九比”劳动竞赛(比安全、比出勤、比进尺、比干劲、比质量、比产量、比节约、比效率、比开机率)、“三和一星”竞赛(和谐车间、和谐部室、和谐班组、员工之星)、“评级挂星”竞赛等活动,深化班长实战课堂、班组拓展训练等众多建设载体,取得了明显效果,集团公司班组建设呈现出百花齐放、百花争艳的工作新局面。

经过多年的实践和探索,宁煤公司建立了一整套具有宁煤特色的“四五六”班组建设管理新模式,为加强煤矿基层和基础管理,推进企业科学发展、安全发展、和谐发展发挥了重要作用,为全国煤矿班组安全建设提供了较为成熟的成功经验,具有很强的实用性、可操作性和指导性,值得有关单位学习借鉴。

第四节 打造“四好”先锋班组,激活高质量发展“新动能”

一、班组建设概况

陕西小保当矿业有限公司(以下简称公司)隶属于世界500强企业陕西煤业化工集团有限责任公司。公司井田位于榆神矿区三期规划区,按照“一公司两矿”的模式建设,一、二号煤矿核定产能分别为2 000万 t/a和1 300万 t/a,先后于2020年6月、2022年2月通过竣工验收,进入生产矿井序列。两矿井下生产系统相互独立,地面设施共用。

公司现有班组60个,班组长104名,在册员工2 020名。

为适应企业高质量发展的新形势和新要求,不断提升班组建设管理水平,公司始终把加强班组建设作为推动中心任务的着力点,以打造安全管理好、创新创效好、基础工作好、团队建设好的“四好”

先锋班组为目标，推动班组建设提档升级。所属班组先后荣获省能源化学地质系统“模范职工小家”“工人先锋号”“梦桃式”班组等荣誉称号。

二、主要工作开展情况

公司坚持把班组作为安全生产的“前沿阵地”，围绕打造“四好”班组建设目标，从制度建设、基础管理、安全管理、创新创效等方面重点发力，推动班组建设持续稳中向好。

（一）强化精细管理，打造安全班组

紧扣公司“4334”安全精细化管理模式，制定《班组安全建设实施办法》，构建“1234”班组安全网络管理体系，修订 293 个岗位安全生产责任制和“一岗一清单”，签订全员安全承诺书，制定不安全行为标准 114 条，针对班组操作人员建立全员安全联责抵押制度，参与人员 1 300 余人次，全员安全联责、联保意识有效提升。开展全员“手指口述”安全确认作业法，构建设备全生命周期管理体系，建成井下“千眼”视频智能安全监控系统，持续改善作业环境，加强职业病危害因素监测治理，按期足额发放劳保用品，提升全员体检标准。

（二）强化创新管理，打造创新班组

完善创新评价激励制度，鼓励员工立足岗位实践开展技术创新，深入开展工器具革命和全员“双创”活动进班组活动，发挥技术创新在安全生产、降本增效等方面的重要作用。2023 年以来，征集一线员工技术创新项目 233 项，新获授权实用新型专利 47 项，推广转化 16 项，累计创造经济效益 8 900 余万元，职工技术创新项目“半煤岩快掘工作面除尘系统优化设计与示范应用”“隔爆兼本安型交直流多功能可移动变电装置”等 48 项成果获得煤矿企业“五小”技术创新成果奖、陕西省企业“三新三小”创新竞赛奖等。

（三）强化基础管理，打造规范班组

根据班组特点梳理班组标准体系，建立健全相关技术作业标

准、岗位工作标准、管理标准及班组制度29个，根据班组人员情况和工作性质，按照专岗专责要求对各岗位的工作项目逐条细化，明确每个班组成员的工作职责及内容、标准，使每个班组成员都更加清楚各自所辖工作范围和业务边界，进一步规范了班组员工的工作行为，引导员工做到“上标准岗、干标准活”。对班组管理资料进行优化，分层分类8大管理项目，使班组管理工作更加清晰。

（四）强化民主管理，打造团结班组

每月定期征集职工意见，设置“董事长信箱”“工会主席直通车”等载体，引导鼓励员工围绕如何高效完成班组作业任务集思广益，建言献策，讨论和制定班组各项规章制度，民主评选和民主推荐先进模范人物，民主评议班组长工作和民主选举班组长。同时严格执行“十公开十上墙”制度，对班组员工当日的工分、工资分配情况实时公开，当月的绩效考核分配办法、考勤表、全员岗位能力评价、个人绩效系数定期公开。每月开展厂务公开专项检查，切实保障职工群众的参与权和监督权。

三、亮点做法及成效

公司坚持“服务职工、服务企业、服务生产”的班组建设理念，结合企业实际全方位、多维度推进班组建设，不断增强班组竞争力、品牌力和战斗力，让班组成为企业高质量发展和追赶超越的尖刀连。

（一）月度例会推进，解难题、学经验，激活班组竞争力

开展“先锋班组”建设行动，每月召开由一名公司主要领导牵头，所有分管领导参加的班组建设推进会暨“先锋班组”表彰会，授予“先锋班组”流动红旗，优秀班组长上台分享班组管理经验；开展现场意见征集，建立“领导现场解决、部门跟踪落实”工作机制，逐项销号反馈，保证问题整改率达95%以上。截至目前，班组推进会共征集意见表170余份，经过筛查汇总，形成55条工作意见，逐项按照“五落实”原则将问题清单变成责任清单，全面督促机关各部门严格

按照时间期限抓落实，目前丰富班中餐菜品、配置浴室饮水机、提供工衣缝补等问题已全部得到解决。根据解决情况按季度开展满意度调研，满意率均达到98%以上。

2023年至今，举办班组推进会暨班组表彰会14期，共表彰了35个班组并授予“先锋班组”流动红旗，35名先锋班组代表上台分享班组管理经验，有效促进班组之间形成“比、学、赶、帮、超”的良好氛围。2023年公司在煤炭市场整体下滑的情况下，产量同比提升10%，成本同比下降10%，持续创造出利润百亿的好水平。

（二）年度折线管理，树标杆、强品牌，提升班组品牌力

构建“三层四类”考核体系，根据全年月度班组建设考核排名，绘制班组建设管理数据折线图，并编制《班组建设工作汇编》工作手册，对连续三个月排名倒数的班组实施包保提升，对先锋品牌班组进行表彰推广，进一步提升班组建设品牌力。截至目前形成了一号煤矿掘进二队胶运检修班“‘四强化’，推动班组建设稳步发展”、一号煤矿机电运输队检车班“‘严、细、实、恒’打造先锋班组”、二号煤矿综采一队检修班“念好‘三字经’，激活班组建设‘一池春水’”、二号煤矿通风维护队监测监控班“念好班组‘安全经’，保障高质量‘发展路’”等54个独具特色的班组品牌，同时加大总结提炼班组特色亮点，利用各区队学习阵地、宣传橱窗等全面宣传，为推动公司高质量发展持续赋能聚力。

定期开展劳动竞赛，按月度对区队、班组回采工效、掘进工效、吨煤成本等七项指标进行考核，多次刷新单班产量和进尺纪录，2024年一季度向破纪录班组进行贺信表彰5次并奖励54万元。全国首套450 m超长智能综采关键技术及成套装备在二号煤矿综采一队投用，刷新中厚煤层单井单面开采纪录，获得省科技进步一等奖；全国首套2 000万t中厚煤层工作面柔性生产系统成套装备在一号煤矿综采二队建成使用，产能提升50%以上。

(三) 全员素质提升，强思想、增能力，提升班组战斗力

建立健全班组常态化学习制度，围绕思想建设，通过理论宣讲、主题阅读、演讲比赛、知识竞赛等方式，把“大学习”的课堂搬到生产一线，让新时代党的创新理论更好地走近职工身边、走进职工心里。加大“金牌班组长”培养力度，按照职位设定、资格培训、反“三违”情况等进行核查，(解)聘任班组长117名，开展公司班组长素质提升班3期103人次。同时紧扣班组技能人才需求，落实班组“师带徒”制度，利用“114种子”计划，以及周二周五学思大讲堂、班组业务小课堂、劳模创新工作室等载体开展多元立体化培训，形成“每日小课堂学、每周大讲堂学、每月岗位练兵学、每年技能比武学”闭环机制，举办4届技能大赛，人均每年业务学习时长58 h。

2023年以来，各班组653人技能操作人员职级获得纵向晋升，现有高级工以上技能人才314人，40余名高技能人才在省级及以上各类技能大赛中脱颖而出，其中获得一、二等奖的有16人次；先后有3名员工被评为“陕西省技术能手”，5名员工被评为“全国煤炭行业技能大师”。

第五节　发挥班组技术优势，打造创新型安全高效班组

“发挥班组技术优势，打造创新型安全高效班组”活动由开滦能源化工股份有限公司范各庄矿业分公司刘少辉电工班组提出并实施。

一、完善创新机制，筑牢班组建设基础

一方面，利用新媒体教育手段，实行“线上＋线下”同步学习模式，改进和丰富培训方式方法，建立“创新辅导站”，通过微信交流群、休息室学习园地等载体，面向职工征集疑难问题；开设“创新辅

导课”，组织高技能人才利用丰富多样的形式，分享创新经验、交流创新心得、推介创新成果、演示创新技法，让职工学习掌握煤矿最新技术发展动态。另一方面，根据生产实际细化月份、季度、年度创新计划，发动全员围绕关键环节开展技术攻关，破解制约生产的瓶颈；持续完善考评小组成员职责，明确考核和奖惩标准，形成“创新无处不在”的良性循环。

二、务实六项举措，彰显班组创新特色

（1）每日一题。每日班前围绕行业标准、操作规范、法律法规、专业技能等方面进行提问，对回答准确的职工予以鼓励，对回答有误或回答不出的职工进行详细解答。

（2）每周一案例。利用班前会、班组会、安全例会、职工学习日的时间，对案例进行深入细致的分析；邀请有多年工作经验的老师傅讲述自己的亲身经历或亲眼看见的安全事故，找出事故原因，提出避免类似事故的方法。

（3）每旬一课堂。选拔具有高级技师职称以及班组长为现场培训教练员开展实战演练，在工作现场手把手传授绝招绝技绝活。在此基础上，依托“刘少辉创新工作室”等资源优势，组织职工学习创新成果的创新亮点、创新思路和应用情况，引导职工树立创新就在身边、人人都可创新的意识。

（4）每月一考试。刘少辉电工班组采取理论考试和实践比武两种方式进行。理论考试内容包括岗位应知应会、安全法律法规、应急处理技巧、创新思路谋划、理论学习心得等；实践比武以现场为考试场地，车间管技人员模拟故障问题，现场考查职工处理问题的能力。对综合测评成绩排名前三、进步最快的职工予以奖励，有效激发全员学理论、练技术的积极性和主动性。

（5）每人一技改。对不同技术等级人员设定不同的创新目标，提升职工技改创新能力，定期对职工完成的创新项目进行综合评定，对立项准、思路新、方法活、效果优、价值高的创新项目，组织职工进行经验推广学习交流。

(6) 每季一评比。刘少辉电工班组制定了《班组职工技能素质评比考核办法》，每季度末最后一个月，根据职工技能等级，从理论知识掌握、现场工作实践、技改项目完成和日常表现、团队协作情况等方面，进行季度分组评比考核。

三、把准两个命脉，确保班组安全高效运转

(1) 当好职工技能提升的好导师。刘少辉总结提炼了“双四”学习法、“看、问、测、听”故障排除法、PLC培训六步法等学习方法，主编《矿井提升机电控系统工作原理及故障分析》一书，并出版社出版发行，为进一步提高职工专业素质提供了帮助。在刘少辉的言传身教下，班组职工整体技能素质显著提高。

(2) 当好技术创新工作的排头兵。刘少辉坚持以问题为导向，勇于创新、敢于探索，围绕制约矿井提升的安全生产实际问题积极开展攻关创新活动，解决一批影响安全生产的疑难问题，实现保安全、创效益的目标，研制出“矿井主提升机盘形闸空动时间检测装置”，可自主检测提升机闸瓦空动时间，且检测精度可精确到0.01 s。该装置获得国家新型实用专利。

第六节　千淘万漉煤海深处创智能，拼搏奋斗绽放最美青春

“千淘万漉煤海深处创智能，拼搏奋斗绽放最美青春”班组管理模式由陕西煤业化工集团有限责任公司红柳林矿业公司李永刚班组提出并组织实施。

一、“横纵并进”的本安型班组

李永刚班组在本安型班组创建过程中，一是牢固树立“安全第

一”的理念，充分利用每周二、周五学习时间组织全员学习各项安全操作规程、观看事故案例，使班组成员从“要我安全”到“我要安全、我会安全”转变。二是始终坚持“安全第一、预防为主、综合治理”的工作方针，强化过程控制，从细节入手，树立零违章理念，坚持教育与惩处相结合，不断健全班组安全管理制度。三是开展岗位应知应会及“红线”“三违”抽查背诵等安全活动，长期坚持入井安全确认、安全宣誓、正确穿戴劳动防护用具、班长带队集体进入工作岗位、现场排查隐患、班中巡回检查和收工集体升井等一整套自我保安、集体保安的安全管理模式。四是针对当天生产作业实际情况进行事故超前预测，指出可能影响安全的因素，并提出预防措施和要求。

二、“学以致用”的学习型班组

李永刚班组在学习型班组创建过程中，一是在班前、班后会和周二、周五学习会上组织班组成员进行思想政治理论、设备维护和操作中涉及的相关知识进行系统学习，端正思想，了解各系统的组成、设备设施的原理及构造，并对学习笔记进行月度考核。二是有针对性地开展多种培训，在智能化综采工作面建设期间，多次组织学习自动化，积极向厂家技术人员询问、讨论。培训结束后将所学技能投入生产实际中，优化和改进设备程序，大大提高了劳动效率、改善了学习效果。

三、“求索不止”的创新型班组

李永刚班组在创新型班组创建过程中，一是成立了以公司“创客能手”“创新能手”为组长的创客小组，带领班组成员大胆提建议，不断挖掘自身潜力，对实际工作中需要改进之处建言献策。二是开展班组事项创新项目和“金点子”创新竞赛，对每个可以实际应用并对井下设备维护起到积极作用的创新进行积分，分值越高，收益越大，极大地调动了职工参与创新的积极性，为企业区队带来了巨大的经济效益。

四、“薪尽火传”的技能型班组

李永刚班组虽然成立时间短，大部分都是年轻职工，但是他们的职业技能水平却没有输给轻车熟路的老工人。这正是整个班组把打造技能型班组作为工作的一项重要内容的结果。一是班组积极开展与其他班组的技能交流活动，并鼓励班组成员参与技能等级鉴定培训，提升职工的职业技能综合水平。二是班组每季度分工种开展一次职业技术比武，邀请公司的技能大师作为评委，评选出各工种之间操作技能“最优秀的员工”和“进步最大的员工”，如“金牌采煤司机”“金牌液压支架工”等。同时，通过每月开展一次的“岗位描述”和“手指口述”技能学习活动，练本领、学技能，大幅增强了班组成员在工作中力争上游的劲头。三是技术比武竞赛结束后，班组长根据每位员工在岗位技能上的强项和弱项，开展“一对一帮扶”“结对子”等活动，“三人行，必有我师”，大家在工作中通过学习别人的强项来弥补自己的弱项，形成共同进步、共同成长的员工技能培训模式。四是针对每年新入职员工操作技能不熟悉、自保意识不强的情况，在了解新员工对各岗位工种兴趣的基础上，积极开展“师带徒”活动，在实习期间对师傅和徒弟进行全过程考核，提高班组新入职员工的操作技术水平，为班组的后续技术力量培养打下了坚实的基础。

五、“人人参与”的节约型班组

要真正建立节约型班组，必须建立起长效机制。李永刚班组在节约型班组建设过程中，着眼于长效机制的建立，以“人人参与”为主线展开工作。一是分别建立了地面物资管理机制和井下物资管理机制，制定了材料管理各项规定和岗位责任制，把降低能耗、节约开支与每位班组成员的自身利益紧密结合起来，提高每位成员的节约意识。二是成立了以班组长为组长的材料管理小组，积极推行精细化管理办法，确保班组生产管理科学、安全、高效，优化工时利用，对每个工作环节和工种的任务进行认真分析研究，准确计算、定量考核，增加平行作业度，减少等待、无效劳动等浪费。三是切实做到材料节约人人参与、人人考核。建立材料台账，班组记录当天公布，每月末召开一次材料分析会，统计本月材料使用是否超支，如超支则查出原因，并调整下月材料使用安排。四是班组大力开展修旧利废活动，节约从一点一滴做起，树立“地面一张纸，井下一颗螺丝钉”的节约理念，使得材料回收率大大提高。

六、“公开透明”的和谐型班组

李永刚班组在和谐型班组创建过程中，一是对班务公开、劳动纪律、绩效考核、工资奖金分配、考核等方面都做出了明确的规定，提高班组管理的透明度、公正性和员工的满意度。二是实行民主管理，调动了职工的积极性，使班组员工增强参与意识和管理意识，自觉带着责任上岗。三是积极组织开展文体活动，大大提高了职工的幸福感。

第七节　其他优秀班组建设经验精编

一、刘金贵班“创新班组管理‘八法’打造安全高效团队”

华亭煤业集团有限责任公司新窑煤矿公司综掘一队刘金贵班组现有职工 15 人，主要承担着矿井煤巷及岩巷的掘进任务，经过多年的探索与实践，班组长刘金贵总结提炼并完善了班组管理“八法”，在实现班组安全生产、提质增效、标准化作业、员工素质提升和凝心聚力等方面发挥了巨大作用，成为华亭煤业集团有限责任公司唯一一个以人名命名的管理方法，即刘金贵班组管理法。

（一）“三三”标准整治法

“三三”标准整治法是新窑煤矿公司综掘一队区队班组管理“八法”中的首法，也是作业现场安全生产管理的主要方法，主要是指井下生产现场班组中管理人员的构成、职责以及他们之间的联动运行方式。他们之间既有分工，又有联合，既独立，又制约，环环相扣，使生产现场井然有序，达到了标准化作业和安全生产、文明生产的目的。

（二）班清控制法

班清控制法是刘金贵班组根据“日清日结”管理法理论，在“按质论价，按利计奖”核算体系基础上，以班组核算为手段，以指标层层分解，责任落实到人为保证措施，达到成本的超前控制和职工的有效激励，实现各生产要素的合理配置，确保“效益型”班组建设取得实效。

（三）“四述”标准操作法

“四述”标准操作法是刘金贵班组针对煤矿高危行业及其作业步骤复杂、环境条件多变等特点，以煤矿企业岗位标准化作业标准为重点，依据煤矿安全规程、操作规程和作业规程，按照各岗位工种精细化管理的要求，制定的涵盖班组职工现场工作全过程的标准。

（四）“五达标”质量管理法

“五达标”质量管理法是指生产现场人、机、环等各生产环节都达到安全生产标准的管理方法，也是刘金贵班组班前、班中、班后的检查验收标准。“五达标”即现场制度达标、环境安全达标、设备完好达标、操作程序达标、工程质量达标。

（五）“ABC”动态考核法

“ABC”动态考核法是指当班组长根据“A＋6S”[安全（A），整理、清洁、准时、节俭、素养、学习（6S）]员工行为考核标准，对职工各分项标准的执行情况和工作现场实际表现进行的综合评价，从源头上杜绝“跑冒滴漏”和“大料小用、弃旧用新”等浪费现象，有效控制了成本，提高了经济效益。

（六）优质高效竞赛法

优质高效竞赛法是班组工程质量、安全质量的综合考核评价体系，是刘金贵班组根据工程质量竞赛标准和安全质量标准要求，每班对职工工作质量考核评定，由班组长、质量验收员进行全面验收，根据职工的工作质量进行打分，同当天工资挂钩，并在工资分配台账上公布，提高职工安全生产意识，达到以班组安全保区队安全的目的。

多年来，刘金贵班组不断应用新装备、学习新技术，在提升支护强度和工程质量的同时，降低了劳动强度，提高了工作效率。2006 年至今，刘金贵班组工程质量优良率达到 91%，合格率达到 100%，机电设备完好率保持在 95%以上。

刘金贵班组以打造“学习型、安全型、技能型、效益型、和谐型”班组为目标，不断加强班组基础建设，创新班组管理方法，持续开展了比安全、比质量、比工效、比进尺的劳动竞赛。自 2004 年刘金贵担任班长以来，该班组圆满完成了 15 个工作面的巷道掘进任务，累计掘进巷道3 000 多米，实现连续安全生产 5 000 多天。

二、大柳塔煤矿班组建设先进经验

大柳塔煤矿班组建设先进经验体现在班组管理的方方面面，比如：对班组长的考核、班组文化建设、班组团队建设、班组安全建设等。本书重点选编几条煤矿班组管理中容易忽视的问题。

(1) 班组奖罚执行“罚款返还”激励体制。班组建设月度考核中，集体罚款额度超过 3 000 元、个人罚款额度超过 300 元，在下月检查考核中较上月每进步 1 个名次，则返还罚款额度的 20%，连续 3 个月进步的单位，则返还剩余所有罚款额度。

(2) 班组开展工作任务风险管控评价体系。班组内推行工作任务清单、作业风险问询观察等管理措施。要求班组每班作业前编写工作任务清单，井下 2 人以上小组作业前进行风险问询并对措施落实情况进行抽查考核，有效管控了工作任务中可能存在的风险。要求编制基于危险源辨识和标准作业流程的安全技术措施，增强了安全技术措施的规范性和针对性。

(3) 班组开展“特色降本增效”考核评价体系。在累计材料消耗节约5％以上的区队、班组中，根据全年经营综合得分取平均分，结合活动各个环节加减分项，由得分高低依次排名，排名前三的区队授予“降本增效示范单位”称号。其中，排名第一的单位，人均奖励500元；排名第二的单位人均奖励300元；排名第三的单位，人均奖励200元。同时，激励员工积极修旧利废，按照年初修订的“修旧利废中奖励直接兑现给修旧的员工”的原则，全年共计修旧利废89项2 831件(台)，节约资金732.64万元，奖励员工7.2万元。

第三篇　专业实战篇

第九章　掘进专业技术知识

第一节　掘进工艺与方法

一、机械化掘进与掘进工作面设备布置

1. 我国机械化掘进发展情况

煤矿巷道掘进一般采用爆破掘进和机械化掘进两种方式。近年来，机械化掘进已在我国煤矿广泛使用。随着大功率电牵引采煤机在矿山的发展与应用，使采煤工作面的推进速度大大加快。为实现采掘平衡，巷道掘进速度必须相应地跟上，这就要求必须提高掘进机械化程度。综合机械化掘进技术是采用掘进机、输送机等组成综合性配套设备，实现巷道掘进、转载、运输和支护相互配合、连续均衡机械化作业。

煤巷综合机械化掘进主要有综掘机、连续采煤机和掘锚一体机三种模式，为了提高综掘机的使用效率，在支护和装运环节进行综合配套，常用的形式有三种：综掘机＋气动锚杆钻机、综掘机＋机载锚杆钻机、综掘机＋运锚机。连续采煤机适用于井下采煤和掘进作业，能够连续地采掘煤炭，既可以用来开掘煤巷，又可以作为单独的采煤机使用。掘锚一体机由掘锚机、运输系统、通风系统、供电系统等组成，掘进割煤和锚杆支护平行作业。岩巷综合机械化掘进的设备主要有悬臂式掘进机和全断面岩巷掘进机（TBM）等。我国自主研发的 BZZ300、EBH300、EBH315、EBH350 等大功率岩巷悬臂式掘进机在技术上比较成熟，应用也比较普遍。全断面岩巷掘进机

是集机械、电子、液压、控制等技术于一体的高度机械化和自动化的大型隧道开挖衬砌成套设备，是隧道断面一次成型的大型工程机械。

近年来，国内外研制和使用巷道掘进机的机型和数量日趋增多，主要由于巷道掘进机掘进巷道与传统的钻爆法相比具有以下显著优点：

(1) 保证巷道的稳定性。因为使用巷道掘进机时，巷道的围岩不受爆破的破坏，有利于巷道的支护管理。

(2) 速度快。其平均速度比用钻爆法配合装载机提高 1～1.5 倍，劳动效率平均提高 1～2 倍，采掘成本可降低 30%～50%。快速掘进还能及时查明必要的煤田情况，并能按时准备好接替工作面。

(3) 防止岩石的冒落及瓦斯的突然涌出，有利于安全生产和通风管理。

(4) 减少巷道超挖，减少不必要的工程量。

(5) 改善劳动条件，减少繁重的体力劳动。

2. 掘进工作面的设备布置

综合机械化掘进工作面设备主要以掘进机、桥式转载机、带式输送机、局部通风机和配套风筒，以及相应的机电与监控设备组成。掘进工作面工作空间相对有限，如何有效设置装备与合理安排工序对于安全高效生产来说极为重要。新施工巷道需同时设计施工设备硐室，具体尺寸根据实际设备数量决定，设备布置要求集中化与硐室化，实现设备的网格化管理。在工作环境方面，掘进工作面对通风与防尘要求高，要求监控与检测设施完善，同时要保证安全出口畅通，超前支护距离满足安全规程的规定，设备开关与开关架布置规范。综上所述，煤矿掘进工作面设备布置是一个综合考虑安全、效率、监控等多方面因素的复杂过程。

二、掘进施工工艺

(一) 破岩(煤)作业安全操作

1. 爆破破岩(煤)

井下爆破作业是煤矿生产的一项十分重要的工序,直接影响作业人员的人身安全和煤矿的安全生产,是实现煤矿安全生产的重要环节。因此,爆破工必须严格按照爆破程序操作。

(1) 钻眼

① 炮眼的种类和作用

掘进爆破炮眼的种类按其用途和位置不同可分为掏槽眼、辅助眼和周边眼三种,炮眼具体布置如图 9-1 所示。

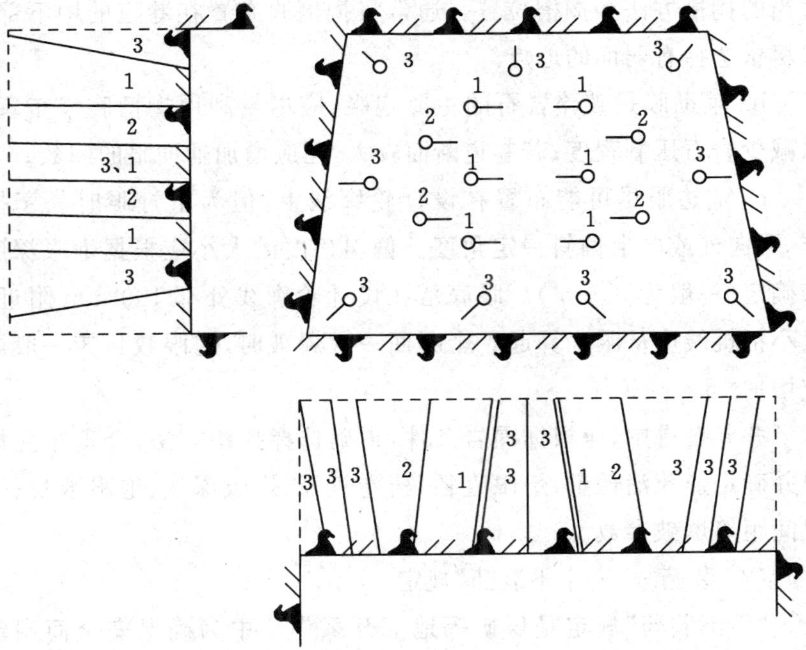

1—掏槽眼;2—辅助眼;3—周边眼。

图 9-1 掘进工作面炮眼布置图

a. 掏槽眼。掏槽眼一般布置在掘进工作面的中下部且最先起爆。它的作用主要是给辅助眼增加自由面,为辅助眼的爆破创造有利条件。

b. 辅助眼。辅助眼位于掏槽眼与周边眼之间,在掏槽眼之后起爆。它的作用是使自由面扩大,保证周边眼的爆破效果。

c. 周边眼。周边眼位于巷道的四周,包括顶眼、帮眼和底眼,最后起爆。它的作用是爆破后形成巷道轮廓,保证巷道断面形状、尺寸、方向和坡度等符合设计要求。

② 炮眼布置原则

a. 应根据工作面岩石条件和巷道断面大小布置掏槽眼,并选择适当的掏槽方法和掏槽位置。通常将掏槽眼布置在巷道的中下部,并尽量选择有弱面的地点。

b. 辅助眼是破碎岩石的主要炮眼,应尽量利用掏槽腔来布置,以减少岩石压制程度;若巷道断面较大,还应增加辅助眼的圈数。

c. 周边眼尽可能布置在设计轮廓线上,但为了打眼时易于操作,可向外或向上偏斜一定角度。偏斜角度的大小应根据炮眼深度来确定(一般为 3°～5°)。眼底落在设计轮廓线外部 100 mm 附近,最小抵抗线应从眼底算起。全断面一次爆破时,炮眼数目较一般爆破增加 15%～20%。

井巷掘进中,应根据围岩条件,正确选择掏槽方法,合理布置炮眼并确定炸药消耗量、炮眼直径、药卷直径、炮眼深度、炮眼数目、炮眼间距等爆破参数。

(2) 装药——“十不装药”规定

“十不装药”规定是煤矿等地下开采作业中为确保安全而制定的重要规定。这些规定旨在防止因装药不当而引发的安全事故,保障作业人员的生命安全和设备设施的完好。具体内容如下:

① 支护不达标不装药:如果采煤工作面及上下出口的支护达不

到工程质量要求，不得进行装药作业。这是为了防止支护不足导致顶板冒落等安全隐患。

② 风量不足不装药：采煤工作面风量不足时，不得装药。风量不足会导致瓦斯等有害气体积聚，增加爆炸风险。

③ 炮眼参数不符不装药：炮眼参数必须符合作业规程要求，否则不得装药。这包括炮眼的深度、角度、间距等参数，以确保爆破效果和安全。

④ 炮眼异常不装药：炮眼出现异常，如缩小、塌孔、变形或有裂隙等情况时，不得装药。这些异常可能导致爆破能量释放不均或提前引爆，造成安全事故。

⑤ 炮眼打到断层处不装药：如果炮眼打到断层处，并有出水现象或温度高低明显变化时，不得装药。这是因为断层处地质条件复杂，可能存在瓦斯积聚、突水等安全隐患。

⑥ 煤壁伞檐突出不装药：采煤工作面的煤壁伞檐突出超过规定值(一般为 0.5 m)时，不得装药。煤壁伞檐突出可能增加顶板冒落的风险。

⑦ 炮眼未清尘不装药：炮眼内没有清除粉尘，或未使用水炮泥，或水炮泥的质量、数量不够时，不得装药。这是为了防止粉尘爆炸和减少爆破产生的有害气体。

⑧ 煤岩尘超标不装药：采煤工作面煤、岩尘超过规定时，不得装药。煤岩尘超标会增加爆炸和职业病的风险。

⑨ 瓦斯浓度超标不装药：装药前必须检查瓦斯浓度，如果附近 20 m 以内风流中甲烷浓度达到 1%时，不得装药。瓦斯浓度超标是煤矿爆炸事故的主要原因之一。

⑩ 煤帮破碎或有杂物不装药：煤帮破碎或在爆破地点 20 m 以内有未清除的煤堆、杂物时，不得装药。这是为了防止爆破能量被阻碍或引发二次爆炸。

(3) 封泥

① 炮泥的作用

炮泥的作用是堵塞炮眼。煤矿井下常用的炮泥有两种,一种是黏土炮泥,另一种是水泡泥。炮泥质量、封泥长度、封孔质量直接影响到爆破效果。

② 封泥长度的规定

炮眼深度和炮眼的封泥长度应符合下列要求:

a. 炮眼深度小于 0.6 m 时,不得装药爆破。

b. 炮眼深度为 0.6~1.0 m 时,封泥长度不得小于炮眼深度的 1/2。

c. 炮眼深度超过 1.0 m 时,封泥长度不得小于 0.5 m。

d. 炮眼深度超过 2.5 m 时,封泥长度不得小于 1.0 m。

(4) 连线

爆破母线和连接线必须符合下列要求:

① 爆破母线必须符合标准。

② 爆破母线和连接线、雷管脚线和连接线、脚线和脚线之间的接头相互扭紧并悬空,不得与轨道、金属管、金属网、钢丝绳、刮板输送机等导电体相接触。

③ 巷道掘进时,爆破母线应随用随挂。

④ 爆破母线与电缆应分别挂在巷道两侧。如果必须挂在同一侧,爆破母线必须挂在电缆的下方,并保持 0.3 m 以上的距离。

⑤ 只准采用绝缘母线单回路爆破,严禁用轨道、金属管、金属网、水或大地等当作回路。

⑥ 爆破前母线必须扭结成短路。

⑦ 爆破母线的长度必须足够长,必须大于规定的警戒距离。

⑧ 爆破母线接头不应过多,发现母线破损时必须及时包扎。

⑨ 严禁用多芯或多根导线当作爆破母线。

(5) 爆破

① "一炮三检"制度

"一炮三检"制度是指在采掘工作面进行爆破作业时，必须分别在装药前、爆破前和爆破后三个时间段内，由瓦斯检查员检查爆破地点附近风流中的瓦斯浓度。这一制度旨在确保在爆破作业过程中，瓦斯浓度始终保持在安全范围内，防止因瓦斯超标而引发爆炸事故。

a. 装药前检查：瓦斯检查员需检查爆破地点附近 20 m 以内风流中的瓦斯浓度。瓦斯浓度需符合规定要求（通常低于一定阈值，如0.8%），方可通知爆破工进行装药作业。爆破工、班组长需在现场监督，并检查工作面范围内的通风是否良好，顶板是否完好，所有设备是否已撤到安全位置。

b. 爆破前检查：在爆破前，瓦斯检查员需再次检查瓦斯浓度，确保符合安全要求。班组长需通知全部人员撤到安全距离外，并设置好安全警戒。

c. 爆破后检查：爆破后，需先通风一段时间（如 15 min），再由瓦斯检查员检查瓦斯浓度。瓦斯浓度符合安全要求后，爆破员和班组长方可进入工作面检查是否有残眼、瞎炮等情况，并按要求处理。

② "三人连锁爆破"制度

"三人连锁爆破"制度是指爆破工、班组长（跟班队长）和瓦斯检查员（安全员）三人必须同时自始至终参与爆破作业的全过程，并执行换牌制度。这一制度旨在通过明确的职责分工和相互监督，确保爆破作业的安全进行。

a. 爆破作业前：爆破工持警戒牌，班组长持爆破命令牌，瓦斯检查员持爆破牌。爆破工在检查连线工作无误后，将警戒牌交给班组长。班组长检查顶板、支架、风量、瓦斯等爆破准备工作无误后，设置警戒并组织撤出人员，将爆破命令牌交给瓦斯检查员。瓦斯检查员检查瓦斯、煤尘合格后，将爆破牌交给爆破工。

b. 爆破作业中：爆破工接到爆破牌后，按规程要求发出爆破警号，并等待一定时间（如 5 s）后进行起爆。

c. 爆破作业后：爆破结束后，三牌各归原主。爆破工、班组长和瓦斯检查员共同检查爆破效果及工作面安全情况。

（6）拒爆和残爆的处理

处理拒爆时，必须遵守以下规定：

① 由于连线不良造成的拒爆，可重新连线起爆。

② 在距拒爆炮眼 0.3 m 以外另打与拒爆炮眼平行的新炮眼，重新装药起爆。

③ 严禁用镐刨或从炮眼中取出原放置的起爆药卷，或从起爆药卷中拉出电雷管。不论有无残余炸药，严禁将炮眼残底继续加深；严禁使用打孔的方法往外掏药；严禁使用压风吹拒爆、残爆炮眼。

④ 处理拒爆的炮眼爆炸后，爆破工必须详细检查炸落的煤、矸石，收集未爆的电雷管。

⑤ 在拒爆处理完毕前，严禁在该地点进行与处理拒爆无关的工作。

2. 掘进机破岩（煤）

掘进机正常开启之后进行切割作业。首先，在工作面进行掏槽，掏槽位置一般在工作面的下部。开始时利用截割头伸缩油缸或开动行走部，使截割头截入工作面煤岩一定的深度（截割深度），然后停止机器移动。其次，操纵装载机构的铲板贴紧工作面作为前支点，机尾的稳定器也同样贴紧底板作为后支点，保证机器在截割过程中的稳定性。最后，摆动悬臂截割头截落整个巷道的煤岩，即可切割出所要求的巷道断面形状。截割头在工作面上移动的路线，称为截割路径。显然，截割深度和截割路径都直接影响机器的截割效率。

（1）截割深度

掘进机切入工作面时，主要依靠截割头的钻进，其截深可根据煤岩性质取略小于、等于或略大于截割头长度。值得注意的是，在截割头钻进煤岩壁时，推进速度不可过大，每切入一定深度后要停止推进，让旋转的截割头清理掉截落的小煤岩块，然后再继续推进机体或截割部，如此反复进行，直至达到所要求的截深为止。

截割深度小，落煤量少，掘进机挪动次数多，掘进巷道所用时间长，截割效率低；截割深度大，落煤效果不好。煤硬时，在没有截割到的地方煤落不下来；煤软时，垮落面积大，易出现严重超挖现象，使支架受力不均衡，维护困难。最佳截割深度应根据所使用掘进机类型、煤岩性质、顶板状况和支架棚距，经过现场反复实测，通过落煤效果和截割时间来确定。

(2) 截割路径

利用截割头上下、左右移动截割，可截割出初步断面形状，如此截割断面与实际所需要的形状和尺寸有一定的差别，可进行二次修整，以达到断面尺寸要求。一般情况下，当截割硬度小($f<6$)的煤岩时，可采用左右循环向上的截割方法，如图 9-2 所示。

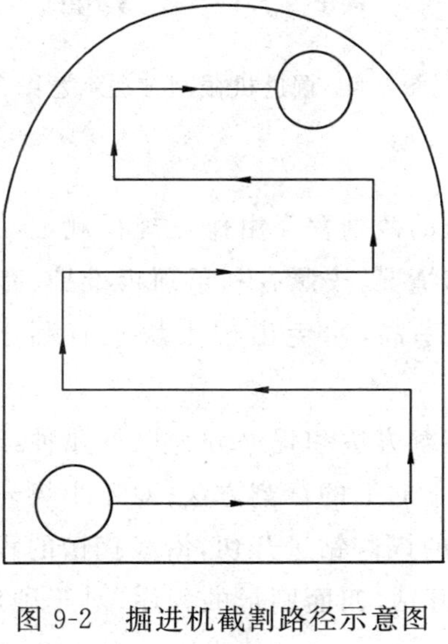

图 9-2　掘进机截割路径示意图

当截割岩石硬度不同时，先选择较软的岩石进行钻进，然后采用由下而上、左右截割的方法。当截割岩石硬度大（$6<f\leqslant10$）且为同种岩石时，应将截割部置于水平和机器中心位置进行钻进，并根据岩石硬度和节理发育情况决定钻进深度，但最大一次钻进深度以不超过 220 mm 为宜，之后截割头扩窝后再继续进行钻进。切割时，截割头最大参与切割长度以不超过 700 mm 为宜。根据施工现场实际情况，参照图 9-3 示例选择截割方法。

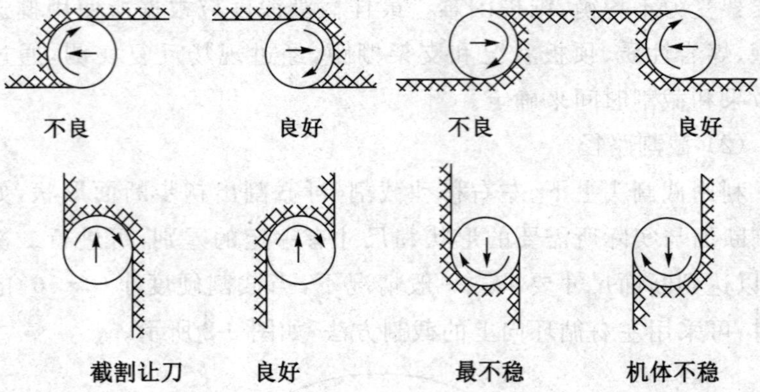

图 9-3　掘进机截割方法示意图

(3) 截割程序

悬臂式掘进机的截割程序由作业规程规定，一般根据巷道断面煤岩的性质及分布情况，按照有利于顶板维护、有利于钻进开切（截割阻力小，工作效率高，避免出现大块）、有利于装载运转的原则确定。

一般正确的截割方法和程序分为以下几种：对于较均匀的中等硬度煤层，采取由下向上的截割方法；对于半煤岩巷道，采取先软后硬，沿煤岩分界线的煤侧钻进开切，沿线掏槽的程序；对于层理发育的软煤，采取中心开钻，四面刷帮的程序；对于硬煤，为少出大块，应采取自上而下截割的程序；对于松软破碎的顶板条件，采取适当留顶煤的方法；对于需要超前支护的破碎顶板，采取先截割四周的方法。

（二）装岩与运输作业安全操作

装岩与运输作业是井巷施工中的一项主要工序。一般情况下，装岩与运输的时间要占掘进循环时间的35%～50%，个别情况甚至高达75%。因此，改善装载条件，提高装载机械化水平及生产效率是实现巷道快速掘进的主要措施。

1. 装岩作业

巷道施工中常采用机械装岩。煤矿掘进工作面常用的装载机多种多样，应根据所掘巷道的地质条件和施工方法不同选用不同的装载机。目前使用的装载机主要有耙斗式装岩机和侧卸式装岩机。

(1) 耙斗式装岩机装岩

耙斗式装岩机又称耙装机。根据《煤矿安全规程》，使用耙装机时，应当遵守下列规定：

① 耙装机作业时必须有照明。

② 耙装机绞车的刹车装置必须完好、可靠。

③ 耙装机必须装有封闭式金属挡绳栏和防耙斗出槽的护栏；在巷道拐弯段装岩（煤）时，必须使用可靠的双向辅助导向轮，清理好机道，并有专人指挥和信号联系。

④ 固定钢丝绳滑轮的锚桩及其孔深和牢固程度，必须根据岩性条件在作业规程中明确。

⑤ 耙装机在装岩（煤）前，必须将机身和尾轮固定牢靠。耙装机运行时，严禁在耙斗运行范围内进行其他工作和行人。在倾斜井巷移动耙装机时，下方不得有人。上山施工倾角大于20°时，在司机前方必须设护身柱或者挡板，并在耙装机前方增设固定装置。倾斜井巷使用耙装机时，必须有防止机身下滑的措施。

⑥ 耙装机作业时，其与掘进工作面的最大和最小允许距离必须在作业规程中明确规定。

⑦ 高瓦斯、煤与瓦斯突出和有煤尘爆炸危险矿井的煤巷、半煤岩巷掘进工作面和石门揭煤工作面，严禁使用钢丝绳牵引的耙装机。

(2) 侧卸式装岩机装岩

侧卸式装岩机从出现就与机械化快速施工联系在一起，其履带行走机动灵活，全断面装岩不留死角，可以连续向一列矿车装载。它可以与凿岩钻车搭配组合形成快速施工机械化作业线，液压凿岩钻车配合侧卸式装岩机在工作面的布置如图 9-4 所示。

图 9-4　侧卸式装岩机工作面示意图

我国大断面岩巷快速高效机械化作业线以 CMJ-17 履带式全液压凿岩钻车配 ZCD-60R 履带式侧卸式装岩机为代表，在岩巷掘进中取得了较好的掘进速度和效益。

2. 运输作业

(1) 刮板输送机运输

刮板输送机具有机身矮、坚固，可垂直和水平弯曲，能适应底板起伏不平的变化，运载能力大，装载容易，安全可靠等特点，因而被广泛用于煤巷、半煤岩巷掘进工作面的运输。

(2) 带式输送机运输

带式输送机是一种连续运输设备，运输能力强。在煤矿井下，带式输送机主要用于采区巷道、采区上(下)山、主要运输平巷及斜井的运输。

带式输送机的运输管理规定是为了确保带式输送机在运输过程中的安全、高效运行,防止事故发生而制定的。以下是常用的运输管理规定:

① 设备选型与配置。根据使用场所、运输物料特性、运输距离和运输能力等因素,合理选择带式输送机的型号和规格。带式输送机应配备必要的保护装置和安全设施,如防滑保护、堆煤保护、防跑偏装置、温度保护、烟雾保护、自动洒水装置、急停开关等。

② 安装与验收。带式输送机的安装应按照设计和安装要求进行,确保设备安装牢固、运行平稳。安装完成后,应经过相关部门验收合格,并配齐各种安全防护装置后方可运行。

③ 运行与维护。带式输送机应按照规定的负荷和速度进行工作,不得超载和超速运行。输送带的张力应适当,并定期检查输送带的磨损程度,及时更换或修理。操作人员应严格按照操作规程操作带式输送机,禁止违规操作或擅自改变设备运行参数。定期对带式输送机进行维护保养,保持设备的正常运行状态。检查和维护保护装置和安全设施,确保其正常工作。清理带式输送机周围的杂物和堆积物,防止影响设备正常运行。

④ 安全规定。操作人员必须接受专业培训,了解带式输送机的工作原理、操作规程以及安全注意事项,并持有相应操作证书。操作人员应穿戴符合要求的个人防护装备,如安全帽、防护眼镜、防护手套等。禁止在带式输送机运行期间进行检修和维护作业,必须停机并停电闭锁后进行。禁止用带式输送机运送超长、超重或易燃、易爆等危险物品。输送的物料应均匀、稳定地放置在输送带上,避免出现过重或不稳定的情况。

⑤ 特殊环境要求。在防爆场所使用的带式输送机及安全保护

设施必须取得“MA”标志，且设备必须符合防爆要求。井下带式输送机巷道内必须有充分照明，并设置必要的信号和警示标志。

⑥ 其他规定。明确带式输送机管理部门的职责和权限，建立健全安全管理组织机构。建立带式输送机技术档案，收集、整理和保存设备的选型、设计、安装、验收、运行、维护等技术资料。制定带式输送机事故应急预案，定期组织演练，提高应对突发事件的能力。

(3) 机车运输

根据《煤矿安全规程》，采用轨道机车运输时，应当遵守下列规定：

① 生产矿井同一水平行驶 7 台及以上机车时，应当设置机车运输监控系统；同一水平行驶 5 台及以上机车时，应当设置机车运输集中信号控制系统。新建大型矿井的井底车场和运输大巷，应当设置机车运输监控系统或者运输集中信号控制系统。

② 列车或者单独机车均须前有照明，后有红灯。

③ 列车通过的风门，必须设有当列车通过时能够发出在风门两侧都能接收到声光信号的装置。

④ 巷道内应当装设路标和警标。

⑤ 必须定期检查和维护机车，发现隐患，及时处理。机车的闸、灯、警铃(喇叭)、连接装置和撒砂装置，任何一项不正常或者失爆时，机车不得使用。

⑥ 正常运行时，机车必须在列车前端。机车行近巷道口、硐室口、弯道、道岔或者噪声大等地段，以及前有车辆或者视线有障碍时，必须减速慢行，并发出警号。

⑦ 2 辆机车或者 2 列列车在同一轨道同一方向行驶时，必须保持不少于 100 m 的距离。

⑧ 同一区段线路上，不得同时行驶非机动车辆。

⑨ 必须有用矿灯发送紧急停车信号的规定。非危险情况下，任

何人不得使用紧急停车信号。

⑩ 机车司机开车前必须对机车进行安全检查确认；启动前，必须关闭车门并发出开车信号；机车运行中，严禁司机将头或者身体探出车外；司机离开座位时，必须切断电动机电源，取下控制手把（钥匙），扳紧停车制动。在运输线路上临时停车时，不得关闭车灯。

⑪ 新投用机车应当测定制动距离，之后每年测定1次。运送物料时制动距离不得超过40 m；运送人员时制动距离不得超过20 m。

（三）支护作业安全操作

掘进和支护两个环节关系密切，巷道开挖之后必须及时进行支护，掘进工作才能正常进行。支护作业工作量一般占巷道施工总工作量的1/3～1/2，劳动强度非常大。因此，合理地选择支护形式、正确组织施工有着十分重要的意义。巷道的支护方式主要分为主动支护和被动支护两类。主动支护包括锚杆（索）支护；被动支护包括架棚支护和砌碹支护。

1. 锚喷支护

(1) 锚杆（索）支护

① 锚杆（索）支护作用原理

锚杆（索）支护的作用原理有悬吊理论、组合梁理论、组合拱理论等。了解支护作用原理有助于理解现场施工的质量标准。

a. 悬吊理论。在层状岩层中，锚杆将下部不稳定的岩层悬吊在上部稳固的岩层上。锚杆所受的拉力来自被悬吊的岩层重量。

b. 组合梁理论。在没有稳固岩层的薄层状岩层中，通过锚杆的预拉应力，将视为组合梁的各薄岩层挤紧，提高其自承能力。决定组合梁稳定性的主要因素是锚杆的预拉应力、杆体强度和岩层性质。

c. 组合拱理论。对于被纵横交错的弱面所切割的块状或破裂状围岩，及时采用锚杆加固，可以提高岩体结构弱面的抗剪强度。

在围岩周边一定厚度的范围内，形成一个不仅能维持自身稳定，而且能防止其上部围岩松动和变形的加固拱。

② 锚杆（索）支护施工工艺流程

a. 施工锚杆（索）眼。严格执行“敲帮问顶”制度，出渣完毕后，及时正确使用临时支护，严禁空顶作业。由专人在临时支护掩护下用长柄工具按照由外向里、先顶后帮的顺序检查帮顶，将危岩活矸处理掉，确保安全后方可施工。施工锚杆（索）眼前，首先严格按中、腰线检查巷道断面规格，不符合设计要求时必须先进行处理。施工人员提前准确标出锚杆（索）眼位置，锚杆（索）眼深度应与锚杆（索）长度相匹配。打眼应按照由外向里、先顶后帮的顺序依次进行。

b. 安装锚杆（索）。打锚杆（索）眼必须做到一孔一次支钻，一次安装完毕。锚杆（索）眼施工完毕后，依次铺网、安设托盘，安装锚杆（索）。使用气动锚杆钻机或风煤钻安装锚杆（索）。安装前应将眼孔内的煤（岩）粉排净或吹净，然后按照树脂锚固剂的凝胶快慢时间将锚固剂依次送入眼孔内。随后将锚杆（索）插入锚杆眼内，使锚杆（索）顶住树脂锚固剂，将其缓慢捣入眼底。用专用套筒卡住锚杆（索），带动杆体旋转将锚杆（索）旋入树脂锚固剂，搅拌时间和等待时间需符合相应要求，以确保支护效果。

③ 锚杆（索）施工质量标准

根据《煤矿安全生产标准化管理体系基本要求及评分方法》，锚杆（索）施工质量标准要符合以下要求：锚杆（索）的间、排距偏差－100～100 mm，锚杆露出螺母长度 10～50 mm（全螺纹锚杆 10～100 mm），锚索露出锁具长度 150～300 mm，锚杆与井巷轮廓线切线或与层理面、节理面、裂隙面垂直，最小不小于 75°，预应力、拉拔力不小于设计值的 90％。

(2) 喷射混凝土支护

喷射混凝土支护是将水泥、砂、石按照一定比例混合搅拌，然后送入混凝土喷射机当中，用压缩空气将混合料压送到喷头处，在喷头的水环处加水后，高速喷射到巷道围岩表面，起支护作用的一种支护形式和施工方法。

① 喷射混凝土支护作用原理

a. 支撑作用。喷射混凝土支护后围岩具有良好的物理力学性能，特别是抗压强度较高，因此能起到支撑作用。

b. 充填作用。由于喷射速度很高，混凝土能及时地充填围岩的裂隙、节理和凹穴，大大提高了围岩的强度。

c. 隔绝作用。喷射混凝土层封闭了围岩表面，完全隔绝了空气、水与围岩的接触，有效地防止了因风化潮解而引起的围岩破坏与剥落。

d. 转化作用。由于上述三个作用的结果，喷射混凝土不仅提高了围岩的自身支撑能力，而且使混凝土层与围岩形成了一个共同工作的力学统一体，具有把岩石荷载转化为岩石承载结构的作用。

② 喷射混凝土施工质量要求

a. 喷射混凝土所用的水泥为标号不低于 32.5 级的硅酸盐水泥，石子粒径 5～8 mm，中粗（黄）砂粒径 0.3～3 mm，石子含泥量不超过 3%，砂子含泥量不超过 5%，砂子含水量在 5%～8%范围内。配合比为水泥∶砂子∶石子＝1∶2∶2，水灰比为 0.45，速凝剂掺量为 3%。

b. 初喷厚度为 30～50 mm，复喷厚度不低于设计值的 90%，喷射混凝土的强度应符合设计要求。

（3）联合支护

① 锚喷联合支护。锚喷联合支护是喷射混凝土支护和锚杆支护联合使用的结构。该支护方式以锚为主，以喷为辅。提供主要支护抗力的仍然是锚杆，而喷层只起辅助作用以封闭围岩、防止风化。

在锚喷联合支护中，有先喷后锚和先锚后喷两种基本方式。一般情况下，首先应及时初喷混凝土封闭围岩，紧接着施工锚杆，最后复喷到所需喷射混凝土厚度。

② 锚网喷联合支护。锚网喷联合支护主要用于稳定性差、强度低、易风化掉渣、自稳能力差和自稳时间短的围岩。加金属网在于改善喷射混凝土的性能，减小其厚度，使喷层不易开裂，从而更好地起到封闭围岩、防止风化的作用。

③ 锚网梁联合支护。锚网梁联合支护主要用在围岩强度低、节理裂隙发育、顶板松软破碎、易片帮塌落、自稳能力较差的巷道，使用金属梁能够提高支护体的抗拉性能。

2. 棚式支架支护

棚式支架俗称棚子，由梁、柱组成。棚式支架支护常用于巷道围岩十分破碎不稳定，不适宜采用锚喷支护，而且巷道服务年限不长，砌碹又不合算的梯形断面巷道。棚式支架按材料种类可分为木支架、金属支架和装配式钢筋混凝土支架；按巷道断面形状可分为梯形支架和拱形支架；按支架结构可分为刚性支架和可缩性支架。

(1) 梯形金属支架

梯形金属支架分为梯形刚性金属支架和梯形可缩性金属支架两种。梯形刚性金属支架为一梁两柱结构，常用 16# ～20# 工字钢及 11# 和 12# 矿用工字钢制作。梁柱连接方式多采用在栓腿上焊接一块槽板，梁上焊接一块挡块，以限制梁和柱腿接口处的移位。为了防止柱腿受压陷入底板，在腿下焊一块钢板底座。梯形可缩性金属支架顶梁用矿用工字钢，柱腿由两节构件组成，用卡缆连接，具有可缩性能。

架设梯形金属支架时应遵守下列规定：

① 及时进行临时支护，如前移、紧固前探梁。

② 严格按中、腰线施工，并及时返线，保证巷道的坡度和方向。

③ 根据中线找出柱窝位置，再按腰线将柱窝深度挖够。

④ 在立柱上画出腰线所在位置，将立柱放在柱窝内，使立柱上腰线与巷帮上腰线记号一致，用拉杆固定立柱，以免倾倒。

⑤ 在梁上画出中线位置，将顶梁架到立柱上，梁柱结合要严密。

⑥ 柱腿要靠紧梁上的挡块，不准打砸梁上焊接的矿用工字钢挡块。梁、腿连接处不吻合时严禁在缝口处打入木楔。

⑦ 按作业规程规定背帮背顶，并用木楔刹紧，前后棚之间必须上紧拉杆或打上撑木。

(2) U 型钢拱形支架

U 型钢拱形支架采用 U 型钢制造，具有可缩性，多用于地压大、受采动影响显著的采区巷道。常用的 U 型钢拱形可缩性支架的架设方法按照升梁方式一般有支架器上梁支架方法、前探梁托梁支架方法等。

① 支护施工工艺流程

a. 支架器上梁支架方法。在掘进工作面爆破、出煤结束后，搬运支架器并安置稳妥，支架由外向里逐架进行架设，架设时需先把支架顶梁放到支架器上。3 节支架可以直接把一根顶梁放上，4 节支架需先将 2 根顶梁连接好，5 节支架需先把 3 节顶梁连接好，再放到支架器上。巷道需要铺设金属网的，要同时把金属网连接好。然后，开始升支架器把顶梁升到位，搬运支架到位，使梁、腿搭线吻合，达到规定的连接长度，上紧连接件，最后穿上背板，打紧所有木楔。

b. 前探梁托梁支架方法。掘进工作面爆破结束，立即向掘进迎头前移前探梁，然后再把顶梁放到前探梁上，前探梁上可以放 2～3 架支架的顶梁。顶梁上好后，在梁上穿背板、背笆片，再铺设金属网，然后打紧木楔。上梁护顶工作结束后，开始出煤，出完煤，把柱腿放到位，使梁、腿搭接吻合，达到规定的连接长度，上紧连接件；补齐两帮的背板，打紧所有的木楔。

② 施工质量要求

根据《煤矿安全生产标准化管理体系基本要求及评分方法》，施工质量标准要符合以下要求：支架间距不大于 50 mm、梁水平度不大于 40 mm、支架梁扭矩不大于 50 mm、立柱斜度不大于 1°，水平巷道支架前倾后仰不大于 1°，柱窝深度不小于设计值；倾斜巷道每增加 5°～8°，支架迎山角增加 1°。

3. 砌碹支护

砌碹支护是指用料石、混凝土或钢筋混凝土砌筑而成的连续整体式支护。煤矿经常采用的主要形式是直墙拱顶式。它由拱、墙和基础三部分组成。

拱的作用是承受顶压，并传给墙和基础，墙的作用是支撑和抵抗侧压，壁后必须充填密实，防止拱与墙开裂，侧压过大时，可选用曲墙。基础的作用是把墙传来的载荷和自重均匀传给底板。当底板岩石坚硬时，墙与基础可以等宽（厚）度；底板若比较软时，基础必须加宽；如果底板有底鼓时，还可以砌底拱。

砌碹支护一般使用在巷道服务年限超过 10 年，围岩破碎且很不稳定，同时有大面积淋水及水质有化学腐蚀的地段。在用各种锚喷联合支护不易实施时，可根据现场具体情况，选用砌碹支护。砌碹支护能够起到封闭围岩并防止其风化的作用。其优点是坚固、耐久、防火、阻水、通风阻力小、材料来源广、便于就地取材。缺点是工序较多、施工复杂、劳动强度大、成本高、进度慢。

三、特殊情况下的掘进施工工艺

（一）大跨度施工

大跨度施工主要指巷道断面跨度大，顶板悬露面积大的施工。大跨度施工主要包括硐室施工和交岔点施工两种。

1. 硐室施工

硐室施工应根据硐室断面大小及其围岩的稳定程度选择不同

的施工方法。大断面硐室施工方法一般有三种:全断面施工法、台阶工作面施工法和导硐施工法。

(1) 全断面施工法。该施工方法与普通巷道施工法基本相同,采用较大型的凿岩台车、装载机和运输设备,可以取得较好的技术经济效果。如果采用巷道施工的常规设备,钻上部炮眼和打顶部锚杆眼就必须蹬高作业,装药连线必须用梯子,此外还会遇到全断面一次爆破雷管段数不够、爆破后处理浮石困难等问题。故在常规设备条件下,全断面一次掘进硐室的高度一般不超过 5 m。这种施工方法一般适用于岩层稳定且整体性好,断面不是特别大的硐室。如果采用光爆锚喷技术,适用范围可适当扩大。全断面施工法的优点是一次成巷,工序简单,效率高,施工速度快;缺点是顶板围岩暴露面积较大,不易维护,上部炮眼装药及爆破后处理危岩比较困难。

(2) 台阶工作面施工法。该施工方法适用于围岩稳定或基本稳定、硐室高度大、采用全断面一次掘进时在支护方面有困难的情况。台阶工作面施工法就是将整个硐室分成几个分层,施工时形成台阶状。若上分层工作面超前下分层工作面施工,则称为正台阶工作面施工法;若下分层工作面超前上分层工作面施工,则称为倒台阶工作面施工法。

(3) 导硐施工法。该施工方法是先在硐室的某一部位掘进小断面导硐,导硐高度大于 2 m,宽度为 1.5～1.8 m,然后根据情况向上下或左右刷大直至达到设计断面要求。导硐施工法主要分为中央下导硐施工法和两侧导硐施工法两种。

2. 交岔点施工

交岔点是指巷道相交或分岔的地方。按使用的支护方式不同,交岔点施工可分为架棚式、砌碹式和锚喷式。交岔点施工方法分为以下三种。

(1) 全断面掘进法。该施工方法是随掘进随支护，一次完成掘进施工的方法。这种方法一般适用于稳定岩层中，特别是采用锚喷支护方法的交岔点最为合适。

(2) 扩帮刷大法。根据施工顺序，先向一个方向掘出交岔点中的一条巷道，进行临时支护，然后扩帮、挑顶，进行交岔点的支护。完成交岔点掘砌(支)后，再施工另一条巷道。

(3) 掘导硐法。当岩层松软不稳定或交岔点跨度较大，采用砌碹支护时，可沿交岔点的一帮先掘出一条巷道(一般应超过柱墩处3～5 m)；然后沿另一帮开掘小导硐，随掘随砌墙，中间留岩柱，待掘过柱墩 2 m 处停止；在混凝土垛位置与已掘巷道掘通，做好碹垛，并将两巷各砌 2 m，然后从外向里刷砌，暂留中间的岩柱，待交岔点砌碹后，再放小炮处理。

(二) 倾斜巷道施工

倾斜巷道有斜井、上山、下山、溜煤眼等。斜井、下山一般由上而下施工；上山、溜煤眼多由下向上施工。由于巷道的倾斜角度和掘进方向不同，与平巷施工相比，在钻眼爆破、装岩运输、通风、排水、支护等方面具有不同的特点。下面主要介绍上山施工和下山施工。

1. 上山施工

(1) 钻眼工作

① 打眼过程中要时刻注意顶帮的变化，及时敲帮问顶和处理浮石。

② 工作面的支架、临时支护等必须打紧，防止手攀脚蹬时支架倾倒伤人。

③ 打眼时不要将眼口对人，以免钎杆折断滑下伤人。

④ 在倾角超过 25°以上的巷道打眼时，后方要设挡板，防止人员滑落，发生人身伤亡事故。

⑤ 要准确掌握周边眼的角度，防止角度不够，造成“顶低”。

⑥ 为防止爆破崩倒棚子，多采用底部掏槽，并掌握好炮眼的深度和角度(上方掏槽眼应沿轴线方向稍向下倾斜)。

(2) 装岩运输

在近水平或缓倾斜煤层中，上山掘进一般采用矿车或输送机运输。上山掘进使用绞车时，当提升斜长较小时，可将绞车布置在上山一侧的小硐室内；如果斜长过大，一台绞车提升能力不够时，应安设多台绞车，实行分段接力提升，并按照规定装设防跑车装置。

(3) 通风管理

上山施工时应特别注意通风工作。由于瓦斯的相对密度小，常常积聚在上山掘进工作面附近，如果不采取措施，有可能发生瓦斯事故。因此，在瓦斯矿井上山掘进时，必须加强通风，采取双巷掘进(一个进风，一个回风)，特殊情况下采取自上而下的开掘方式。

2. 下山施工

(1) 钻眼工作

根据下山掘进施工特点，钻眼时要注意以下几点：

① 在迎头打眼时，将底部浮煤、浮矸清理到实底，排尽积水，严禁在水中打眼。

② 在倾角较大的巷道打眼时，每打一个眼，钎杆拔出后立即插上木塞，防止浮煤、浮矸将眼封堵。

③ 在迎头打眼时，随时注意防止发生跑车、透水事故，经常检查跑车防护装置的有效性，并注意透水预兆，发现问题及时处理。

④ 打周边眼时，为了方便把握巷道的坡度和方向，可先在工作面打一标准眼，插上木棍，以示钻眼方向。谨防坡度不够，造成巷道“漂底”。

(2) 装岩运输

使用耙斗装岩机时要注意三点：

① 耙斗装岩机下放时，绞车回车速度不要过大；下山坡度较大时，防止滚渣伤人。

② 当箕斗或矿车下放接近耙斗装岩机时应减速，避免发生冲撞。

③ 用耙斗装岩机装岩时，最好选择大容量的矿车或箕斗配套使用。

掘进下山时，一般都采用矿车运输。为了避免发生断绳和脱钩事故，可在巷道上部和巷道内及耙斗装岩机上方设置防止跑车的保险装置，如提升安全绳和挡车器等。耙斗装岩机上方的防跑车装置距工作面的距离必须在施工组织设计和作业规程中规定。

(3) 排水

下山掘进时，上部平巷的渗水、煤层或岩层本身及其顶底板的涌水，都可能流至工作面。为了减少掘进工作面的排水工作量，有利于掘进施工，可以封闭上部平巷靠下山一段水沟。在下山巷道中，每隔一定距离(如 10～15 m)开掘一条横水沟等，拦截上部平巷渗水和煤岩涌水。

下山掘进的排水方式，根据下山倾角和长度大小以及涌水地点的不同，可采用不同的方法。掘进时如水量不大，可直接用矿车或箕斗排水；如水量较大，需要用喷射泵和潜水泵排水。当下山倾角不超过 25°、长度不超过 300 m 时，可采用单段排水，将水泵设置在工作面附近，直接把水排到上部水平；当下山倾角大于 25°、长度很大，且水沿巷道全长涌出时，可采用接力排水，在巷道中设置中间水仓。

(三) 弯道施工

在巷道施工中，经常遇到曲线段巷道即弯道。弯道必须按设计的曲率半径掘进，巷道中线的延伸、工作面炮眼布置、支护和装岩机的使用等具有以下特点和要求。

1. 巷道中线的延伸

准确地掌握巷道前进方向是保证弯道施工质量的主要因素。便于工人掌握的方法是用延长弦的方法制成曲线规尺，如图 9-5 所示。使用时，将 A、B 点对准中线点，BC 所指的方向即为中线方向，如图 9-6 所示。

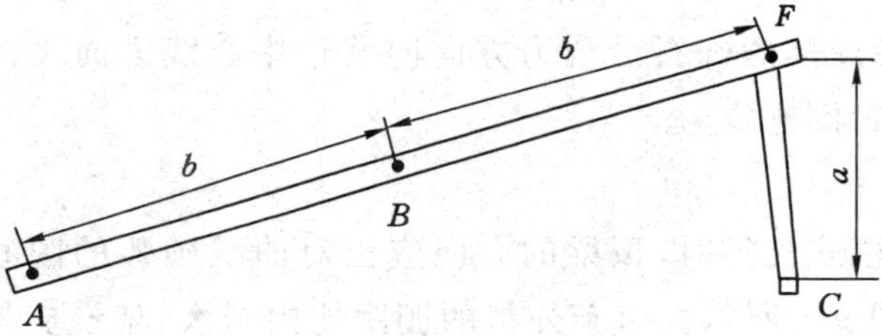

图 9-5　曲线规尺

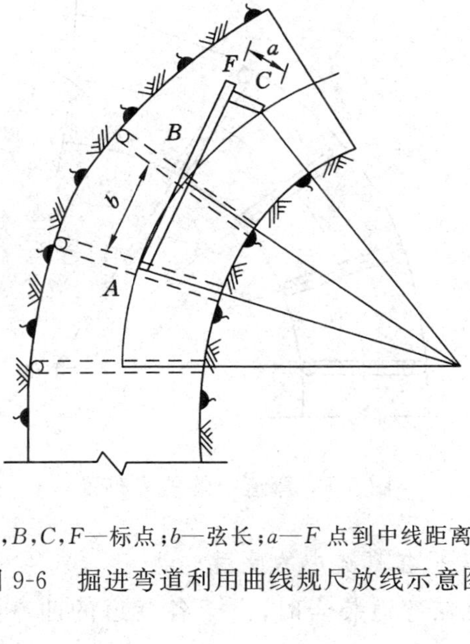

A,B,C,F—标点；b—弦长；a—F 点到中线距离。

图 9-6　掘进弯道利用曲线规尺放线示意图

2. 炮眼布置

由于弯道外帮较内帮长，要使巷道沿设计曲线前进，每茬炮的进尺外帮要比内帮大，掏槽眼的位置向外帮适当偏移，同时外帮的炮眼要适当加深，并相应增加装药量，相反，内帮的炮眼深度要减小。进入直线后恢复原直线炮眼布置，但当采用随掘进随架设普通临时支架时，为了防止爆落矸石崩倒支架，靠外帮的炮眼应多装些药，以便使爆落的矸石沿合力方向向巷道中心线方向飞落，不致偏向外帮而打倒棚腿。

3. 支护

采用棚式支护时，顶梁的方向应正对曲线圆弧的圆心，呈扇形排列，如图 9-7 所示。由于外帮的棚距比内帮大，架设支架时，一定要注意掌握好外帮、内帮及巷道中心线上的三个间距，使顶梁中心正对巷道中心线。

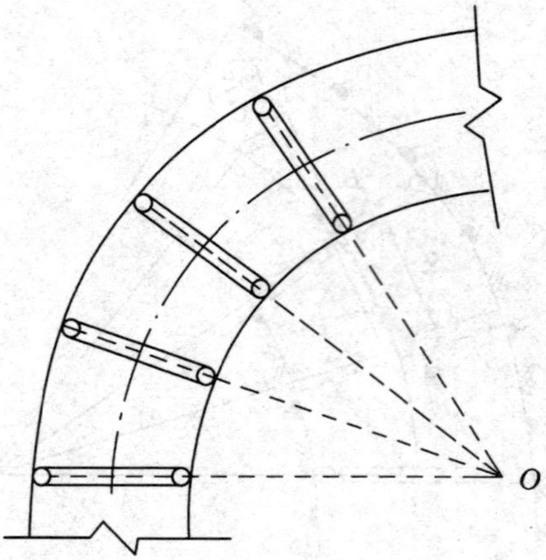

图 9-7 弯道中的顶梁布置

4. 耙斗装岩机在弯道中的使用

耙斗装岩机在弯道装岩时，由于各巷道的曲率大小不同，以及耙斗装岩机距工作面的距离不同，耙斗往往不能直接由工作面把矸石扒到机体装车，因此就要分次扒运矸石。耙斗装岩机弯道装岩示意图如图 9-8 所示。首先将工作面矸石扒到 A 处，然后摘掉双滑轮 3，并将尾轮挂在 B 处固定楔上，然后再将堆在 A 处的矸石扒运装车。

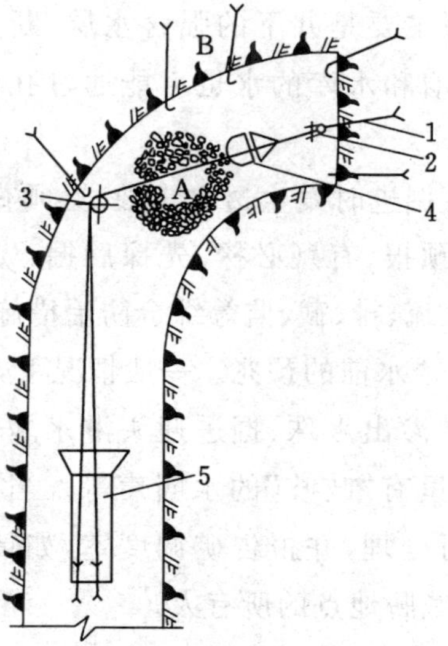

1—固定楔；2—尾轮；3—双滑轮；4—耙斗；5—耙斗装岩机。

图 9-8 耙斗装岩机弯道装岩示意图

当装岩机司机看不到工作面耙斗扒矸情况时，可设专人将矿灯作为信号与司机联系，指挥扒矸。

曲线段巷道采用耙斗装岩机装岩时，在耙斗装岩机运行段内最好不设带腿的支架，以免耙斗装岩机运行中将其拉倒，造成事故。

(四) 地质异常情况施工

1. 巷道通过断层、松软岩层破碎带施工

在松软破碎岩层中掘进时，应采用围岩暴露面积小、暴露时间短的施工方法。

掘进工作面临近断层或穿断层带时，在架棚支护巷道时支护应尽量采用U型钢可缩性支架支护，棚距要缩小。在断层前5 m左右时，要采用密集支护。有条件时，也可采用对顶板注浆锚固的方法，增强破碎顶板的稳定性与承载能力。

2. 巷道遇含水层施工

煤矿井底水源主要是井下的强含水层、断层水和采空区积水，有时地面河流、湖泊和水库的水也可能通过孔洞裂隙渗入井下，造成透水事故。

为了防止巷道掘进时发生透水事故，必须做好水文地质和探放水工作，坚持预测预报、有疑必探、先探后掘、先治后采的防治水原则，落实探、防、堵、疏、排、截、监等综合防治措施。

(1) 密切注意透水前的预兆。一般情况下，透水之前都有预兆，如煤壁和顶板突然渗出水珠、掘进迎头淋水增大、工作面出现红色带臭味的水、煤层里有“吱吱”的水叫声等。当发现这些征兆后，应立即采取措施进行处理，并报告矿调度室，如情况危急必须立即发出警报，撤出受水威胁地点的所有人。

(2) 认真做好探放水工作。探放水工作是矿井水文地质工作的重要内容之一。当巷道接近采空区、含水断层和强含水层时，都要进行探放水工作。

巷道掘进时，如其前方遇到涌水量很大的含水层，可采用钻孔放水的方法，造成人工降水漏斗，从而使掘进工作面在已疏干的岩层中掘进。在打探放水钻孔之前要加强钻孔附近巷道的支架支护，背好顶帮，并在工作面上打好坚固的立柱，水压较大地点的探水孔要设套管，以便安装截止阀调节流量，特别危险地区还要选择坚固点砌筑水闸墙。在放水以前必须清理巷道、准备水沟或其他水路。同时必须估计储水量，并根据矿井的排水能力和水仓容量控制钻孔放水流量。在放水过程中，还要有防止被水封住的瓦斯突然涌出造成危害的措施。

（3）注浆堵水。掘进巷道中含水层的水基本是以裂隙水的形式涌出，有的是断层导水。这两种情况的处理方法是注浆堵水，影响效果的因素有注浆堵水的施工工艺、岩石裂隙的发育情况和密度、断层带的宽度。

（4）改道绕行。在巷道施工中遇到下列情况时巷道需要改道绕行：地质构造特别复杂，断层导水带又特别大；石灰岩层中溶洞发育，溶洞水量丰富，有的形成暗河。巷道周围有采空区积水，而巷道与有积水的采空区的距离达不到安全距离，无法治理，对安全生产有威胁时，巷道也需要改道绕行。

3. 巷道通过老空区施工

掘进巷道揭露老空区前，必须制定探查老空区情况的措施，包括接近老空区时必须预留的煤（岩）柱厚度和探明水、火、瓦斯等内容。必须根据探明的情况采取措施，进行处理。

在揭露老空区时，必须将人员撤至安全地点。只有经过检查，验证老空区内的水、瓦斯和其他有害气体等无危险后，方可恢复工作。

4. 煤与瓦斯突出煤层中的掘进施工

根据《防治煤与瓦斯突出细则》，有突出危险的煤巷掘进工作面防突措施选择应当符合下列要求：

（1）优先选用超前钻孔（包括超前钻孔预抽瓦斯、超前钻孔排放瓦斯），采取超前钻孔排放措施的，应当明确排放的时间。

（2）不得选用水力挤压、水力冲孔措施；倾角在8°以上的上山掘进工作面不得选用松动爆破、水力疏松措施。

（3）采用松动爆破或者其他工作面防突措施时，必须经试验考察确认防突效果有效后方可使用。

（4）前探支架措施应当配合其他措施一起使用。

5. 松动爆破

松动爆破是利用风钻向煤体深部的高压力带打几个普通直径的长炮眼，装药爆破后松动煤体，消除煤质软硬不匀现象并形成瓦斯排放的通道，在工作面前方形成较长的低压带，使高压带移向煤体的更深部位，故可预防煤与瓦斯突出。

根据《防治煤与瓦斯突出细则》，煤巷掘进工作面采用松动爆破防突措施时，应当符合下列要求：

(1) 松动爆破钻孔的孔径一般为 42 mm，孔深不得小于 8 m。松动爆破应当至少控制到巷道轮廓线外 3 m 的范围。孔数根据松动爆破的有效影响半径确定。松动爆破的有效影响半径通过实测确定。

(2) 松动爆破孔的装药长度为孔长减去 5.5～6.0 m。

(3) 松动爆破按远距离爆破的要求执行。

(4) 松动爆破应当配合瓦斯抽放钻孔一起使用。

在采用松动爆破预防煤与瓦斯突出时，需要注意以下几点：

(1) 所有炮眼都必须采用正向装药，不准反向装药。雷管和炸药卷的聚能穴方向都朝向眼底。

(2) 为了防止延期突出，爆破后至少等 20 min，人员方可进入工作面，一般在松动爆破后，工作面停止作业 4～8 h。撤人和爆破距离根据突出危险程度确定，一般不得小于 200 m，撤出人员应处于新鲜风流中。

(3) 爆破后进行措施效果检验，如措施失效，必须采取补救措施。

6. 超前钻孔

超前钻孔是指在工作面向前方煤体打一定数量的钻孔，并始终保持钻孔有一定的超前距，使煤体卸压和排放瓦斯，从而起到防突作用。

根据《防治煤与瓦斯突出细则》，煤巷掘进工作面采用超前钻孔作为工作面防突措施时，应当符合下列要求：

(1) 巷道两侧轮廓线外钻孔的最小控制范围：近水平、缓倾斜煤层两侧各 5 m，倾斜、急倾斜煤层上帮 7 m、下帮 3 m。当煤层厚度较大时，钻孔应当控制煤层全厚或者在巷道顶部煤层控制范围不小于 7 m，巷道底部煤层控制范围不小于 3 m。

(2) 钻孔在控制范围内应当均匀布置，在煤层的软分层中可适当增加钻孔数。钻孔数量、孔底间距等应当根据钻孔的有效抽放或排放半径确定。

(3) 钻孔直径应当根据煤层赋存条件、地质构造和瓦斯情况确定，一般为 75～120 mm，地质条件变化剧烈地带应当采用直径为 42～75 mm 的钻孔。

(4) 煤层赋存状态发生变化时，及时探明情况，重新确定超前钻孔的参数。

(5) 钻孔施工前，加强工作面支护，打好迎面支架，背好工作面煤壁。

超前钻孔布置示意图见图 9-9。

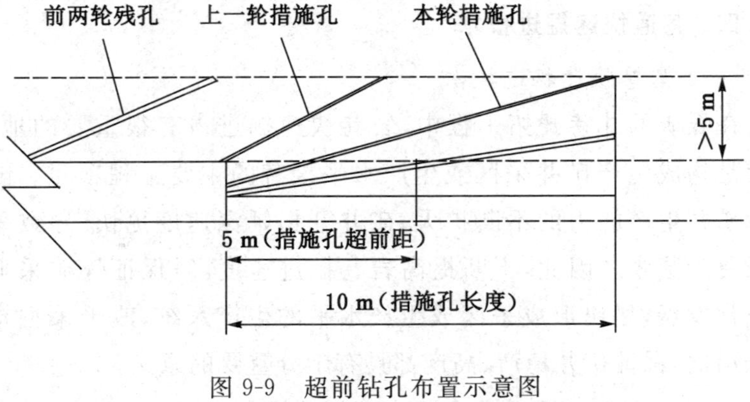

图 9-9　超前钻孔布置示意图

7. 前探支架

前探支架的目的是防止因工作面顶部煤体松软垮落而导致的突出，一般是在工作面前方巷道顶部事先打上一排超前支架，增加煤层的稳定性。

《防治煤与瓦斯突出细则》规定：前探支架可用于松软煤层的平巷掘进工作面。一般是向工作面前方施工钻孔，孔内插入钢管或者钢轨，其长度可按两次掘进循环的长度再加 0.5 m，每掘进一次施工一排钻孔，形成两排钻孔交替前进，钻孔间距为 0.2～0.3 m。

前探支架示意图如图 9-10 所示。

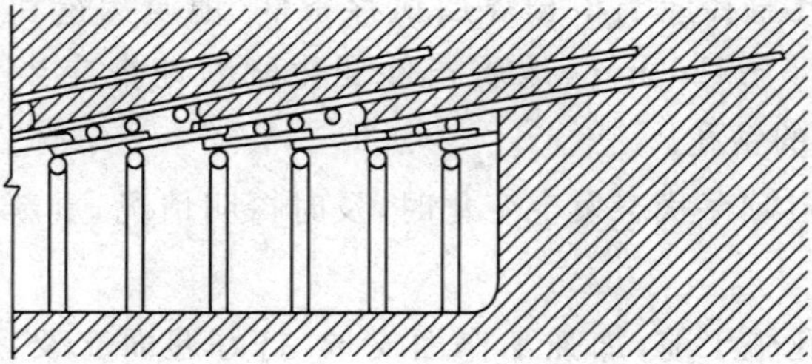

图 9-10　前探支架示意图

四、巷道快速掘进技术

（一）岩巷快速掘进技术

在煤矿的井巷开拓工程中，岩巷快速掘进占有很重要的地位，岩巷是构成生产矿井采区或生产水平接替的主要工程项目。随着不少矿井生产能力的不断扩大，矿井开拓延深速度更快，导致采掘关系更为紧张。因此，不断提高岩巷掘进速度，对保证煤矿采掘关系正常发展，尽快形成采区或生产水平的生产系统，改善采掘接替紧张局面，保证矿井稳产、高产都具有十分重要的意义。

1. 耙装机配套风动凿岩机为主的机械化作业线

这种配套方法是目前煤矿岩巷掘进施工中使用最多、最普遍的机械化配套方式。这种配套方式在我国岩巷开拓中发挥了重要作用。经过多年的生产实践，配套内容和施工技术也逐步得到完善。

该作业线特点是配套设备为常规设备，结构简单、性能可靠、维修方便，适用范围广，单轨、双轨及上下山、斜巷、弯道均可采用，机动灵活、使用方便。

2. 液压凿岩台车与侧卸式装岩机的机械化作业线

以液压凿岩台车、侧卸式装岩机为主的岩巷掘进机械化作业线于 20 世纪 90 年代初先后在新汶、开滦、兖州、阳泉等矿区推广使用，是我国煤矿大断面岩巷钻爆法施工中较为理想的机械化作业线。

该作业线的特点是机械化程度高，生产能力大，掘进速度快；配套设备技术先进、性能稳定可靠；作业线配套简单、合理易行。

3. 岩巷重型掘进机机械化作业线

该施工作业工艺俗称为综合机械化掘进法（综掘法），因其能准确地控制巷道的设计轮廓，减少对围岩的破坏和超挖量，故能减少支护工作量，特别是混凝土的消耗显著少于钻爆法。另外，其自动化程度最高，作业人员少，掘进速度明显提高，从而可以降低巷道的掘进费用。

重型悬臂式掘进机用于大断面岩巷的掘进，在我国处于试验推广阶段。超重型掘进机在我国处于起步阶段，但发展迅速。目前，重型或超重型悬臂式掘进机用于大断面岩巷掘进时，还存在以下缺点：

（1）为了克服切割时的反作用力，机身较重且体积大，不便于向井下运输，并且不适用于 16 m^2 以下的断面。

（2）掘进岩石的普氏系数不宜大于 8。

（3）截齿寿命短，使用成本高。

（4）对于不同地质构造、不同岩性，适应能力较差。

4. 全断面岩巷掘进机作业线

全断面岩巷掘进机（TBM）简称盾构机，其掘进工作流程如图 9-11 所示。

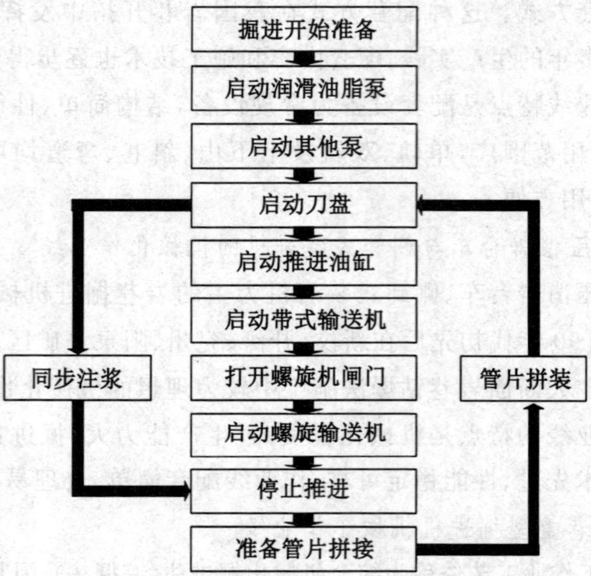

图 9-11　全断面岩巷掘进机掘进工作流程图

全断面岩巷掘进机工作流程大体上可以分为以下 4 个主要步骤：

(1) 全断面岩巷掘进机掘进。首先启动润滑油脂泵，接着启动其余的泵，然后开动大刀盘，电动机驱动刀盘旋转，同时开启全断面岩巷掘进机推进油缸，将全断面岩巷掘进机向前推进。随着推进油缸向前推进，刀盘持续旋转，被切削下来的渣石充满渣石仓。此时，开动带式输送机，打开螺旋机闸门，启动螺旋输送机将切削下来的渣石排送到带式输送机上，然后由带式输送机运输至矿车中，再通过竖井运至地面。

(2) 掘进中控制排渣量与排渣速度。当渣石仓和螺旋输送机中的渣石积累到一定数量时，开挖面被切下的渣石经刀槽进入渣石仓的阻力增大。当渣石仓的渣石压力与开挖面的岩层压力和地下水的水压力平衡时，开挖面就能保持稳定，周围岩层就不会冒顶或底鼓。这时只要保持从螺旋输送机和渣石仓中输送出去的渣石量与切削下来的渣石量平衡，开挖工作就能顺利进行。

(3) 隧道管片拼装。全断面岩巷掘进机掘进一环的距离后，停止推进。操作人员操控拼装机实现单层衬砌管片拼装，使巷道一次成型。

(4) 同步注浆。当一环管片拼装结束以后，再启动推进油缸将全断面岩巷掘进机往前推进。在全断面岩巷掘进机推进的同时，同步注浆系统会及时向管片背后的空隙中同步注入水泥砂浆填充空隙，有效防止岩体坍塌，提高掘进巷道围岩的稳定性。

(二) 煤巷、半煤岩巷快速掘进技术

综采及综采放顶煤开采技术的快速发展，使采煤工作面推进速度越来越快，因此，加快煤巷、半煤岩巷快速掘进速度，对满足采掘接替、保证安全高效生产具有重要意义。

1. 掘进机配气动锚杆钻机机械化作业线

该技术是我国目前应用最为广泛，技术比较成熟，能够适应一般地质条件的巷道掘进与支护方式。其作业线的工序是掘进机截割的煤、矸石经掘进机转载送至紧跟掘进机后部的可伸缩带式输送机，然后再卸至其他运输设备。掘进机割煤结束后，气动锚杆钻机到掘进机前部完成迎头顶部及两帮锚杆的钻装。

该作业线特点是可实现煤、矸石连续运输，减少煤、矸石转运停歇时间，效率高，可做到一机多用，在巷道跨度较小的情况下优点更加突出。

该作业线存在的问题主要是掘进与支护交替顺序作业，掘进效率低，劳动强度大。

2. 掘锚一体机配掘锚后配套设备机械化作业线

掘锚一体机是指将掘装功能与锚杆钻机的钻锚支护功能有机

结合在一起，构成整体的掘锚装备，实现切割、装运、行走、锚杆支护于一体，达到掘、支平行作业，快速掘进。同悬臂式掘进机作业线相比，掘锚联合机组的掘进效率明显较高。

掘锚一体机后部连接破碎转载机，可将破碎的煤岩体通过桥式转载机输送到带式输送机中。

该作业线的技术特点是集掘进、支护、运输、破碎、缓冲转载功能于一体，实现连续平衡作业。

第二节　煤矿智能化掘进技术

一、智能化掘进技术概述

煤矿智能化所涉及的采、掘、机、运、通、洗选、营销、质量、安全保障等主要系统应具有一定的自主感知、自主分析、智能辅助决策与执行能力，具有时空一体、万物互联、数据融合、全息感知、业务联动、智能决策等特征。

煤矿智能化建设是以煤矿采掘系统的完整过程和具体需求为基础，以地理空间为参考系，以煤矿综合自动化技术、在线检测技术、计算机技术、网络技术和采矿专用技术为支撑，建立起系列化的数据采集、传输、分析、输出和决策支持模型以及软硬件系统，实现采矿过程的信息化管理，有效减少安全生产事故的发生，实现全矿井人、财、物、产、供、运、销整个信息链的信息融通，建设成安全、高效、绿色、智能的矿山。掘进工作面是采煤的“开拓者”，其工作环境较为恶劣，危险系数较高。全面提升其智能技术水平，对于减轻工人劳动强度、提高综合采掘效益具有十分明显的效果。

二、智能化掘进主要技术

1．综掘工作面巷道变形智能控制技术

随着煤炭开采强度的不断提高，对综掘工作面生产自动化水平的要求不断提高。目前，许多煤矿已进入深部开采，与传统巷道支护相比，综掘工作面支护发生了较大变化。若巷道开挖之后，不能在第一时间进行有效支护，巷道塑性变形区和围岩破碎区将急剧增大。在整个变形过程中，如能及时给予高强锚网索支护，可有效控制巷道变形。综掘工作面智能控制技术应具有智能控制和智能感知的功能，需在进行开掘之前，结合煤矿实际地质条件及综掘工作面开掘需求，研究出符合综掘工作面实际需要的智能化控制方案，确保准确预测围岩变形并智能控制围岩变形。

2. 掘进机智能化技术

在综掘开采的过程中，掘进机是关键设备，当前掘进机智能化关键技术为断面智能成型控制技术、煤岩智能识别技术及掘进机姿态定位技术。在掘进机姿态定位技术中，当前已经取得较好应用效果的是机器视觉测量定位技术、激光制导技术及惯性导航技术，能够将巷道开掘过程中巷道和掘进机之间的耦合关系展现出来，在巷道掘进过程中形成自主导航体系。

3. 综掘面锚杆支护智能化技术

从当前综掘面支护情况来看，锚杆支护仍旧是常见的支护技术，从该技术的智能化应用情况来看，其中关键技术为安装智能化、铁丝网铺设智能化及钻孔智能化。现阶段，安装智能化水平与钻孔智能化水平相对于先前已经取得了较大的进展，特别是在使用了掘锚一体机之后，整体的支护效果更好，但是铺网整体的智能化水平相对于实际需求仍有着较大的提升空间。从当前支护智能化技术开展情况来看，可以在锚杆支护设计过程中，进行更深层次的优化，提升路网的智能化水平。

4. 综掘面运输系统智能化技术

随着综掘面规模的不断扩大，运输系统智能化已经成为整个综掘系统智能化的关键。从当前运输系统智能化开展情况来看，主要分为补给运输、材料运输及原煤运输智能化。从具体工作来看，受到综掘面空间影响较大的是补给智能化及材料运输智能化。从未来发展情况分析，装卸材料可由智能装备或者机器人进行，全面推进综掘面运输系统智能化发展。

5. 视频监控智能化技术

视频监控是综掘面智能化发展的关键。综掘面相对于煤矿井下其他工作面的特点就是其视频晃动非常明显，粉尘量非常大，影响远程视频的效果，所以构建综掘工作面成像轮廓与掘进机转速、电流、机头温度等工况参数的非线性规律关系，探索基于热成像技术的综掘工作面高清成像研究，是提升综掘面视频监控智能化水平的关键。

三、智能化掘进设备操作与管理

综掘工作面智能化开采技术主要以煤壁为输入对象，输出对象为开掘的煤炭和成型的巷道。在具体工作中，系统通过视频控制、生产控制和检测控制等模块进行工作。整个系统内各个工作模块职能相互协同，共同完成智能化掘进。与传统工作面相比，综掘工作面整体信息源更为复杂，可控与不可控、可测与不可测信号相互交叉。工作面检测时，先检测岩层运动，后进行地质勘察，再检测水源，最后根据检测情况进行瓦斯抽采。生产控制环节主要包括运输、支护及割煤。视频监控主要包括对排水、通风和供电进行监控。

第三节　掘进作业安全生产标准化管理

一、标准化建设的意义

搞好煤矿安全生产标准化建设的重要意义对煤矿职工来说主要有以下两大方面：一是通过煤矿安全生产标准化建设，不断夯实矿井安全生产基础，不断提升安全管理水平，有助于构建更好的生产安全环境，更可靠地保障职工生命安全与健康；二是如果煤矿达到一级标准化矿井，将享受到“在全国性或区域性调整、实施减量化生产措施时，原则上不纳入减量化生产煤矿范围及在地方政府因其他煤矿发生事故采取区域政策性停产措施时，原则上不纳入停产范围”等一系列优惠政策和待遇，这对保证职工家庭有稳定的收入来源有非常现实的意义。

二、掘进作业标准化要求

（一）工作要求

（1）基础管理。按照批准的采（盘）区设计布置掘进工作面；编制作业规程；强化矿压监测分析，顶板离层超过临界值有加固措施；支护材料符合设计要求；持续提升掘进机械化水平。

（2）质量与安全。强化工程质量管理，支护形式、支护参数、施工质量等符合设计和作业规程要求，特殊地段有加强支护措施；安全设施齐全有效。

（3）机电设备。机械设备及配套系统设备完好、保护有效、运转正常；辅助运输系统符合要求，安全设施齐全有效；通信系统畅通。

（4）文明生产。作业场所照明充足；图牌板齐全、清晰；物料分类码放整齐，管线吊挂规范；巷道底板平整，无杂物，无淤泥，无积水。

（二）掘进作业标准化基本要求

掘进作业标准化基本要求见表9-1。

表9-1 煤矿掘进作业标准化基本要求

项目	项目内容	基本要求
一、基础管理	生产布局	按批准的设计布置掘进工作面；个数符合《煤矿安全规程》规定

表 9-1(续)

项目	项目内容	基本要求
一、基础管理	规程措施	1. 掘进工作面开工前编制作业规程,内容符合相关要求:明确巷道施工工艺、循环进尺、空顶距、临时支护及永久支护的形式和支护参数,有防止冒顶、片帮的安全措施;现场条件发生变化时,及时修改作业规程或补充安全技术措施。 2. 大型设备安装拆除、大硐室开凿、巷道维修、贯通以及过断层、采空区、破碎带等应编制安全技术措施并组织实施。 3. 规程措施在施工前完成审批并贯彻。 4. 煤矿总工程师至少每 2 个月组织对作业规程进行复审,并有复审意见
	矿压监测	1. 开展巷道围岩表面位移观测,煤巷、半煤岩巷锚杆(索)支护巷道有顶板离层监测。 2. 观测、监测有记录,记录数据符合实际;每月至少对观测数据进行 1 次规律分析,形成报告指导安全生产。 3. 顶板离层临界值在作业规程中规定,超过临界值时顶板有加固措施
	支护材料	1. 建立支护材料验收、抽样检验制度;支护材料及配件的材质、品种、规格、强度等符合设计要求。 2. 备用材料和备件规格、型号、数量及存放地点符合作业规程要求
	掘进机械化	1. 煤巷、半煤岩巷和条件适宜的岩巷宜采用综合机械化掘进,掘进机械化程度不低于 75%。 2. 采用机械化装、运煤(矸)。 3. 材料、设备采用机械运输,人工运料距离不超过 300 m

表 9-1(续)

项目	项目内容	基本要求
二、质量与安全	规格质量	巷道净宽偏差符合以下要求:锚网(索)、锚喷巷道有中线的 0～100 mm,无中线的－50～200 mm;刚性支架、砌块、混凝土与钢筋混凝土巷道有中线的 0～50 mm,无中线的－30～50 mm;钢架喷射混凝土、可缩性支架巷道有中线的 0～100 mm,无中线的－50～100 mm
		巷道净高偏差符合以下要求:锚网(索)、锚喷巷道有腰线的 0～100 mm,无腰线的－50～200 mm;刚性支架、砌块、混凝土与钢筋混凝土巷道有腰线的－30～50 mm,无腰线的－30～50 mm;钢架喷射混凝土、可缩性支架巷道有腰线的－30～100 mm,无腰线的－30～100 mm
		有坡度要求的巷道,坡度偏差不得超过±1‰
		巷道水沟偏差应符合以下要求:中线至内沿距离－50～50 mm,腰线至上沿距离－20～20 mm,深度、宽度－30～30 mm,壁厚－10 mm
	内在质量	锚喷巷道喷层厚度不低于设计值 90%(现场每 25 m 打一组观测孔,一组观测孔至少 3 个且均匀布置),喷射混凝土的强度符合设计要求,基础深度不小于设计值的 90%
		锚网索巷道锚杆(索)安装、扭矩、拉拔力、网的铺设连接符合设计要求,锚杆(索)的间、排距偏差－100～100 mm,锚杆露出螺母长度 10～50 mm(全螺纹锚杆 10～100 mm),锚索露出锁具长度 150～300 mm,锚杆角度与设计偏差不大于 5°,预应力不小于设计值的 90%,拉拔力值不小于设计锚固力值

表 9-1(续)

项目	项目内容	基本要求
二、质量与安全	内在质量	钢架喷射混凝土、刚性支架、可缩性支架巷道偏差符合以下要求：支架间距不大于 50 mm、梁水平度不大于 40 mm、支架梁扭矩不大于 50 mm、立柱斜度不大于 1°，水平巷道支架前倾后仰不大于 1°，柱窝深度不小于设计值；撑(或拉)杆、垫板、背板的位置、数量、安设形式符合要求；倾斜巷道每增加 5°～8°，支架迎山角增加 1°；可缩性支架卡缆安设及螺栓扭矩符合作业规程规定
	安全管控	掘进迎头 15 m 范围、耙矸机处、带式输送机头和机尾安装视频摄像头，视频有效监控作业区域
		建立工程质量考核验收制度；执行敲帮问顶制度，无空顶作业；永久支护距掘进工作面距离、临时支护、空顶距、空帮距符合作业规程要求；在松软的煤(岩)层、流砂性地层或者破碎带中掘进有超前支护或者其他措施
		架棚支护棚间装设有牢固的撑杆或拉杆，可缩性金属支架应用金属拉杆，距掘进工作面 10 m 内架棚支护爆破前进行加固
		锚杆支护遇顶板破碎、淋水区，过断层、老空区、高应力区以及大倾角、大断面、交岔点等特殊地段有加强支护措施，并至少向正常地段延伸 5 m
		设备转动外露部位，溜煤(矸)眼及煤(矸)仓上口等人员通过的地点有可靠的安全防护设施
		各种液压设备操纵阀手把能实现自动闭锁或有限位装置
		带式输送机机头、配电点、防爆型柴油动力装置、油脂存放地点消防设施齐全

表 9-1(续)

项目	项目内容	基本要求
三、机电设备	掘进机械	1. 掘进设备和施工机(工)具完好;电气保护齐全可靠。 2. 掘进机、掘锚一体机、连续采煤机非操作侧设有急停按钮(连续采煤机除外);有前照明和尾灯;除降尘装置有效;停止工作时将切割头落地,并切断电源。 3. 掘进机、掘锚一体机、连续采煤机、梭车、锚杆钻车装设甲烷断电仪或者便携式甲烷检测报警仪。 4. 综掘工作面(锚杆支护)有机载临时支护装置。 5. 移动电缆有吊挂、拖曳装置
		耙装机刹车装置完好、可靠;挡绳栏和防耙斗出槽的护栏,距工作面的距离,钢丝绳滑轮以及机身、尾轮的固定符合作业规程要求;斜巷中使用有防止机身下滑的措施;上山施工倾角大于20°时,司机前方设有护身柱或挡板,并在耙装机前增设固定装置
	刮板输送机	刮板输送机完好;液力偶合器不使用可燃性传动介质(调速型液力偶合器不受此限),使用合格的易熔塞或防爆片;机头、机尾固定可靠;行人通过处设置过桥
	带式输送机	1. 机架编号管理,滚筒、托辊齐全、转动灵活。 2. 电气保护齐全可靠。 3. 使用阻燃、抗静电胶带;装设防打滑、防堆煤、防跑偏、防撕裂保护装置,以及温度、烟雾监测和自动洒水装置,定期进行保护试验。 4. 上运式带式输送机装设防逆转装置和制动装置,下运式带式输送机装设软制动装置和防超速保护装置。 5. 减速器与电动机采用软连接或软启动控制,液力偶合器不使用可燃性传动介质(调速型液力偶合器不受此限),使用合格的易熔塞或防爆片。 6. 连续运输系统有连锁、闭锁控制装置,机头、机尾及全线安设通信和信号装置间距不超过200 m,沿线安设有效的急停装置。 7. 机头、机尾固定牢固,机头有防护栏,机尾使用挡煤板,有防护罩;在大于16°的斜巷中带式输送机设置防护网,并采取防止物料下滑、滚落等安全措施

表 9-1(续)

项目	项目内容	基本要求
三、机电设备	辅助运输	设备完好,制动可靠,安全设施有效,声光信号齐全;倾斜巷道阻车装置有效;运输巷与运输设备突出部分的最小间距、钢丝绳及其使用符合《煤矿安全规程》要求
	通信系统	通信系统畅通,各转载点有语音通信装置
	电气设备	小型电器排列整齐,性能完好;移动变电站完好;接地保护规范有效;开关上架,电气设备不被淋水
四、文明生产	照明管理	车场、配电硐室、转载点、休息地点、施工图牌板、带式输送机机头和机尾以及耙装机、挖掘机作业区域等场所有照明;掘进工作面距迎头 100 m 范围照明间距不大于 30 m
	牌板管理	1. 材料、设备有标志牌。 2. 作业场所巷道平面布置图、施工断面图、断面截割轨迹图(炮眼布置图)、正规循环作业图表、避灾路线图等图牌板齐全、清晰。 3. 巷道至少每 100 m 设置醒目的里程标志
	作业环境	1. 物料分类码放整齐;电缆、管路吊挂规范;管路、设备无积尘;各转载点有喷雾降尘装置。 2. 巷道及硐室底板平整,无浮碴及杂物,无淤泥,无积水
附加项	技术进步	建成智能化掘进工作面并正常运行

表 9-2　工序、中间、竣工验收选择检查点及测点的规定

序号	项目	选检查点的规定	选测点的规定	测点示意图
1	立井井筒	工序验收:每个循环设 1 个。 中间、竣工验收:不少于 3 个,间距不大于 20 m	每一个检查点断面的井壁上应均匀设 8 个测点,其中 2 个测点应设在与永久提升容器最小距离的井壁上	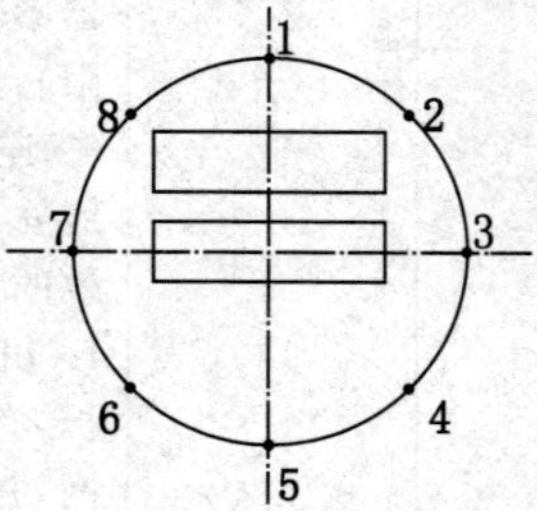

表 9-2(续)

序号	项目	选检查点的规定	选测点的规定	测点示意图
2	斜井井筒巷道硐室	工序验收：每个循环设 1 个； 中间、竣工验收：不应少于 3 个，间距不大于 25 m	拱形（含半圆拱和三心拱）断面：每一检查点上应设 10 个测点，其中：拱顶和两拱肩各设 1 个测点；两墙的上、中、下各设 1 个测点（无中线测全宽）；底板中部设 1 个测点（无腰线测全高）	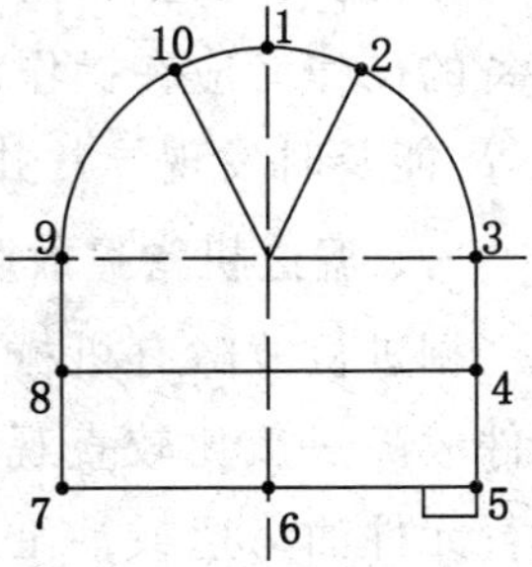
			圆形断面：每一个检查点上应设 4 个测点，其中：上、下、左、右各设 1 个测点	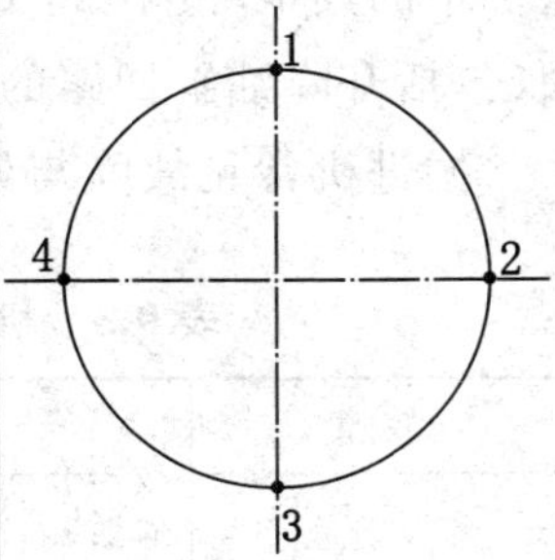
			梯形断面和矩形断面：每一个检查点上应设 8 个测点，其中：顶和底板各设一个测点（无腰线测全高）；两墙的上、中、下各设一个测点（无中线测全宽）	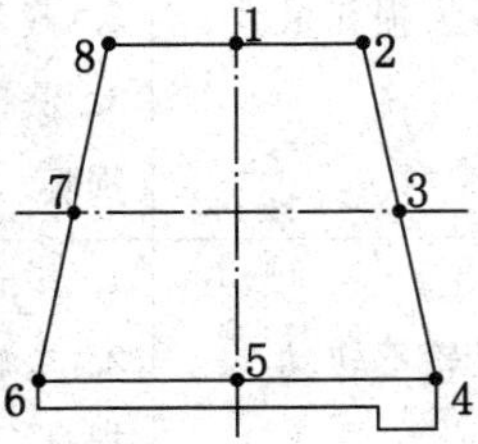
3	铺轨	不应少于 3 个，间距不应大于 50 m		

注：锚杆支护巷道净尺寸测量到锚杆外露端头。

第四节　掘进作业常见设备故障与处理

为确保机器正常运转，切实做好日常的保养和维护，掘进作业设备的操作者应在操作前，学会并掌握该设备的技术特性及操作方法等，能及时发现异常并排除故障。

一、掘进机常见故障与处理

掘进机故障有机械元部件故障和液压元部件故障等。机械元部件故障一般比较直观，容易查找；液压元部件故障不易查找，液压执行元件油马达或油缸不能动作，可能是执行元件损坏，也可能是系统中的其他环节出了故障，应从油泵、油管、溢流阀、换向阀、闭锁阀（包括升降油缸回路的平衡阀）、执行元件等依次检查。

掘进机常见故障与处理方法见表9-3～表9-7。

表9-3　机械元部件常见故障与处理方法

故障	原因	处理方法
截齿损耗量大	1. 钻入深度过大，截割头移动速度快。 2. 截割过负荷。 3. 截割马达或减速器内部损坏	1. 减小钻入深度，降低油缸速度。 2. 减轻负荷。 3. 判别后检查内部
星轮不转动	1. 星轮卡死。 2. 星轮马达或减速器内部损坏	检查并修复
刮板链不能动作	1. 液压系统故障，油马达不能动作。 2. 链条太松，两链受拉后长短不一而卡死	1. 检查液压系统。 2. 紧链至适当程度

表 9-3(续)

故障	原因	处理方法
履带部不能行走或行走不良	1. 油压力不够。 2. 油马达损坏。 3. 履带板内充满煤、砂土并硬化。 4. 履带过紧	1. 调整溢流阀。 2. 更换油马达。 3. 清除异物。 4. 调整张紧程度
减速器有异常音响或温升过高	1. 减速器内部损坏。 2. 润滑油不够	1. 检查内部。 2. 加润滑油
液压管路及接头处漏油	1. 液压管路接头松动。 2. O 形圈损坏。 3. 高压软管损坏	1. 紧固或更换。 2. 更换 O 形圈。 3. 更换高压软管
同路油所控制的执行元件均不动作	1. 油泵损坏。 2. 回路溢流阀损坏。 3. 多路换向阀损坏	1. 检修或更换油泵。 2. 检修或更换溢流阀。 3. 检修或更换多路换向阀
同路油所控制的某一个或某几个执行元件不能动作	1. 该片换向阀损坏。 2. 执行元件损坏。 3. 执行元件所在油路中其他阀损坏	1. 检修或更换该片换向阀。 2. 检修或更换执行元件。 3. 检修或更换阀
油压达不到规定压力	1. 油泵损坏。 2. 溢流阀动作不良	1. 检修或更换油泵。 2. 检修溢流阀
机器下沉	1. 巷道底板松软。 2. 巷道积水过多	1. 用支撑油缸和铲板将机器抬起垫木块。 2. 排水

表 9-4　油泵常见故障与处理方法

故障	原因	处理方法
吸不上油或吸油不足	1. 油箱中油位太低。 2. 油的黏度过高。 3. 进油管被压扁，阻力大或漏油。 4. 进油管法兰密封圈损坏。 5. 进油口滤网堵塞。 6. 油泵旋向与电机不符。 7. 轴端密封圈损坏吸空	1. 加油至规定高度(油标指示范围内)。 2. 更换推荐用油。 3. 更换进油管。 4. 更换密封圈。 5. 清洗进油管或滤油网。 6. 使油泵转向正确。 7. 更换密封圈
油泵压力上不去	1. 零件磨损轴向间隙过大引起泄漏。 2. 轴承处密封损坏。 3. 轴端油封损坏。 4. 溢流阀调定压力不符合要求。 5. 压力表堵塞。 6. 多路换向阀内泄漏。 7. 执行机构内外泄漏	1. 更换零件。 2. 更换密封。 3. 更换油封及密封圈。 4. 重新调整溢流阀压力。 5. 检查清洗压力表。 6. 更换或检修多路换向阀。 7. 更换或检修执行机构元件
产生噪声	1. 吸油过滤器局部堵塞。 2. 吸油管吸入空气。 3. 油黏度过高。 4. 泵与分动箱轴不同心	1. 清洗或更换滤油器使吸油畅通。 2. 避免吸油管吸入空气。 3. 使用推荐的油。 4. 调整泵与电机分动箱使之同心
严重发热	1. 轴向间隙过大或密封损坏引起内泄漏。 2. 调压太高引起密封损坏或零件烧坏	1. 拆检、调整间隙、更换密封圈。 2. 更换损坏零件，严格控制调定压力值

表 9-4(续)

故障	原因	处理方法
产生外泄漏	1. 油黏度过低。 2. 出口法兰密封损坏。 3. 紧固螺钉松动。 4. 轴端油封损坏。 5. 泵体与泵盖间的密封损坏	1. 使用推荐用油。 2. 检查并更换密封圈。 3. 拧紧螺钉。 4. 更换油封。 5. 更换密封圈

表 9-5　多路换向阀常见故障与处理方法

故障	原因	处理方法
滑阀不能复位、定位装置不能定位	1. 复位弹簧变形或脱落。 2. 定位弹簧变形。 3. 定位套磨损。 4. 阀体与阀杆间隙内有污物挤塞,阀杆生锈。 5. 连接螺栓拧得太紧使阀体变形	1. 更换或装好复位弹簧。 2. 更换定位弹簧。 3. 更换定位套。 4. 清洗。 5. 重新拧紧连接螺栓
内或外泄漏	1. 换向阀体两端 O 形密封圈损坏。 2. 各阀体接触面间 O 形密封圈损坏	更换 O 形密封圈
执行机构速度过低或压力上不去	1. 阀片间泄漏过大,滑阀行程不对。 2. 安全阀磨损或故障	1. 拧紧连接螺栓,拆下端盖检修。 2. 修复或更换安全阀

表 9-6　溢流阀常见故障与处理方法

故障	原因	处理方法
压力上不去或达不到规定值	1. 调压弹簧变形。 2. 锁紧螺母松动。 3. 密封圈损坏。 4. 锥阀与阀套,或阀套与阀体接触不均或有污物卡住	1. 更换调压弹簧。 2. 拧紧锁紧螺母。 3. 更换密封圈。 4. 清洗更换有关零件
溢流阀压力跳动或声音异常	1. 系统中有空气。 2. 与其他阀共振。 3. 锥阀密封损坏	1. 放出空气。 2. 略微改变阀的调定压力。 3. 更换密封圈
溢流阀调压力不稳定	1. 油中混有空气。 2. 泵有故障。 3. 锥阀没有复位	1. 检查吸油管连接部是否有漏气并处理。 2. 检修泵。 3. 检查、清洗并重新安装

表 9-7　其他常见故障与处理方法

故障	原因	处理方法
油箱发热	1. 溢流阀长期溢流。 2. 油量过少。 3. 冷却水量过少。 4. 冷却器损坏	1. 检查溢流阀是否失灵。 2. 加油。 3. 检查调整水的流量。 4. 检修冷却器
滤油器芯堵塞或击穿	1. 油质污染严重。 2. 滤芯使用时间过长	1. 换油。 2. 清洗或更换滤芯
冷却器堵塞或击穿	1. 油质污染严重。 2. 油压或水压过高。 3. 冷却器脏	1. 换油。 2. 检查调整油压或水压。 3. 检修或更换冷却器

二、带式输送机常见故障与处理

在带式输送机运行期间,需要注意以下事项:超温、烟雾、撕带、低速、跑偏、满仓、堆煤、制动、急停等保护必须齐全完好。为防止人员误入煤仓，严禁打开带式输送机仓口部位的封闭式防护装置。严禁靠近标有危险警示牌的保护罩、保护栏等要害部位。严禁清理输送机机头、机尾滚筒、机架、胶带下、溜槽及附近卫生。

在实际操作中，还需要根据具体的设备型号和使用情况进行详细地检查和调整。带式输送机常见故障与处理方法见表 9-8。

表 9-8 带式输送机常见故障与处理办法

故障	原因	处理方法
电动机不能启动	1. 电气线路损坏。 2. 单相运转	1. 检查线路，修理损坏部分。 2. 检查并排除
电动机温度过高	1. 超负荷运转。 2. 通风散热条件不好	1. 减小负荷。 2. 清扫电动机周围杂物
逆转飞车	1. 超负荷运转。 2. 闸的制动力矩不足。 3. 误操作，使负载流向相反	1. 控制给煤量，禁止超负荷运转。 2. 调整闸的制动力矩，使其满足制动要求。 3. 按操作规程操作，增加逆止器。当发生逆转飞车事故后，可按以下步骤检查处理：① 检查电动机、减速器、联轴节及制动系统等部件是否损坏，若损坏，应及时修理或更换；② 清除机尾堆煤；③ 调整闸轮（闸盘）与闸瓦间隙；④ 慢速空载运转，注意倾听各部有无异响；⑤ 载少量负荷运转，注意倾听各部有无异响；⑥ 轻载试车，确认无问题后，投入运行使用

表 9-8(续)

故障	原因	处理方法
减速器漏油	1. 轴端漏油;轴承和减速器内回油沟堵塞;毡垫和胶圈损坏或老化,密封失效。 2. 轴承压盖螺丝不紧固或垫片损坏。 3. 减速器外壳对口平面变形;对口螺栓连接不紧或密封胶损坏失效。 4. 注油孔盖螺丝不紧固,垫片损坏;注油孔盖变形。 5. 减速器外壳破裂损坏	1. 疏通减速器内回油沟,在轴上加装挡油盘;更换毡垫及密封胶圈。 2. 紧固轴承压盖螺丝,更换损坏的垫片。 3. 减速空对空外壳对口处采用耐油橡胶垫,紧固对口螺栓,重新更换密封胶。 4. 紧固注油孔盖螺丝,更换损坏的垫片;平整或更换注油孔盖。 5. 修补减速器外壳破损处;破损严重时,更换减速器外壳

三、局部通风机、水泵常见故障与处理

局部通风机在运转过程中应注意机器的响声和振动,检查轴承的温度,观察和记录各种仪表的读数。如发现有撞击声、叶轮和机壳内壁的摩擦声、不正常的振动及其他故障时,应立即停止运转。局部通风机常见故障与处理方法见表 9-9。

表 9-9 局部通风机常见故障与处理方法

故障	原因	处理方法
电动机电流过大和温升过高	1. 由于短路吸风现象,造成风量过大。 2. 电压过低或电源单相运转。 3. 联轴器连接不正,皮圈过紧或间隙不均	1. 消除短路吸风现象。 2. 检查电压、更换保险丝。 3. 调整联轴器

表 9-9(续)

故障	原因	处理方法
叶轮损坏或变形	1. 叶片表面或铆钉腐蚀磨损。 2. 铆钉和叶片松动。 3. 叶轮变形后歪斜过大,使叶轮径向跳动或端面跳动过大	1. 个别损坏,更换;损坏过半数更换铆钉。 2. 用小冲子紧拉,仍无效时更换铆钉和叶片。 3. 卸下叶轮,用铁锤校正或将叶轮放平,压轮壳某侧边缘
发生不规则的振动,且集中于某一部分,噪声与转速相符,在启动或停机时可以听到金属响声	1. 叶轮歪斜与机壳内壁相碰,或机壳刚度不够,产生左右摇晃。 2. 叶轮歪斜,与进风口相碰	1. 修理叶轮和止推轴承,对机壳进行补焊。 2. 修理叶轮和进风口
轴承箱振动剧烈	1. 通风机轴与电动机轴不同心,联轴器装歪。 2. 基础下沉。 3. 叶轮铆钉松动或轮盘变形。 4. 叶轮、联轴器或带轮与轴松动。 5. 机壳或进风口与叶轮摩擦。 6. 机壳与支架、轴承箱与支架、轴承盖与轴承座等连接螺栓松动。 7. 带轮安装不正,两带轮轴不平行	1. 调整或重新安装。 2. 进行修补加固。 3. 修理。 4. 修理、重新配键或重新装配。 5. 修理叶轮或进风口。 6. 紧固螺栓。 7. 进行调整、重新找正带轮

表 9-9(续)

故障	原因	处理方法
轴承温升过高,烫手	1. 轴承箱振动剧烈。 2. 润滑脂质量不良或充填过多。 3. 轴承盖、轴承座的连接螺栓过紧或过松。 4. 机轴与滚动轴承安装歪斜,前后两轴承不同心。 5. 滚动轴承损坏	1. 查明原因,进行处理。 2. 更换或去掉一些润滑脂。 3. 调整螺栓松紧度。 4. 重新安装和调整找正。 5. 更换滚动轴承

离心式水泵常见故障与处理方法见表 9-10。

表 9-10　离心式水泵常见故障与处理方法

故障	原因	处理方法
水泵不吸水,压力表和真空表的指针剧烈振动	1. 启动前灌水不足。 2. 吸水管或真空表漏气。 3. 吸水管没有浸在水中	1. 停泵,将泵内灌水。 2. 检查吸水管或真空表。 3. 降低吸水管,使之浸入水中
水泵不出水	1. 未灌满水或底阀泄漏。 2. 吸水管、吸水侧填料箱或真空表连接处漏气。 3. 底阀未开或滤水器堵塞。 4. 水泵转速不够。 5. 水泵转动方向不对。 6. 吸水高度过高	1. 重新灌水,消除泄漏。 2. 处理水管漏气、拧紧或更换填料,重新安装真空表。 3. 检查底阀、清洗滤水器。 4. 检查电源电压、进行处理。 5. 重新接线。 6. 降低吸水高度、使吸水高度不超过允许值

表 9-10(续)

故障	原因	处理方法
水泵启动后只出一股水就不出了	1. 吸入的水中有过多气泡。 2. 吸水管中存在空气。 3. 吸水管或吸水侧填料不严密,有漏气现象。 4. 底阀被杂物堵塞	1. 检查滤水器是否浸入水面 0.5 m 以下。 2. 排出空气。 3. 处理水管漏气,拧紧吸水管连接螺栓或压紧填料压盖。 4. 清除杂物
排水量不足,排出压力降低	1. 转速不足。 2. 吸水管漏气或滤水器部分堵塞。 3. 填料箱漏气或水封管堵塞。 4. 叶轮堵塞或有损伤。 5. 叶轮与导水圈未对正。 6. 密封环磨损严重,水泵内泄漏过多	1. 调整电压。 2. 消除漏气,清洗滤水器。 3. 调整或更换填料,疏通水封管。 4. 清洗或更换新叶轮。 5. 拆开调整。 6. 更换密封环
启动负荷过大	1. 填料压得太紧。 2. 叶轮、平衡盘安装不正,转动部分与固定部分有摩擦或卡碰现象。 3. 调节闸阀未关闭。 4. 平衡盘回水管堵塞	1. 放松填料。 2. 检查调整叶轮、平衡盘。 3. 关闭闸阀。 4. 检查疏通平衡盘回水管
泵壳局部发热	1. 水泵在调节闸阀关闭状态下运转了较长的时间。 2. 平衡盘回水管堵塞	1. 水泵启动后,应及时打开调节闸阀。 2. 清理回水管

表 9-10(续)

故障	原因	处理方法
轴承过热	1. 油质不良或油量不足。 2. 用润滑脂时油量太多。 3. 轴承过度磨损或轴瓦装得太紧。 4. 泵轴弯曲或联轴器不正。 5. 平衡盘失去作用	1. 换油或加油。 2. 重新填装。 3. 修理或调整。 4. 矫直泵轴,找正联轴器。 5. 检查回水管是否堵塞,平衡盘与平衡座是否磨损,进行疏通或更换
水泵振动	1. 基础螺栓松动。 2. 电动机或水泵中心线未对正。 3. 泵轴弯曲。 4. 轴承磨损过大。 5. 转动部分有擦碰现象。 6. 水泵转子或电动机转子不平衡	1. 拧紧。 2. 重新找正。 3. 矫直或更换。 4. 修理或更换轴承。 5. 查出原因,消除擦碰。 6. 检查修理
水泵有噪声,流量、扬程突变或中断排水	1. 流量太大。 2. 吸水管阻力太大。 3. 吸水高度太大。 4. 水温过高	1. 适当关闭调节闸阀。 2. 检查吸水管路、滤水器和底阀。 3. 适当降低吸水高度。 4. 降低水温

第十章　掘进班组长现场安全管理实战

第一节　班前会召开与工作布置

一、班前会工作内容

1. 人员点名与确认

确保所有班组成员均已到达，了解是否有成员缺席或迟到，对于缺席或迟到的情况，需要了解原因，并确认是否会对当前工作造成影响。记录班组成员的出勤情况，排查班组出勤人员是否存在不安全因素，如情绪不稳定、酒后上岗等，作为后续考核和评价的依据。

2. 安全状况回顾

对上一班次的安全生产情况进行详细回顾，包括事故发生、违规操作等，分析事故原因，找出问题所在，并提出改进措施。强调作业中的安全注意事项，分析可能遇到的安全风险，并制定相应的防范措施。鼓励班组成员积极提出安全建议和改进意见，共同增强安全意识。

3. 任务分配与说明

根据工作计划和班组成员的技能特长，明确本班次的工作任务和具体分工，确保每个成员都清楚自己的职责和任务，对人员进行合理分工。对掘进作业技术要求进行讲解，确保作业人员了解并掌握相关技术要求，对复杂的任务进行详细说明和解释，确保班组成员充分理解并能够正确执行。

4. 安全技术措施贯彻学习

掘进安全技术措施的贯彻学习是一个系统而持续的过程，需要制订详细的学习计划、全面学习安全技术措施、结合实际案例进行分析、加强实践操作训练。掘进安全技术措施包括掘进、运输与支护设备的操作，掘进作业现场的安全管理，掘进作业过程中的风险控制等方面。应全面掌握这些措施，了解各种安全措施的原理、操作方法和注意事项。

5. 安全培训与提醒

针对当前工作可能遇到的安全风险，进行具体的安全培训和提醒。例如，针对掘进作业中的电气安全、机械操作安全等方面进行培训，确保班组成员掌握必要的安全知识和技能，提高自我保护能力。

6. 交流与沟通

鼓励班组成员之间积极交流，分享工作经验和安全建议，通过相互学习和借鉴，增强整体工作水平和安全意识。对班组成员提出的问题和建议进行及时回复和处理，增强团队的凝聚力和向心力。

二、本班次工作布置及安全注意事项

1. 工作布置

根据工作计划和任务分配，详细布置本班次的具体工作内容、步骤和要求，包括作业区域、作业时间、作业流程、作业标准等方面。对可能出现的问题和困难进行预测和分析，制定相应的应对措施和解决方案。

2. 安全注意事项

针对本班次的工作特点，强调关键的安全注意事项，例如，在掘进作业中需要特别注意电气安全、机械操作安全、防滑防摔等方面的问题。在支护作业中需要特别注意机械操作安全、安全站位等方面的问题。提醒班组成员时刻保持警惕，遵守安全规定和操作规程，确保自身和他人的安全。

3. 应急处理

告知班组成员在发生紧急情况时应该如何迅速、有效地采取应对措施，包括紧急停机、疏散逃生、报警求助等方面的具体操作步骤和注意事项。组织班组成员进行模拟训练，提高应对突发事件的能力和水平。

第二节　接班及作业环境确认

一、接班

1. 查看工作记录

仔细阅读上一班次的工作记录，了解是否有遗留问题或需要注意的事项，包括设备故障、作业进度、安全隐患等方面的问题。对遗留问题进行逐一排查和处理，确保当前工作能够顺利进行。

2. 与上一班班组长交流

与上一班班组长进行详细的交流，询问工作过程中存在的问题，了解上一班在工作中遇到的困难和挑战，以及采取的解决措施和效果。通过交流和学习，吸取上一班的经验教训，避免重蹈覆辙。

3. 现场检查

对作业现场进行检查，包括设备、工具、环境等，检查设备是否运行正常、工具是否齐全完好、作业环境是否安全整洁等。发现问题及时进行处理和整改，确保作业现场的安全和有序。

4. 填写交接班记录表

在确认所有交接班相关事项均已妥善处理之后，接下来需要详细填写交接班记录表。该记录表是确保工作连续性和责任追溯的重要文件，因此填写时需要仔细、准确。

(1) 基本信息填写：填写日期、班次、部门等基本信息，确保记录表的可识别性和可追溯性。记录当前接班人的姓名和上一班交班人的姓名，明确责任归属。

(2) 遗留问题处理记录：详细描述上一班次遗留的问题，包括设备故障、作业进度、安全隐患等。记录对遗留问题的处理情况，如是否已经解决、解决的方法、解决效果，或待进一步处理的建议等。

(3) 与上一班班组长交流内容：简要记录与上一班班组长交流过程中提到的关键问题和解决措施，以及学到的经验教训。

(4) 注意事项和特殊要求：如有特殊注意事项或要求，如某项任务需要重点关注、某个设备需要特殊维护等，应在此处详细记录。

(5) 签名确认：交接双方(当前接班人和上一班交班人)应在记录表上签名确认，以示双方均已了解和认可交接内容。

(6) 记录存档：交接班记录表应妥善保管，方便后续查阅和审计。一般可按日期、班次或部门分类存档。

通过填写详细的交接班记录表(表 10-1)，可以确保工作的连续性和责任的明确性，有助于提高工作效率和保障工作质量。同时，这份记录表也为后续的工作分析提供重要的依据。

表 10-1 某煤矿交接班记录表

<table>
<tr><td colspan="8">________交接班记录表</td></tr>
<tr><td colspan="4">年　　月　　日</td><td colspan="2">工作面</td><td colspan="2"></td></tr>
<tr><td rowspan="2">当班完成情况</td><td rowspan="2"></td><td>跟班队干</td><td></td><td>交班班次</td><td></td><td>交班人</td><td></td></tr>
<tr><td>本班出勤</td><td></td><td>接班班次</td><td></td><td>接班人</td><td></td></tr>
<tr><td colspan="2">本班情况</td><td colspan="6">设备状况：
支护情况：
任务情况：
文明生产：</td></tr>
<tr><td colspan="2">接班安全注意事项及特殊要求</td><td colspan="6"></td></tr>
<tr><td colspan="2">上一班遗留问题及处理情况</td><td colspan="6"></td></tr>
</table>

二、作业环境检查

掘进工作面的环境确认是确保安全生产的重要环节，包括工作面通风情况、支护情况、工作面风流中的甲烷传感器吊挂位置、安全警示标识等内容。下面重点讲解工作面支护情况、通风情况（包括瓦斯、煤尘情况），以及工作面防积水、防突出、防冲击地压工程设施等检查内容。

（一）工作面顶板支护检查

顶板安全是掘进工作面的重要保障。应定期对顶板进行检查，确保其完整性和稳定性。支护结构的选择和安装应符合相关规范，能够承受顶板压力，防止顶板垮塌。检查内容和标准要求见表 10-2。

表 10-2　工作面顶板支护检查表

序号	检查内容	标准要求	是否存在问题
1	支护材料检查	检查支护材料的质量、规格和型号是否符合设计要求，无损坏、老化或不合格的材料。 检查支护材料的存放和使用情况，确保它们不受潮湿、腐蚀或其他因素的影响	
2	支护结构检查	检查支护结构的稳定性、完整性和可靠性，确保它们能够承受顶板压力和地质条件的变化。 检查支护结构的连接部位，确保连接牢固、无松动或断裂现象	
3	顶板状况检查	检查顶板的稳定性、完整性和裂缝情况，确保没有明显的裂缝、剥落或冒顶现象。检查顶板是否有渗水、淋水或涌水现象，以及其他异常情况	

表 10-2(续)

序号	检查内容	标准要求	是否存在问题
4	支护效果评估	评估支护结构对顶板的支撑效果，确保顶板稳定、无变形或下沉现象。评估支护结构对地质条件的适应性，如有必要，及时调整支护方案	
5	安全监测与预警	设置顶板位移、应力等监测点，实时监测顶板的变形和应力情况。根据监测数据，及时预警并采取相应措施，确保工作面的安全	
6	记录与报告	对检查过程中发现的问题和隐患进行详细记录，并及时上报相关部门。根据检查结果，制定相应的整改措施和预防措施，确保工作面的安全生产	

掘进工作面顶板支护检查应全面、细致、严格，确保支护结构的安全可靠，为工作面的安全生产提供有力保障。同时，检查过程中应遵循相关的规定和要求，确保检查结果的准确性和可靠性。

(二) 工作面环境确认

掘进工作面瓦斯涌出集中，产生量大，又处于移动之中，容易发生“一通三防”事故。由于通风与瓦斯、煤尘和水灾防治的关系密切，因此对掘进工作面的安全确认尤为重要。

1. 地质条件确认

了解掘进工作面的地质条件，包括岩石类型、岩层厚度、岩石稳定性、地下水情况等。这有助于预测可能遇到的地质问题和采取相应的安全措施。

2. 通风条件确认

工作面瓦斯治理是否有效，是否存在瓦斯积聚；瓦斯管理制度是否健全和有效执行;应急措施和避灾路线是否完善。

具体内容主要包括:

(1) 掘进工作面进风流中的氧气浓度不得低于20%,二氧化碳浓度不超过0.5%。

(2) 掘进工作面回风巷是否存在甲烷浓度超过1.0%或二氧化碳浓度超过1.5%,如有则停止工作,撤出人员,切断电源,采取措施进行处理。

(3) 电动机或其开关附近20 m以内风流中的甲烷浓度是否达到1.5%,如有则停止运转,撤出人员,切断电源,进行处理。

(4) 掘进工作面及其他巷道内有无体积大于0.5 m^3、浓度达到2.0%的局部瓦斯积聚地点。

(5) 瓦斯积聚附近的20 m内是否停止工作,撤出人员,切断电源,进行处理。

(6) 排放瓦斯有无安全措施。

(7) 排放瓦斯时是否有班(组)长、电工、瓦斯检查工在场。

(8) 停风区是否有栅栏、警标禁止人员进入。

(9) 检查仪器是否完好、准确。

(10) 瓦斯检查工是否配齐。

(11) 高瓦斯工作面和煤与瓦斯突出工作面是否配有专职瓦斯检查工。

(12) 高瓦斯工作面是否每班检查瓦斯3次,低瓦斯工作面是否每班检查瓦斯2次。

(13) 瓦斯检查是否有记录,是否做到检查牌板(检查箱)、记录、汇报对应。

(14) 工作面是否有瓦斯检查牌板,是否认真填写。

(15) 瓦斯检查工检查记录是否随身携带,记录是否齐全。

(16) 瓦斯检查工是否在现场交接班,有无脱岗现象,有无漏检行为。

(17) 在停风区内是否有人作业。停工区内,甲烷浓度达到3.0%,其他有害气体超过规程规定不能立即处理时,必须在24 h内予以封闭。

3. 煤尘防治的检查

重点检查风流中煤尘浓度是否超限,是否存在积尘,防尘措施是否有效。

具体内容主要包括:

(1) 工作面风流中的含尘量是否符合要求。

(2) 在工作面巷道两帮、顶底及管子上是否有厚度2 mm、长5 m的积尘。

(3) 是否有清洗煤尘制度,对巷道是否经常清洗。没有防尘管路系统的掘进工作面不得生产。地面消防水池必须保持不少于200 m^3的水量。

(4) 刮板输送机、带式输送机、转载点是否有喷雾洒水装置,喷雾洒水装置是否灵活可靠。

(5) 工作面是否有煤层注水措施,注水量、注水时间、注水压力是否满足要求。开采有煤尘爆炸危险煤层的矿井,必须有预防或隔绝煤尘爆炸的措施。

(6) 注水后湿润煤量是否满足要求。

(7) 供水管路是否符合防尘、洒水、注水的要求。

(8) 供水管路有无阀门控制。

(9) 供水管路是否接到所有用水地点。

(10) 供水管路有无漏水点,是否经常修理。

(11) 掘进机的内外喷雾是否完好,是否经常清洗堵塞喷雾的煤粉。

(12) 岩粉棚、水棚、水袋、水槽的岩粉量、水量是否满足巷道的需要。

(13) 隔爆设施安设的位置是否合适，是否起到隔爆作用。

(14) 每个隔爆棚的间距是否符合要求，吊棚是否适合。

(15) 岩粉棚的岩粉是否经常更换，有无结块。

(16) 水棚、水槽的水质是否清洁，是否经常补充并清扫槽内的杂物。

(17) 井下消防管路系统每隔 100 m、带式输送机巷道中每隔 50 m，是否设置支管和阀门。

4. 工作面防灭火设施检查

工作面防灭火设施检查见表 10-3。

表 10-3　工作面防灭火设施检查表

序号	检查内容	标准要求
1	防灭火设备	1. 定期检查防灭火设备的运行状况，确保设备无损坏、故障。 2. 定期对消防水带、水枪、灭火器等设备进行检查和更换，保持设备的良好状态。 3. 检查设备存储区域是否干燥、通风，避免设备受潮或损坏
2	防火墙有效性	1. 定期检查防火墙的完整性，确保无裂缝、破损。 2. 防火墙材料应符合防火要求，并定期检查其耐火性能。 3. 检查防火墙两侧是否堆放易燃物品，确保防火安全距离
3	消防器材配备	1. 根据工作面实际情况，合理配置消防器材，包括灭火器、消防栓等。 2. 定期对消防器材进行检查和维护，确保器材的正常使用。 3. 检查消防器材摆放是否合理，是否方便取用

表 10-3(续)

序号	检查内容	标准要求
4	监测系统运行	1. 定期检查火灾监测系统的运行情况,确保系统稳定可靠。 2. 监测系统应具备报警功能,一旦发生火情能够及时报警。 3. 定期对监测系统进行校准和维护,确保数据的准确性
5	防火水源保障	1. 确保工作面附近有足够的水源,用于灭火和应急处理。 2. 定期对水源进行检查,确保水质清澈、无杂质。 3. 检查水泵、水管等设备的运行状况,确保在紧急情况下能够正常供水
6	通风系统检查	1. 定期检查通风系统的运行情况,确保风流稳定、畅通无阻。 2. 通风设施应符合安全要求,无漏风、积尘现象。 3. 检查通风系统的自动控制装置,确保其正常工作

确保掘进工作面的安全警示标识(如安全出口指示、警示牌、安全标语等)齐全、清晰,能够提醒作业人员注意安全。在进行掘进工作面环境确认时,应进行全面、细致地检查,确保各项安全措施得到有效落实。同时,应根据实际情况制定针对性的安全措施和应急预案,提高应对突发事件的能力。

三、设备检查

掘进工作面常见的设备有掘进机、带式输送机、锚杆钻机、通风机及其附属装置,同时还涉及各种钻探和监测设备。在布置检查任务时,要制订检查计划,明确检查人员,使用相应的检查工具,同时要记录检查结果。检查出来的问题要及时报告,确保问题能够及时解决,同时根据问题的性质和严重程度,进行分类处理。对已处理的问题要进行跟踪复查，确保问题得到彻底解决。对于检查中发现的问题要进行总结和分析，找出问题产生的原因和规律，为今后的检查和维护提供参考。班组长在检查设备时，要抓好设备检查精准化，实施“清单式点检、清单式检修”，实现机电设备“由抢修变检修，由检修变保养”的预防性检修模式，最大限度消灭故障停机，降低作业设备故障率。

1. 带式输送机检查(表 10-4)

表 10-4　带式输送机检查表

流程	检查内容
交接班检查	1. 认真向交班人详细询问、了解工作现场输送带的运转使用情况，确保输送带的备品备件、专用工器具齐全完好。 2. 岗位范围内无浮尘、淤泥、积水、杂物，设备表面卫生状况良好。 3. 各部位油量符合规定，信号畅通，输送带护网吊挂整齐，消防设施齐全完好，除铁器周围文明生产达标，工具箱完好，过桥完好，护栏牢固
作业前检查	1. 检查信号和控制系统是否灵敏、可靠。 2. 清除机头(尾)的浮煤和妨碍输送带安全运行的障碍物及不安全因素。 3. 检查各转动部位的润滑是否良好。 4. 检查驱动装置、安全保护装置、制动装置是否完整，状态是否正常，各连接部件、清扫装置、防护装置、防滑装置是否齐全完整、紧固、牢靠。 5. 检查输送带接头卡子是否连接可靠。 6. 检查输送带托辊是否齐全、转动灵活，有无损坏
试运行	1. 发出开机信号，检查输送带周围的人员，确认无人员方可开机。 2. 确认各电气设备显示正常，声音正常，冷却水路畅通。 3. 确认各保护设施齐全完好。 4. 多台设备接力运输时，必须逆煤流从外到里依次逐台启动

在带式输送机运行期间，还需要注意以下事项：超温、烟雾、撕带、低速、跑偏、满仓、堆煤、制动、急停等保护必须齐全完好。为防止人员误入煤仓，严禁打开带式输送机仓口部位的封闭式防护装置。严禁靠近标有危险警示牌的保护罩、保护栏等要害部位。严禁清理输送机机头和机尾滚筒、机架、输送带下、溜槽及附近卫生。

2. 小绞车检查(表 10-5)

表 10-5　小绞车检查表

流程	检查内容
交接班检查	1. 认真向交班人详细询问、了解工作现场小绞车的运转使用情况，确保小绞车的备品备件、专用工器具齐全完好。 2. 岗位范围内无浮尘、无淤泥、无积水、无杂物，设备表面清洁卫生
作业前检查	1. 检查小绞车的安装固定应平稳牢固。 2. 各部位零件、紧固件应齐全完整，螺丝不得松动及缺损。 3. 检查小绞车制动闸和工作闸(离合闸)。闸带必须完整无断裂，闸轮表面光洁平滑，无明显沟痕、油泥；各部位螺栓、销、轴、拉杆螺栓及背帽、限位螺栓等完整齐全，无弯曲、变形；施闸后，闸把位置在水平线以上 30°～40°。 4. 检查钢丝绳，要求无弯折、硬伤、打结、严重锈蚀、断丝超限现象；在滚筒上绳端固定牢固，在滚筒上的排列应整齐，无严重咬绳、爬绳现象；松绳至终点，滚筒上余绳不得少于 3 圈；保险绳直径与主绳直径应相同，并连接牢固，护绳板可靠稳固。 5. 信号装置必须声光兼备，声音清晰，准确可靠。 6. 检查电气设备应完好，各操作手把应灵活可靠。 7. 检查矿车的插销、链环应齐全、完好、可靠
试运行	1. 跟车信号工联系好以后，发出声光启动信号，开红灯示警，打开开关电源，按下启动按钮，松开离合闸，压紧制动闸，按信号指定方向启动绞车空转。 2. 确认小绞车无异常响声和振动、无甩油现象

3. 刮板输送机检查(表 10-6)

表 10-6　刮板输送机检查表

流程	检查内容
交接班检查	1. 认真向交班人详细询问、了解工作现场刮板输送机的运转使用情况,确保刮板输送机的刮板、刮板链、润滑油、扳手等备品备件、专用工器具齐全完好。 2. 岗位范围内无浮尘、淤泥、积水、杂物,设备表面清洁卫生
作业前检查	3. 检查施工现场瓦斯与通风情况,符合规定后方可作业。 4. 检查机头转动是否灵活,若有损坏,及时更换刮板链。 5. 检查刮板有无变形损坏,刮板链松紧是否适度。 6. 检查各部轴承、减速器的润滑情况,不漏油,转动灵活,滚动轴承温度不超过 70 ℃,缺油时要及时注油。 7. 检查所有螺栓、螺帽及其他连接零件齐全、紧固可靠,信号装置动作闭锁可靠。 8. 检查喷雾装置是否齐全,喷嘴不堵塞,水呈雾状喷出。 9. 检查机头、机尾链无缠绕物
试运转	1. 发出开机信号,确定人员离开机械运转部位,空载情况下启动试运转,先点动两次,无异常现场再正常运转。 2. 确认各部件的运转声音是否正常。 3. 确认传动链松紧程度,是否有跳动、挂卡、跑偏、漂链等情况。 4. 确定链条及刮板是否有损坏现象

4. 局部通风机检查(表 10-7)

表 10-7 局部通风机检查表

流程	检查内容
交接班检查	1. 认真向值班人详细询问、了解工作现场局部通风机的运转使用情况。 2. 岗位范围内无浮尘、淤泥、积水、杂物,设备表面清洁卫生
作业前检查	1. 检查通风机消防器材是否完好。 2. 检查通风机运行温度、声音是否正常。 3. 检查各部件的连接螺栓是否齐全、紧固。 4. 检查通风机电气运行是否正常,有无异常情况。 5. 检查风筒与风机的接头连接是否牢靠。 6. 在通风机前设置明显的警示标识,通风机安装位置合理
试运转	1. 在确保通风机开关处于关闭状态后,开启通风阀门,为通风机提供通风条件。 2. 按下通风机的启动按钮,启动通风机。在启动时,应观察通风机转动是否正常,有无异常声音或振动。 3. 在通风机启动后,应密切关注其运行状态,包括电机温度、轴承温度、振动情况等。如有异常,应立即停机检查。 4. 根据掘进工作面的实际需要,调节通风机的风量和风压,确保通风效果满足要求。 5. 在试运转结束后,按照操作规程正确停机。通常需要先关闭通风阀门,然后按下停止按钮停止通风机运行

5. 掘进机检查(表 10-8)

表 10-8 掘进机检查表

流程	检查内容
交接班检查	1. 认真向值班人详细询问、了解工作现场掘进机的运转使用情况,确保掘进机正常运转。 2. 岗位范围内无浮尘、淤泥、积水、杂物,设备表面清洁卫生

表 10-8(续)

流程	检查内容
作业前检查	1. 各操作手把和按钮应齐全、灵活、可靠,各操作手把打到零位。 2. 机械、电气、液压系统、安全保护装置应正常可靠,零部件应完整无缺,各部连接螺丝应齐全、紧固。 3. 电气系统各连接装置的电缆卡子应齐全、牢固,电缆吊挂整齐,无破损、挤压。 4. 液压管路、雾化系统管路的接头应无破损、泄漏,防护装置应齐全可靠。将所需延长的电缆、水管沿工作面准备好,悬吊整齐,拖拉在掘进机后方的电缆和水管长度不得超过 10 m。 5. 减速器、液压油箱的油位、油量应适当,无渗漏现象,并按技术要求给机器注油、润滑。 6. 转载带式输送机应确保完好,托辊齐全。 7. 切割头截齿、齿座应完好,发现有掉齿或严重磨损不能使用的,应切断掘进机电源,及时更换。 8. 装载耙爪、链轮要完好。刮板链垂度应合适,无断链丢销现象,刮板齐全无损,应拧紧防松螺帽,防止刮板松动。 9. 履带、履带板、销轴、链轮保持完好,按规定调整履带的松紧度。 10. 喷雾系统、冷却装置、照明应完好
试运转	1. 试运转前通知周围人员,针旋"信号、报警"开关,发出开机信号,确认工作面没有无关人员。 2. 旋转油泵启动开关,油泵即可启动运转。旋油泵电机停止开关,运行中的油泵电机停止运行。 3. 启动转载机、运输机试运转,确认运转情况正常。 4. 试验耙爪(星轮),升起截割头到水平位置,升起后支撑,抬起铲板确认摇臂周围环境安全,确认摇臂升降情况正常并复位。 6. 试验截割电机,打开喷雾装置,操纵截割头左右摆动,确认截割部试运转正常。 7. 试运转观察。观察掘进机各部件的运行情况,确保其平稳、无异常振动和噪声。检查掘进机的截割效果,如截割速度、截割质量等

6. 锚杆机检查(表 10-9)

表 10-9 锚杆机检查表

流程	检查内容
交接班检查	1. 认真向交班人详细询问、了解工作现场锚杆机的运转使用情况,确保锚杆机正常运转。 2. 岗位范围内无浮尘、淤泥、积水、杂物,设备表面清洁卫生
作业前检查	1. 首先检查锚杆机的整体外观和结构是否完好,有无明显的变形、裂纹或损坏。同时,检查各部件的连接是否紧固可靠,确保没有松动或脱落的现象。 2. 锚杆机通常采用液压驱动,因此需要检查液压油箱的油位是否合适,油质是否清洁。同时,检查液压管路是否有漏油、磨损或挤伤等现象,确保液压系统的正常运行。 3. 检查锚杆机的电气系统是否完好,确保电缆没有破损或老化现象,电器元件工作正常,电机运转平稳且无异常声响。 4. 检查锚杆钻具的完好性,包括钻头、钻杆和连接套等。确保钻具没有磨损过度、变形或损坏,以保证钻孔的质量和效率。 5. 检查锚杆机是否装备了必要的安全保护装置,并确保这些装置能够正常工作
试运转	在以上检查均正常的情况下,进行锚杆机的功能测试,包括启动、钻进、提升和旋转等动作,确保锚杆机能够按照要求正常工作。煤矿锚杆机试运转检查是确保锚杆支护系统安全可靠的重要环节

7. 电气设备检查(表 10-10)

表 10-10　电气设备检查表

流程	检查内容
交接班检查	1. 认真向交班人详细询问、了解上一班的电气设备使用情况，确保电气设备检修常用的工具、材料、配件及绝缘防护用品等必要的备品备件齐全完好。 2. 岗位范围内无浮尘、淤泥、积水、杂物,设备表面清洁卫生。 3. 交接完毕,在交接记录表上签字确认
作业前检查	1. 检查电气设备零部件齐全,三证(合格证、生产许可证、煤安标志证)齐全完整,三证张贴符合定置管理要求,零部件符合各项技术性能的要求。 2. 检查井下电气设备铭牌、防爆标志齐全、醒目,所有电气设备隔爆性能良好,隔爆接合面等符合规定要求。设备外壳无变形、开焊、锈蚀等现象。 3. 检查螺栓螺母弹簧垫圈齐全,规格统一,并进行镀锌等防腐处理,不得有锈蚀,螺丝紧固后应有 1～3 丝的余量,头部不得有铲伤或变形,不通孔螺栓最小啮合数不得少于 6 丝。 4. 检查设备打开后的带电部位,应设“有电危险”等字样的警告标志。 5. 检查各种机电设备的安全防护装置必须齐全、完整、灵敏可靠,各零部件性能符合规定要求,绝缘用具齐全可靠,按规定周期进行检验。 6. 检查高、低压电气设备的过流、漏电、接地等保护装置,必须符合《煤矿安全规程》及安全生产标准化等的规定。接地线压接不松动、螺栓不锈蚀、不缺少弹簧垫圈,接地线及接地极规格型号、安装位置等符合规定。 7. 检查电气设备接线有可靠的强度,连接可靠。 8. 检查电气设备的电气间隙和爬电距离符合要求。 9. 检查电气设备连锁装置齐全、灵敏可靠。 10. 电缆吊挂整齐,电缆的连接、绝缘、接地符合要求,无超负荷运行现象。电缆穿孔套管齐全,密封良好。电缆沟内电缆敷设规范,无杂物

表 10-10(续)

流程	检查内容
试运转	1. 按照停送电作业程序恢复送电。 2. 空试运转无误后,方可带负荷运转。 3. 带负荷运转无误后,方可正常运行。运行 30 min 后,结束检修作业。 4. 通知变电所配电工完成检修工作

第三节　组织文明生产

一、组织开、停机

掘进工作面是煤矿生产的重要环节,开停机是确保生产顺利进行的关键步骤。合理地组织开停机可以保证设备的正常运转,提高生产效率,同时降低安全风险。

1. 准备工作

检查设备状态,清理工作面,确保设备安全可靠。

(1) 检查掘进机、输送机、通风机等设备是否完好无损,紧固件是否松动,油位是否合适。

(2) 确保掘进工作面通风系统正常运行,风量、风压满足要求。

(3) 检查电气设备是否完好,电缆是否破损,接地是否可靠。

(4) 检查安全设施是否齐全有效,如瓦斯监测报警系统、防尘设施等。

2. 启动设备

按照操作规程依次启动各台设备,确保设备正常运行。

(1) 按照工艺流程和设备性能要求,合理确定设备的启动顺序。

(2) 一般情况下,先启动辅助设备,再启动主要设备,如掘进机、输送机等，具体的执行流程为由外向内空载启动。

（3）在启动过程中，应密切注意各设备的运行状态，确保设备平稳启动。

3. 调整相关设备运行状态

根据煤层情况，调整掘进机的速度、截割方式等参数，确保掘进效果。

启动后，应检查各设备的运行参数是否正常，如有问题应及时调整。

4. 掘进工作面停机

（1）在正常停机流程中，应先停止主要设备的运行，再停止辅助设备的运行。停机顺序一般与开机顺序相反。

（2）停机后，应切断设备的电源，打开闭锁及隔离开关，确保设备完全停止运行。

（3）停机后，应对设备进行检查和维护，为下次开机做好准备。

5. 紧急情况处理

（1）在遇到紧急情况时，应立即停机并切断电源，常见的紧急情况有机器异响、无关人员进入、油压发动机温度过高、工作面安全条件变差、瓦斯超限、突然停风停电等。

（2）根据具体情况，采取相应的紧急措施，如启动应急照明、疏散人员等。

（3）及时报告相关部门和领导，组织力量进行救援和处理。

具体的启停顺序可能因设备型号、工作面条件以及安全规定等因素而有所不同。在实际操作中，应严格按照设备说明书和操作规程进行，确保设备的安全、高效运行。同时，作业人员应时刻保持警惕，关注设备的运行状态和工作面的安全情况，发现异常情况应立即停机检查并采取相应措施。

6. 开停机的组织管理

（1）制订合理的开停机计划：根据生产需求和设备状况，制订合理的开停机计划，确保生产顺利进行。

(2) 培训员工操作技能：定期对员工进行操作培训，确保员工能够正确、熟练地操作设备。

(3) 建立应急预案：针对可能出现的故障和异常情况，建立应急预案，确保能够及时处理问题，降低影响。

(4) 定期维护保养：定期对设备进行维护保养，确保设备状态良好，提高开停机的成功率。

总之，掘进工作面的开停机是煤矿生产的重要环节，需要科学合理地组织管理。通过制订合理的开停机计划、培训员工操作技能、建立应急预案、定期维护保养以及监控设备运行等措施，可以提高开停机的成功率，保证生产顺利进行，提高煤矿企业的经济效益和社会效益。

二、劳动组织与管理

掘进工作面作业组织与管理是确保煤矿安全生产的重要环节，它涉及作业组织、作业流程管理、安全管理等多个方面。

1. 作业组织

(1) 人员配置与分组：根据掘进工作面的生产需求和作业条件，合理配置各类作业人员，掘进机司机、带式输送机司机、支护工、巷道维修工、通风工为专职工，其他人员为综合作业，一职多能。考虑工作面的作业环境、作业强度及安全要求，合理安排人员班次，确保人员充足且不过度疲劳。

(2) 作业任务分配：明确每个班组的作业任务和职责，确保各项作业能够有序进行。同时，根据作业进度和现场情况，及时调整任务分配，保证作业效率。

(3) 协同与沟通：加强班组之间的协同与沟通，确保作业流程的顺畅。通过定期召开班前会、班后会等方式，及时传达作业要求、安全注意事项等信息，增强作业人员的安全意识。

2. 作业流程管理

(1) 标准化作业流程:制定掘进工作面的标准化作业流程,明确每个环节的作业步骤、操作方法和安全要求。作业人员应严格按照流程进行作业,确保作业质量和安全。

(2) 作业进度控制:根据生产计划,合理安排掘进工作面的作业进度。通过实时监测和调度,确保作业进度与计划相符,避免因进度滞后而影响整体生产。

(3) 设备维护与保养:对采掘机械、运输设备等关键设备进行定期维护和保养,确保设备的正常运行和延长使用寿命。同时,建立设备档案,记录设备的维护情况和使用状态。

三、安全生产管理

1. 安全制度的执行

建立健全掘进工作面的安全管理制度,包括安全作业规程、安全检查制度、隐患排查制度等。通过制度约束,规范作业人员的行为,降低安全风险。定期对作业人员进行安全教育培训,增强他们的安全意识和操作技能。培训内容应包括安全知识、操作规程、应急处理等方面。

2. 安全检查与隐患排查

加强现场安全检查和隐患排查,及时发现和处理安全隐患。对发现的问题进行整改,并跟踪验证整改效果,确保问题得到彻底解决。

3. "三违"行为的防治

据统计,90%以上的事故是由于人的"三违"行为导致的,因此加强生产过程中班组的"三违"防治工作,是安全生产的重要基础。

班组现场反"三违"行为管理可以采取以下措施:

(1) 查思想。生产作业中,关注职工的思想变化,看有没有存在思想问题的职工,一旦发生职工有思想问题,要及时疏导教育,使其保持良好的思想状态。

(2) 查行为。生产作业中,注意观察职工的行为,发现有不安全行为的职工,要及时制止和教育其改正不安全行为,引导职工按照作业规程和操作规程作业。

(3) 查管理。生产作业中,矿领导或管理部门人员检查现场管理情况,看是否有管理混乱、违规生产的情形。

四、突发情况的应急处置

1. 发生灾害时班组长的职责和权力

出现事故预兆或发生事故时,班组长为现场主要负责人,应立即组织工人撤出作业现场至安全地点。其现场职责主要有:

(1) 全面指挥避险救灾,负责查看事故性质、范围和发生原因等情况,并快速报告调度室。通知相关人员启动紧急响应机制,并按照预案中的程序进行处置。

(2) 在确保安全的前提下,立即停止作业,并迅速撤离工作面的所有人员。确保每个人都了解撤离的路线和避灾的方法,避免在撤离过程中发生二次伤害。

(3) 根据事故的性质和严重程度,采取相应的紧急技术措施。这可能包括切断电源、关闭气源、启动排水系统等,以防止事故扩大或引发次生灾害。

(4) 在保证安全的前提下,组织专业的救援队伍进行抢险救援,带领全班组人员开展自救、互救工作。

(5) 尽可能采取措施避免事故扩大,减少人员伤亡。

(6) 在救援过程中,要注意保护现场,避免破坏事故证据。

2. 设备故障等异常情况的应急处置

设备故障等异常情况的应急处置需要遵循清晰、迅速、有效的原则,以确保人员安全和设备得到及时修复。常用的应急处置流程如下:

(1) 初步判断与记录：初步判断故障类型，如软件故障、硬件故障等；尝试确定故障原因，如人为错误、设备老化等；详细记录故障现象、发生时间、地点、设备型号等关键信息。

(2) 紧急处置措施：对于可能进一步恶化故障的情况，应立即关闭设备或软件。对于轻微故障，可以尝试重启设备或软件，看是否能恢复正常。如果条件允许，可以进行手动修复，如更换损坏的部件、修复电路板等。如果有备用设备，应立即启动以替代故障设备，确保生产或服务不受影响。

(3) 通知与报告：立即通知现场负责人和其他相关人员，确保他们了解故障情况。向上级领导或相关部门报告故障情况，包括故障类型、原因、影响范围等。故障报告时间不得超过故障发生后1 h。

(4) 现场保护与调查：严格保护事故现场，防止故障扩大或损失加重。确需移动现场物件时，应做出标志、拍照、详细记录和绘制现场图。对故障原因进行深入调查，分析故障发生的根本原因。

(5) 恢复与预防：根据故障原因，采取相应措施修复设备，确保其恢复正常运行。制定预防措施，根据故障发生的原因和教训，制定相应的预防措施，避免类似故障再次发生。

(6) 注意事项：在处理设备故障时，要特别注意避免误操作，以免加重故障或造成更大的损失。在处理设备故障时，要确保人员的安全，避免因操作不当导致人员伤害事故的发生。

通过遵循以上应急处置流程，可以迅速、有效地应对设备故障等异常情况，确保生产或服务不受影响，同时保障人员和设备的安全。

五、作业生产事故应急处置

掘进工作面生产过程应急处置是一个复杂且关键的任务，它涉及多个方面，以确保人员的安全和生产的稳定。以下是一些关键步骤和措施：

(1) 立即启动应急预案：一旦发生事故或紧急情况，应立即启动掘进工作面的应急预案，通知相关人员，启动紧急响应机制，并按照预案中的程序进行处置。

(2) 停止作业并撤离人员：在确保安全的前提下，立即停止作业，并迅速撤离工作面的所有人员。确保每个人都了解撤离的路线和避灾的方法，避免在撤离过程中发生二次伤害。

(3) 事故报警与通信：通过预设的通信渠道，向相关部门和救援队伍报告事故情况。保持通信畅通，以便及时获取最新的救援指令和信息。

(4) 采取紧急技术措施：根据事故的性质和严重程度，采取相应的紧急技术措施，包括切断电源、关闭气源、启动排水系统等，以防止事故扩大或引发次生灾害。

(5) 组织救援与抢险：在保障安全的前提下，组织专业的救援队伍进行抢险救援。根据现场情况，采取合适的救援方法和设备，尽快控制事故，减少损失。

(6) 现场保护与取证：在救援过程中，要注意保护现场，避免破坏事故证据。同时，对事故原因进行初步调查，收集相关证据，为后续的事故处理提供依据。

(7) 恢复生产与安全检查：在事故得到妥善处理并确认安全后，逐步恢复生产。同时，对掘进工作面进行全面的安全检查，消除潜在的安全隐患，确保生产安全稳定进行。

掘进工作面生产过程应急处置需要遵循科学、规范、安全的原则，确保在紧急情况下能够迅速、有效地应对各种突发情况。此外，定期的应急演练和培训也是提高应急处置能力的重要手段。

第四节　交　　班

一、交班准备、内容与要求

交班是一项重要的任务，需要将当班的多项工作内容整理清楚，然后进行面对面的现场交接，并且等待接班人员对交接的各项基本情况进行确认，最终双方在交接班记录上签字之后才算结束。

1. 交班准备

交班的主要准备工作如下：

(1) 检查设备：交班班组长应在下班前 1 h，对所属的设备、管线、阀门、仪表等进行全面检查，发现问题及时解决，不得拖延给下一班。

(2) 清理工作现场：交班前 30 min，由操作工擦拭好本岗位的机器、电器仪表，清扫工作现场，检查工具、仪器、防护用品、消防器材等，做好岗位交班前的准备工作。

(3) 整理工作记录：交班前，班组长需要整理当班的工作记录，包括生产情况、设备运转情况、事故处理情况、设备检修情况等，确保记录真实、准确、完整。

2. 交班内容和程序

现场交班主要按照以下程序和内容进行：

(1) 现场交接班：交班班组长需要在现场对当班的生产情况、设备情况、安全情况、领导有关指示，以及上一班未完成的工作任务、设备存在的故障、未处理的安全隐患、存在的问题等特殊情况向接班班组长进行全面交接。

(2) 确认交接事项：接班班组长需要对交班班组长交待的各项事项进行确认，如果有不清楚或不明白的地方，需要及时向交班班组长询问。

(3) 签字确认:交接班双方要按照交接班规定项目逐项检查,并在交接班记录表上签字,若有异常,两班协调解决,解决不了及时汇报。只有接班班组长确认了所有交接内容并签字,交班班组长的工作才算完成。

3. 交班要求

交班要执行"十交、六不交"的相关要求。

(1)"十交"是指交班前应确认以下工作情况:① 本班生产情况;② 工艺指标的执行情况和存在问题;③ 事故原因和处理情况及处理结果;④ 设备运转和维护保养情况;⑤ 仪器、仪表、工具的保管和使用情况;⑥ 记录表的填写情况;⑦ 室内外及设备卫生;⑧ 跑冒滴漏及机械用油情况;⑨ 安全生产情况;⑩ 领导的指示。

(2)"六不交"是指:① 工艺指标不符合条件不交;② 设备保养不好不交;③ 事故原因未查清不交;④ 工具不全不交;⑤ 记录表不齐全、不整洁不交;⑥ 设备及环境卫生不清洁不交。

二、交班注意事项

(1) 交接班人员必须在井下指定地点、指定时间交接班,认真填写交接班记录,做到内容齐全、字迹工整、清晰。

(2) 交接班人员应在交接班前 15 min 到达现场。

(3) 交接班时,必须将当班情况交接清楚,并由交班人填写交接班记录,接班人同意后接班并签字,同时严格按照规定的项目认真进行检查,交班做到"完全彻底",接班做到"心中有数"。

(4) 交班中发生的问题由交班人员负责,交班后出现的问题由接班人员负责。

(5) 在规定的交接班时间内,如接班人员未到,交班人员有权汇报队值班领导,并坚守岗位;交接班人员未办理手续,不得擅自离开岗位。

(6) 交班人与接班人在现场交接后,必须同时向调度和队部值班领导汇报交接情况。

通过以上步骤和注意事项，可以确保掘进班组长交班工作的顺利进行，保障生产的安全和稳定。同时，也有利于接班班组长更好地了解生产情况，做好下一步的工作安排。

第十一章　掘进作业安全风险分级管控与隐患排查治理

第一节　掘进作业安全风险与管控措施

一、危险源的概念

危险源是可能导致人身伤害或健康损害的根源。比如煤尘、瓦斯、地下水、运转的机械、噪声、顶板等，这些危害因素都可能导致人身伤害或健康损害，这些危害因素通常被称为危险源。

二、风险的概念

风险是危险源发生危害的可能性和严重性的组合，也就是危险源发生危害的概率是大还是小，导致的后果是否严重，如果发生概率大、导致的后果严重，那么我们就说风险大；如果发生的概率很小、导致的后果不严重，那我们就说风险小。在煤矿作业中，存在着各种各样的风险。例如，采煤机是危险源，运转的采煤机有伤人的风险；顶板是危险源，顶板有垮落、掉矸石伤人的风险；煤尘是危险源，煤尘有导致爆炸、尘肺、损坏设备的风险。

三、风险控制方法

在一定的条件下，对现场岗位中的风险进行预先辨识、评估，继而采取有效措施，控制、减少、消除风险，使风险降到人们可接受程度的一系列活动，称为风险预控管理。

风险预控管理的基本原理是运用风险管理的技术，通过探求风险发生、变化的规律，认识、估计和分析风险对安全生产所造成的危害，运用计划、组织、指导、管制等一系列手段，实现“一切意外均可避免”“一切风险皆可控制”的风险管理目标。

煤矿风险预控管理体系的基本内涵，是指在煤矿生产整个过程中，对煤矿各个生产系统、生产环节中的各种危险源进行预先辨识，对各种风险进行评价分析，继而采取有效措施，控制、减少、消除风险，并在一定经济、技术条件下，通过“人、机、环、管”(即人员、机电设备、环境、管理)的最佳匹配，防止风险转化为事故，实现本质安全，做到安全生产。

煤矿作业现场风险预控，可以从以下几个方面进行：

(1) 增强安全意识和安全素质。员工按规定参加安全培训，贯彻落实“以人为本”的指导思想，通过安全培训，增强煤矿从业人员的安全意识和技术水平，变“要我安全”为“我要安全”。

(2) 落实各项规章制度。主要以各种制度规范煤矿从业人员的行为，如操作人员的手指口述，现场班组长验收签字、安全检查工检查等。

(3) 落实操作程序。在现有安全技术操作规程的基础上，对每一个工种作业中的每一道工序，都制定出详细的操作程序，不论任何人，在同一岗位上完成某一工序时，都按照规定的操作程序执行，这就避免了违章操作和误操作的发生，在很大程度上减小了风险发生的可能性。

(4) 执行操作标准。以《煤矿安全规程》、安全技术操作规程为依据，对每一项工作都制定出操作标准，提高操作水平，降低事故发生的概率。

煤矿掘进工作面常见的岗位风险见表11-1。

为了降低这些风险，煤矿需要采取一系列的安全措施，包括加强瓦斯和煤尘的监测与控制，进行定期的巷道支护和检查，加强机械设备的安全操作和维护，建立有效的排水系统和电气安全防护措

表 11-1　煤矿掘进工作面常见的岗位风险

序号	常见风险	可能导致的事故
1	瓦斯与煤尘爆炸风险	由于煤矿掘进过程中可能会产生大量的煤尘和瓦斯，一旦其达到爆炸极限，遇火源就可能发生爆炸。这种风险可能导致严重的人员伤亡和设备损坏
2	顶板坍塌风险	掘进工作面通常处于地下深处，巷道顶板和侧壁的岩石可能由于应力变化或地质构造不稳定而发生坍塌。这种风险对工人的生命安全构成严重威胁
3	机械设备操作风险	掘进作业涉及多种机械设备，如掘进机、运输设备等。操作不当或设备故障可能导致人员受伤或事故
4	透水风险	在掘进过程中，可能会遇到地下水源，如地下含水层或旧巷道积水。如果没有有效的排水措施或预警系统，可能导致透水事故，造成人员伤亡和设备损失
5	电气安全风险	掘进工作面的电气设备可能因潮湿、粉尘或操作不当而引发电气故障或火灾

施，以及增强员工的安全意识和操作技能。对掘进工作面现场作业的安全风险进行全面、系统评估，并制定相应的风险控制措施和应急预案，从而确保作业过程的安全和稳定。需要注意的是，风险评估是一个动态的过程，需要随着工作环境和条件的变化而不断地更新和完善。

第二节　掘进作业隐患排查与治理

一、隐患的概念

隐患是指可能导致事故的不安全状态，包括人的不安全行为、物的不安全状态、管理上的缺陷和环境的不安全因素。如果不对隐患进行治理，就容易引发事故。例如，运转的掘进机有伤人的风险，而人员违章进入运转的掘进机工作范围内作业就是隐患；顶板具有垮落伤人的风险，而支护不良就是隐患；煤尘具有爆炸的危险，而喷雾降尘、除尘措施不完善就是隐患。隐患可以理解成不到位的风险防控措施，它会让风险失控，让风险往不好的方向发展，最终导致事故的发生。

从煤矿井下的工作实际来看，危险源是无处不在的，只有通过排查和治理隐患，让人与各种危险源隔离开，才能大幅度降低事故发生的概率和事故发生导致的严重后果。

按照可能造成的严重后果和治理难度将隐患分为一般事故隐患、重大事故隐患两类。① 一般事故隐患是指危害和整改难度较小，发现后能够立即整改排除的隐患。② 重大事故隐患是指危害和整改难度较大，应当全部或者局部停产停业，并经过一定时间整改治理方能排除的隐患；或者因外部因素影响致使生产经营单位自身难以排除的隐患。

二、班组隐患排查治理措施

作业现场的隐患排查治理是围绕消除人的不安全行为、物的不安全状态和环境的不安全因素展开的，针对作业的常见事故隐患，要采取以下措施：

(1) 规范操作人员的安全行为，结合班组的具体情况，以及国家的法律法规、相关规定和标准，制定规章制度和操作规程。

(2) 正确穿戴和使用劳动防护用具、用品。

(3) 严格执行《煤矿安全规程》、安全技术操作规程、作业规程的相关规定

(4) 加强对作业场所的安全检查，及早发现问题，及时妥善整改。

(5) 加强生产设备管理,尤其是设备的防爆管理,按规定做好设备和安全设施、防护装置的维护保养,使之始终保持完好状态。

(6) 保证各种保护和监测系统灵敏、可靠,井下设备、电缆完好。

(7) 设备布置、物料码放要尽可能地科学合理,保持通道畅通。

(8) 及时清扫垃圾、废料,整理现场的原材料、产品和工具。

班组在生产作业前由当班班组长负责组织进行一次现场事故隐患排查和安全确认,排查出的事故隐患必须做好记录并告知现场其他相关人员。

排查出的事故隐患由当班班组长立即组织人员进行整改,并负责督办和验收,同时做好登记。

对当班无法整改、没有整改结束的事故隐患及重大事故隐患,由当班班组长汇报区队值班队干,由区队组织人员进行治理或上报,并在交接班期间相互交接清楚。

职工到岗后开始作业前,必须首先进行事故隐患排查工作,对本岗位危险因素进行一次安全确认,在作业过程中随时排查事故隐患,发现危及人身安全的事故隐患时必须立即停止作业,排查出的事故隐患必须做好登记。

对能够立即治理的事故隐患,岗位工必须立即进行整改,并由下一班岗位工或当班班组长进行验收;对不能立即治理的事故隐患应报告当班班组长或跟班队长,由班组长或跟班队长组织人员进行整改,并负责督办和验收;对当班班组无法整改、没有整改结束的隐患由班组长或跟班队长汇报区队,由区队值班队干或队长组织治理或上报,并由岗位工在交接班期间相互交接清楚。

第三节　掘进作业常见风险隐患排查与治理

掘进作业常见风险隐患排查与治理见表 11-2。

表 11-2　掘进作业常见风险隐患排查与治理表

风险隐患类别	风险隐患内容	治理措施
公共风险与隐患	1. 顶板是否掉渣，煤壁是否片帮。 2. 瓦斯、煤尘是否有爆炸危险。 3. 地质结构、水文地质条件是否存在不确定因素	1. 严格执行敲帮问顶及围岩观测制度，严格控制控顶距，严禁空顶作业。 2. 加大瓦斯、煤尘的检查力度，严禁瓦斯超限作业，做好综合防尘工作，搞好通风管理，把瓦斯、煤尘控制在规程规定的浓度以下，确保安全生产。 3. 坚持“预测预报，有疑必探，先探后掘，先治后采”的原则，掌握水文地质情况。严格落实探放水作业，落实“四步工作法”（查全、探清、放净、验准）和“三专两探一撤”措施
掘进机作业风险与隐患	1. 人为破顶、超高割煤。 2. 掘进机各种保护不齐全或不完好强行开机。 3. 割煤速度过快，操作不当损坏设备。 4. 处理相关工作，未停电闭锁掘进机，工作结束后未加防护罩。 5. 未及时发现掘进机电缆被挤压，电缆发生漏电。 6. 未发出开机信号，未观察机组活动范围情况就开机。 7. 作业过程中，未设置警戒，未取得掘进机操作资格证，串岗作业	1. 工作面割煤期间，做好敲帮问顶工作，严禁人为破顶和超高割煤。 2. 掘进机开机运行前必须确保状况良好。定期对掘进机进行全面检查，确保其处于良好状态。及时更换磨损严重的零部件，预防机械故障的发生。 3. 对掘进机司机进行专业培训，增强其操作技能和安全意识。确保司机能够熟练掌握掘进机的操作方法和安全规程，避免因操作不当导致的事故。 4. 处理相应工作时必须停电闭锁，方可进行作业，非掘进机司机不能操作掘进机。 5. 在掘进作业过程中，加强通风设备的运行，降低粉尘浓度。同时，为司机配备防尘口罩等防护用品，减少粉尘对健康的危害。 6. 开机前观察周边情况并设置警戒，严防无关人员进入工作区域。 7. 强化安全监测与预警：使用先进的监测设备和技术，对瓦斯浓度、工作情况（电子围栏）等进行实时监测和预警。一旦发现异常情况，立即采取措施进行处理，确保掘进作业的安全进行

表 11-2(续)

风险隐患类别	风险隐患内容	治理措施
掘进支护操作作业风险与隐患	1. 支护设备选择不当或质量不合格,支护设备老化或损坏,未能及时更换或维修。 2. 支护工操作不规范,如支护间距过大、支护角度不正确等,可能导致支护结构不稳定。支护作业中未按照设计要求进行,未按照预定位置或顺序进行支护。 3. 工作面地质条件复杂,如岩层松软、节理发育等,可能增加支护难度和风险。工作面通风不良、照明不足,影响支护工的作业安全。 4. 支护工安全意识淡薄,忽视安全操作规程,支护工操作技能不足或经验不足	1. 认真传达及学习了解现场支护措施,确保落实到位。 2. 严格选择和管理支护设备:根据工作面地质条件和设计要求,选择合适的支护设备,确保其质量和性能符合标准。定期对支护设备进行检查和维修,确保设备处于良好状态。 3. 规范支护操作:制定详细的支护操作规程,明确支护间距、角度等关键参数,确保支护工按照规程进行操作。 4. 加强支护工的培训和考核,增强其操作技能和安全意识,确保支护作业质量。 5. 加强工作面的通风和照明,确保支护工的作业环境良好。制定合理的支护方案,降低支护难度和风险。 6. 加强安全监管,完善应急措施
带式输送机操作作业风险与隐患	1. 带式输送机误启动伤人。 2. 滚矸、断带伤人。 3. 未停电闭锁造成误启动伤人	1. 设备和开关完好,执行手指口述。 2. 发出开机信号并喊话,确认所有人员离开带式输送机,执行好岗位操作程序,执行手指口述。 3. 点动开机两次,再正常开机,严格执行岗位操作程序。 4. 转动部位安设有防护栏,执行岗位手指口述。 5. 处理输送带跑偏必须停电闭锁,严格执行岗位操作程序。 6. 停机后带式输送机上无煤矸。 7. 停电闭锁,执行手指口述及停送电制度

表 11-2(续)

风险隐患类别	风险隐患内容	治理措施
探放水作业风险与隐患	1. 探放水设备多为电气设备，存在漏电、短路、接地、过载等电气安全风险，可能对操作人员构成威胁。 2. 探放水设施常设置在运输水源的振荡车上，存在护栏不严密、悬空作业等安全风险。 3. 设备运行过程中的启动、停机、检修等机械操作，若机械设备损坏、操作不当或未遵守操作规程，可能给操作人员带来机械安全风险。 4. 若探放水作业中发现岩石松软、片帮、来压或钻孔中水压、水量突然增大等异常现象，未立即停止钻进并采取相应措施。 5. 探放水作业中可能遇到有害气体超标的情况，若未及时处理，可能导致中毒窒息等作业风险	1. 坚持探放水原则：坚持“有疑必探、先探后掘、先探后采”的原则，在接近可能积水的老空、老巷、溶洞、导水陷落柱等区域时，必须确定探水线再进行探水。 2. 严格按照探放水设备使用规定进行操作，配备安全防护装置，对设备进行预防性检修与保养。 3. 全面检修排水设备：确保工作泵和备用泵完好，保持正常工作。 4. 预计水压较大的地区，探水钻进前应先安好孔口管和控制闸阀，进行耐压试验。 5. 探放水过程中，进行定期监测和检验，包括水流量、落差、水位等全面监测，对水质进行质量检测，及时发现问题并采取相应措施。 6. 做好作业过程中环境确认，确保监测装置完好，安全出口畅通。 7. 严格现场管理，探放水作业时，应有专人负责现场安全管理，确保各项安全措施得到有效执行

表 11-2(续)

风险隐患类别	风险隐患内容	治理措施
爆破作业风险与隐患	1. 打眼前未检查作业地点的瞎炮、残炮,或处理不当,可能导致早爆伤人。 2. 打眼角度不对、横向加压,或钻眼设备未垂直煤壁,多人顶推,施加横向力,可能造成断钎伤人。 3. 不使用综合保护装置可能导致电钻漏电伤人。 4. 打眼位较高时,如未采取适当的安全措施,可能导致登高坠落伤人。 5. 干打眼作业可能导致尘肺病等职业病。 6. 煤电钻、风钻、锚杆机等设备在使用过程中可能因操作不当或设备故障导致人员受伤	1. 严格执行安全规程,打眼前必须检查作业地点的瞎炮、残炮,并按规定处理。 2. 确保工作面风流中瓦斯浓度不超过安全标准,禁止在瓦斯浓度超标的情况下进行打眼作业。 3. 钻眼设备应垂直煤壁,避免多人顶推和施加横向力。打眼时要保持正确的角度和力度,避免断钎伤人。 4. 使用综合保护装置,确保电钻安全使用,防止漏电伤人。 5. 打眼位较高时,应搭设稳固的脚手架,并确认安全后方可继续作业。作业人员应佩戴好安全防护用品,如安全带、安全帽等。 6. 采用湿式打眼,避免干打眼造成的粉尘污染,降低职业病风险。 7. 加强设备管理与维护,对风钻、锚杆机等设备进行定期检查和维护,确保设备正常运行。 8. 加强对掘进工作面打眼工的安全培训和教育,确保在作业过程中能够识别和应对潜在风险

第十二章　掘进作业典型事故案例分析

案例一　某煤矿“1·27”较大水害事故

【事故经过】

某煤矿属地方国有企业，核定生产能力 90 万吨/年，属低瓦斯矿井，水文地质类型为中等。2023 年 1 月 27 日，该煤矿发生较大水害事故，造成 4 人遇难，直接经济损失 876.12 万元。事故发生后，煤矿迟报。事故发生在 3# 煤层一采区北翼 ZF1212 掘进工作面迎头，该区域 3# 煤层煤厚平均为 4.20～6.12 m，过去沿顶板采煤后形成诸多采空区，采空区存有积水。ZF1212 巷掘进至 90 m 时遇地质构造，巷道揭露底板砂质泥岩，至 117 m（事发位置）处该巷一直为半煤岩巷。

【事故原因】

1. 直接原因

该矿在未消除复采区域水害事故隐患的情况下安排掘进 ZF1212 巷，超前钻探（长探）违反《煤矿安全规程》规定，逐班探测（短探）违反作业规程规定，前方积水未探明，冒险掘进，受老空水的长期浸泡和爆破对围岩（煤）的破坏，并叠加采场应力与水压力耦合的影响，3# 煤上部老空积水突破厚度有限的煤壁瞬间溃入工作面，导致事故发生。

2. 间接原因

(1) 该煤矿重生产、轻安全，盲目组织作业。ZF121 放顶煤工作面开采设计未经批复，在周边采空区积水未疏放干净、隐患未消除的情况下，冒险开掘 ZF1211、ZF1212 巷。

(2) 该煤矿防治水责任不落实，安全管理混乱。违反《煤矿防治水细则》规定，擅自将探放水钻孔超前距确定为 10 m；防治水制度不落实，探水钻孔钻探、验收、移交工作不符合有关要求；未认真开展物探，物探报告造假。

(3) 该煤矿隐患排查流于形式，现场监督形同虚设。对辨识出的水害重大风险未采取管控措施，安全隐患大排查浮于表面、流于形式；未有效利用工业视频，未落实探放水相关制度及作业规程，现场安全监督形同虚设。

(4) 上级公司安全责任不落实，安全检查不严不细。疏于安全监督管理，对该煤矿日常安全监督检查不认真、不仔细，未发现 ZF121 放顶煤工作面未批先掘以及探放水方面存在的问题，未督促该煤矿及时上报事故，也未向有关部门报告事故。

【防范措施】

1. 加强地质勘探和评估

充分勘探：在煤矿开采前，要进行充分的地质勘探和评估，了解煤矿的地质条件和煤层结构，为后续的开采提供科学依据。这包括查明影响安全开采的水文地质条件，如各种含水体的水源、水量、水位(水压)、水质和导水通道等。

隐患监测：加强对地质隐患的监测和预警，及时发现和处理潜在的地质风险。特别是要关注老空区、小窑破坏区等隐蔽致灾因素，防止因积水等原因导致的透水事故。

2. 合理选择采矿方法

在采矿过程中，要根据煤矿的地质条件和煤层结构，选择合适的采矿方法，避免破坏煤层的稳定性。对于存在透水风险的区域，应采取更为谨慎的采矿方式，如留设隔离煤(岩)柱等。

3. 加强安全管理

煤矿要建立健全安全管理制度,明确安全责任和措施。制定并严格执行探放水制度和隐蔽致灾因素普查制度,确保各项安全措施得到有效执行。加强对矿工的安全培训和教育,增强矿工的安全意识和应急处置能力。确保矿工能够熟悉并遵守安全规程,掌握必要的自救、互救技能。加强对煤矿生产过程的监督和管理,确保各项安全措施在现场得到落实。对违反安全规程的行为要严肃处理,形成有效的安全监管机制。

4. 实施智能化矿井建设

通过引入先进的信息化和智能化技术,实现矿井的智能化管理和监测。利用物联网技术对矿井进行实时监测和预警,及时发现和处理安全隐患。利用大数据分析技术对矿井数据进行深度挖掘和分析,为安全生产提供科学依据。通过对数据的分析可以预测潜在的安全风险并提前采取措施进行防范。

5. 加大应急救援力度

制定完善的应急预案并定期组织演练。确保一旦发生透水事故能够迅速启动应急预案并组织救援力量进行抢险救援。加强应急救援队伍建设,提高应急救援的效率和水平。确保救援队伍具备足够的装备和技能以应对各种复杂情况。加强与矿山救护队的合作机制建设,形成快速响应、协同作战的应急救援体系。在事故发生时能够迅速调集各方力量进行联合救援。

6. 强化法治意识和红线思维

煤矿企业要强化法治意识,牢固树立红线意识和底线思维。消除重生产、轻安全的思想观念,将安全生产放在首位。明确各级领导和职工的安全生产责任并严格落实到位。对于安全生产工作不力的单位和个人要严肃追责问责,形成有效的责任追究机制。

案例二　某煤矿“9·10”一般顶板事故

【事故经过】

2023年9月10日21时54分17秒，某煤矿11002回风顺槽掘进工作面354.9～363.0 m发生一起一般顶板事故(垮塌长度8.1 m、宽度5.0 m、高度1.58～1.70 m)，造成7人被困，其中5人自行脱险，2人遇难，直接经济损失473.3万元。

【事故原因】

1. 直接原因

11002回风顺槽事故段顶板为煤岩复合顶板，《11002综放工作面开采设计》与《11002回风顺槽作业规程》中规定采用锚网索＋11号矿用工字钢棚联合支护方式，生产副矿长违规取消了锚杆锚索导致顶板离层，离层煤岩压力使顶梁变形从棚梁接口处滑脱，顶板垮落将作业人员掩埋致死，是造成本次事故的直接原因。

2. 间接原因

(1) 未按相关设计组织施工。矿井违反变更设计、工作面设计要求，擅自将11002回风顺槽由沿9＋10号煤层底板掘进变更为沿11号煤层底板掘进，事故发生时该巷道已进入11号煤层56 m。11002回风顺槽工作面穿层至11号煤层期间出现顶板破碎后研究制定的在二运滞后补打锚索措施，与工作面设计规定的采用11号矿用工字钢棚＋锚网索联合支护要求不符。

(2) 技术管理混乱。矿井多次采用“工作联系单”变更支护形式并通知队组作业，未及时修改作业规程或者补充安全技术措施；“工作联系单”未明确施工工艺、安全管理措施等；棚架巷道未根据围岩探测分析结果、巷道断面、工字钢型号等确定棚架间距，随意调整棚距。

(3) 现场管理不到位。未按照 8 月 18 日下发的“工作联系单”要求的距离补打锚索；工字钢棚架设质量差，棚架与顶、帮之间的空隙未塞紧、背实，用综掘机施工柱窝致使棚腿未能支在实底上。

(4) 矿井隐患排查治理工作不细不实。对顶板安全风险辨识不清，日常检查过程中未发现支护形式与设计不符及顶板离层问题；对 8 月 30 日后 11002 回风顺槽工作面迎头三次漏顶吸取教训不够、处置不当，未及时进行补强支护消除顶板事故隐患，隐患治理措施不到位。

(5) 职工安全教育培训流于形式。现场作业人员对顶板事故预兆认识不清，安全防范意识不强，事故预防和应急处理能力不足，自保互保能力差。队组管理人员脱岗，反“三违”工作不力。

(6) 上级公司对该煤矿安全管理不力。对顶板管理责任制及安全管理人员履职情况监督检查不严不细，未发现矿井使用“工作联系单”代替安全措施或作业规程；未发现 11002 回风顺槽掘进层位、支护形式与设计不符等问题。

【防范措施】

(1) 该煤矿要加强顶板管理，增强风险防范意识。要对顶板、瓦斯、水害等重大风险强化超前分析研判，严格落实顶板管理责任制，按设计补齐、补全 11002 回风顺槽顶板锚杆、锚索。加强现场管理，严格按照规程措施组织施工，坚持正规循环作业，切实提高工程质量。进一步健全以总工程师为核心的技术管理体系，加强技术基础管理工作，规范规程措施的编写会审、学习、贯彻、复审等各环节的监督管理。加强巷道围岩地质力学特性研究和现场观测，遇顶板破碎、淋水，过断层、老空区、高应力区等情况时，应加强支护。

(2) 该煤矿要吸取事故教训，树牢安全发展理念。认真落实安全生产主体责任，深入反思事故暴露出的问题，举一反三，彻底排查各类风险隐患。进一步提升带班领导、跟班队干、班组长、特种作业人员的履职能力，充分发挥关键岗位关键人员的监督管理作用。要增强法治意识，提高对事故信息报告工作的认识，加强对事故报告有关规定和要求的学习，一旦发生事故，要按规定及时、如实报告事故情况，严禁瞒报、谎报、漏报和迟报。

(3) 该煤矿要强化安全培训，提高自保互保能力。全面强化全员安全教育培训工作，把法律法规、规章制度、三大规程作为重点培训内容，持续提升从业人员安全素质，加强职工安全风险防范和自主保安意识教育，切实增强职工自保互保联保能力。

(4) 该煤矿要用好视频监控，狠抓“三违”行为管控。要加大安全投入，强化高清智能视频设备安设，能用、会用、用好视频监控系统，构建无监控不作业、作业行为受监督的作业现场可视化监控环境。要严格落实全员岗位标准化作业，推动从业人员“上标准岗、干标准活”，大力开展“用视频、反三违防风险”专项行动，坚决防范遏制各类生产安全零敲碎打事故。

(5) 上级公司要加强对所属矿井的安全管理。要精简安全管理层级，确保安全管理层级不得超过三级，理清各层级安全管理职责，督促各层级严格落实安全生产管理责任，正确处理生产与安全的关系。要深刻吸取事故教训，厘清各职能部门安全监管职责，督促各职能部门认真履行部门监管职责，加强业务指导和现场安全监管。要督促各矿井建立健全全员安全生产责任制和各项安全生产管理制度，确保责任落实到岗位，措施落实到现场，严防各类生产安全事故发生。

案例三　某煤矿“8·21”重大瓦斯爆炸事故

【事故经过】

某煤矿属乡镇煤矿，核定生产能力 30 万吨/年。矿井为低瓦斯矿井，煤尘具有爆炸危险性，采用斜井多水平开拓，主水平设置在3号煤层。事发时，矿方图纸显示井下布置有1个综采工作面和3个综掘工作面，实际该矿隐瞒布置有5个采煤工作面和6个掘进工作面。

2023年8月21日，该煤矿发生一起重大瓦斯爆炸事故，造成11人死亡、11人受伤，直接经济损失1 919.2万元。

【事故原因】

1. 直接原因

该煤矿排放301盘区运输巷密闭墙以里盲巷内瓦斯时，排出的瓦斯一部分通过N001301停采开切眼，随风流进入与之串联的301盘区七联巷隐蔽炮掘工作面，一部分扩散蔓延(排放瓦斯局部通风机产生“循环风”)到301盘区运输巷移动变电硐室区域。301盘区七联巷隐蔽炮掘工作面作业人员抽烟点火引起瓦斯爆炸，爆炸火焰逆风流传入301盘区运输巷密闭墙至移动变电硐室区域引起二次瓦斯爆炸。

2. 间接原因

(1) 严重违法违规组织生产。通过假密闭、假台账等方式隐瞒布置采掘工作面，超能力生产；违章启封密闭，“一风吹”排放瓦斯，瓦斯超限后继续组织冒险作业。

(2) 安全生产主体责任不落实。未建立健全安全生产岗位责任制，安全投入不足，专业技术人员和特种作业人员配备不足。

(3) 日常安全管理混乱。11处隐瞒工作面未分配风量，违规串联通风，局部通风机循环通风；井下违规使用非防爆设备和已淘汰设备；监测监控系统和人员定位系统不符合要求；未严格执行入井检身制度。

(4) 技术管理缺失。安全技术措施编制及审批制度形同虚设，一张审批单多次复印、重复使用；未编制启封密闭、排放瓦斯专项安全技术措施。

(5) 安全教育培训不到位。安全培训走过场,从业人员安全生产意识淡薄、风险辨识能力差,有些工人携带烟火入井。

【防范措施】

(1) 强化红线意识和底线思维,夯实煤矿企业主体责任,正确统筹发展与安全的关系,依法办矿,依法管矿。

(2) 常态化开展隐蔽致灾因素普查工作,完善技术管理体系,加大安全投入,提升员工安全意识,增强矿井管理人员责任意识和履职能力,切实提升员工岗位安全操作水平。

(3) 加强矿井通风系统管理,严格瓦斯排放,严格控制高温火源,从源头上防控瓦斯事故。

(4) 对于煤矿违法违规组织生产,通过假密闭、假台账等方式隐瞒布置采掘工作面,超能力生产;违章启封密闭,"一风吹"排放瓦斯,瓦斯超限后继续组织冒险作业等问题,要严肃追责问责,加大违法惩戒力度,对于在事故中负有责任的人员,要依据相关法律法规和企业规章制度进行严肃处理。

案例四　某煤矿"10·8"综掘机伤人一般事故

【事故经过】

2019 年 10 月 8 日,某煤矿井下掘进工作面在作业过程中,由于作业人员违章串岗且无证操作掘进机,杜某某违章进入工作面靠近截割头,同时,闫某某在操作时误按"截割"按钮,导致截割头转动,将杜某某绞压致死。

【事故原因】

1. 直接原因

电气作业工违章串岗无证操作掘进机,在挪移掘进机截割头后，准备关闭油泵时，误操作“截割”按钮。截割头转动，将违章进入截割头附近的作业人员绞压致死。

2. 间接原因

(1) 作业人员未取得掘进机操作资格证，擅自操作掘进机，严重违反了安全操作规程。

(2) 煤矿企业未对作业人员进行有效的安全教育和培训，导致作业人员安全意识淡薄，违章行为频发。

(3) 在掘进机运行过程中，未设置有效的警戒和防护措施，允许无关人员靠近截割头等危险区域。

(4) 掘进机可能存在维护不当或故障未及时处理的情况，增加了事故发生的风险。

【防范措施】

(1) 加强安全教育培训：煤矿企业应定期组织采掘一线工人进行安全教育培训和警示教育，确保每位作业人员都熟悉安全操作规程和应急处理措施。

(2) 严格操作资格管理：掘进机司机等特种作业人员必须经过专门培训并取得操作资格证书后方可上岗作业，严禁无证操作。

(3) 强化现场安全管理：在掘进机作业时，应设置明显的警示标志和防护措施，严禁无关人员靠近危险区域。同时，加大现场巡查和监控力度，及时发现并制止违章行为。

(4) 推进“电子围栏”安设：在煤矿井下危险作业区域大力推广、使用“电子围栏”等安全预警系统，以杜绝违章、拦截危险、防止事故发生。

(5) 加强设备维护保养：定期对掘进机等生产设备进行维护和保养，确保其处于良好的运行状态。对于发现的故障和隐患要及时处理并记录在案以备查。

(6) 完善应急救援体系：建立健全煤矿应急救援体系，制定详细的应急预案并定期组织演练。一旦发生事故能够迅速响应并有效处置以减少损失和伤害。

案例五　某煤矿“4·5”较大煤与瓦斯突出事故

【事故经过】

2024 年 4 月 5 日，某煤矿发生较大煤与瓦斯突出事故，造成 4 人遇难，直接经济损失 488.8 万元。事故地点位于 21 采区 21510 开切眼上山掘进工作面。该工作面 2023 年 11 月开始掘进，截至事故发生时累计掘进 72 m。其中，2024 年 4 月 4—5 日对该掘进工作面进行了 2 次防突区域验证，均出现响煤炮、卡钻、喷孔等煤与瓦斯突出预兆。

【事故原因】

1. 直接原因

该矿 5 煤为突出煤层，在出现突出预兆情况下，未采取综合防突措施消除突出危险，违章作业发生煤与瓦斯突出。

2. 间接原因

（1）一是隐瞒工作面。未将事故作业面标注在采掘工程平面图上，T1 和 T2 甲烷传感器未连接上传至安全监控系统。二是防突措施执行不到位。在突出煤层中掘进未采取预测预报、未落实允掘制度，未按规定召开防突专题办公会、防突预警专题会议，未执行通风瓦斯日分析制度，违规采用手镐落煤。三是违章冒险作业。事发前工作面出现明显突出征兆，未全面分析核查，也未采取补充区域或局部综合防突措施，违规进行更换支架、掘进等作业。四是安全管理混乱。事故工作面沿断层边缘布置，采用淘汰的木支护，与 21512 采煤工作面共用回风巷，未对瓦斯防治管理制度进行学习贯彻。

（2）上级公司。一是重生产轻安全，只注重检查采煤工作面产量、进尺情况，未组织审查该矿防突专项设计，放任煤矿自行组织生产。二是监管部门未将事故工作面纳入重点监管头面，对该煤矿隐瞒工作面、甲烷传感器数据未上传等问题失察。

(3) 地方监管部门。督促该矿落实“四位一体”防突措施不到位，2024 年一季度三次检查均没有防突方面内容。派驻的驻矿安监员未发现煤矿隐瞒作业头面。

【防范措施】

(1) 加强矿井安全监控，确保所有工作面都标注在采掘工程平面图上，做到合理开采布局，并确保甲烷传感器连接上传至安全监控系统。

(2) 严格执行防突措施，包括预测预报、允掘制度等，在突出煤层中掘进，需要采取预测预报并落实允掘制度。同时，应按规定召开防突专题办公会、防突预警专题会议，执行通风瓦斯日分析制度。严禁违规采用手镐落煤。

(3) 加强职工安全培训，提高职工对瓦斯突出的认识和防范能力，严禁违章冒险作业。

(4) 落实企业安全生产主体责任，加强安全管理，完善瓦斯防治管理制度，并确保制度得到有效执行。

案例六　某煤矿“8·16”较大顶板事故

【事故经过】

2022 年 8 月 16 日，某煤矿发生一起较大顶板事故，造成 9 人死亡，直接经济损失 3 028.26 万元。事故发生在 1250 运输石门与 1250 第二联络巷、12125 运输巷交叉口处，3 条巷道均采用 U 型棚支护。事故发生后，企业瞒报，后经核查属实。

【事故原因】

该矿在明知 12125 运输巷交叉口支护不到位、棚顶出现下沉的情况下，违章指挥将手拉葫芦固定在已拆除一侧棚腿的U型棚上拉挖掘机铲板，导致顶板冒落。

(1) 顶板管理不到位。该矿在巷道三岔口进行刷帮、拆棚腿、搬运综掘机铲板等未制定专项安全技术措施，未对交叉口加强支护。

(2) 现场作业管理混乱。该矿在明知12125运输巷交叉口支护不到位、棚顶出现下沉的情况下，将手拉葫芦固定在已失稳的U型棚棚腿上转运综掘机铲板。

(3) 汲取事故教训不深刻，蓄意隐瞒事故。2022年5月12日该矿曾发生顶板涉险事故，不吸取教训，仍未强化顶板现场管理。事故发生后煤矿转移遗体、删除监控数据、封闭事故区域，蓄意瞒报事故。

(4) 上级公司主体责任不落实。上级公司对该煤矿督促检查不到位，巷道开工验收流于形式；对问题隐患整改验收把关不严。

【防范措施】

(1) 加强顶板管理。加强对巷道三岔口等关键部位的支护，确保支护到位，防止顶板冒落。定期对巷道支护进行检查和维护，及时修复损坏的支护结构。在进行刷帮、拆棚腿、搬运综掘机铲板等作业时，应制定详细的专项安全技术措施，并经审批后实施。

(2) 规范现场作业管理。加强作业现场监管，建立健全作业现场监管机制，明确监管职责和监管要求。严禁在支护不到位、棚顶出现下沉等危险情况下进行作业。严禁将手拉葫芦等简易工具固定在已失稳的支护结构上转运设备。

(3) 加强安全管理人员配备和培训。加强对作业人员的培训和教育，增强其安全意识和操作技能。严禁违章指挥和冒险作业。

(4) 落实上级工作部署和整改要求。加强对上级工作部署的学习和领会，确保各项要求得到贯彻落实。建立健全工作落实机制，加强对工作落实情况的检查和考核。

参考文献

[1] 国家矿山安全监察局.煤矿安全生产标准化管理体系基本要求及评分方法[M].北京:应急管理出版社,2024.

[2] 毛新华,方新秋.山西省《全省煤矿智能化建设基本要求及评分方法(试行)》专家解读:2022年版[M].北京:应急管理出版社,2022.

[3] 邵小平,李重良,张罡.《煤矿安全生产条例》专家解读[M].徐州:中国矿业大学出版社,2024.

[4] 沈国才.带式输送机司机 刮板输送机司机[M].北京:煤炭工业出版社,2007.

[5] 陶向阳,相国庆.掘进工[M].徐州:中国矿业大学出版社,2008.

[6] 王太续,代星军,李长青.煤矿安全生产管理人员安全生产知识和管理能力培训教材[M].徐州:中国矿业大学出版社,2022.

[7] 袁河津.《煤矿安全规程》专家解读:井工煤矿[M].2022年修订版.徐州:中国矿业大学出版社,2022.

[8] 张能虎.掘进班(组)长[M].北京:煤炭工业出版社,2003.

[9] 张晓军,穆三奴,宋明明.煤矿岗位作业流程标准化建设指南[M].北京:应急管理出版社,2022.

[10] 邹光华,师皓宇.采矿新技术[M].徐州:中国矿业大学出版社,2020.